版权声明

Copyright © 2002 Margot Waddell

Margot Waddell asserts the moral right to be identified as the author of this work.

First published 1998 by Gerald Duckworth & Co Ltd

Published 2019 by Routledge

Authorized translation from English language edition published by Routledge, an imprint of Taylor & Francis Group

All Rights Reserved.

本书原版由Taylor & Francis出版集团旗下Routledge出版公司出版,并经其授权翻译出版。版权所有,侵权必究。

China Light Industry Press Ltd. / Beijing Multi-Million New Era Culture and Media Company, Ltd. is authorized to publish and distribute exclusively the Chinese (Simplified Characters) language edition. This edition is authorized for sale throughout Mainland of China. No part of the publication may be reproduced or distributed by any means, or stored in a database or retrieval system, without the prior written permission of the publisher.

本书简体中文版由中国轻工业出版社有限公司／北京万千新文化传媒有限公司独家出版并限在中国大陆地区销售。未经出版者书面许可,不得以任何方式复制或发行本书的任何部分。

Copies of this book sold without a Taylor & Francis sticker on the cover are unauthorized and illegal.

本书封面贴有Taylor & Francis公司防伪标签,无标签者不得销售。

英国精神分析系列丛书

丛书主编　杨方峰

Inside Lives:
Psychoanalysis and the Growth of the Personality

内在生命

精神分析与人格发展

［英］马戈·沃德尔（Margot Waddell）　著

林晴玉　吕煦宗　杨方峰　译
林玉华　审校

中国轻工业出版社

图书在版编目（CIP）数据

内在生命：精神分析与人格发展／（英）马戈·沃德尔（Margot Waddell）著；林晴玉等译. —北京：中国轻工业出版社，2017.5（2025.11重印）

ISBN 978-7-5184-1228-0

Ⅰ. ①内…　Ⅱ. ①马…　②林…　Ⅲ. ①精神分析　②人格心理学　Ⅳ. ①B84

中国版本图书馆CIP数据核字（2016）第316530号

保留所有权利。未经中国轻工业出版社书面授权，任何人不得以任何方式（包括但不限于电子、机械、手工或其他尚未被发明或应用的技术手段）复印、拍照、扫描、录音、朗读、存储、发表本书中任何部分或本书全部内容，以及其他附带的所有资料（包括但不限于光盘、音频、视频等）。中国轻工业出版社未授权任何机构提供源自本书内容的电子文件阅览、收听或下载服务。如有此类非法行为，查实必究。

责任编辑：潘　南　　　　　责任终审：杜文勇
文字编辑：唐　淼　　　　　责任校对：刘志颖
策划编辑：阎　兰　　　　　责任监印：吴维斌

出版发行：中国轻工业出版社（北京鲁谷东街5号，邮编：100040）
印　　刷：三河市鑫金马印装有限公司
经　　销：各地新华书店
版　　次：2025年11月第1版第10次印刷
开　　本：710×1000　1/16　印张：18.5
字　　数：188千字
书　　号：ISBN 978-7-5184-1228-0　定价：56.00元
读者热线：010-65181109
发行电话：010-85119832　　010-85119912
网　　址：http://www.chlip.com.cn　　http://www.wqedu.com
电子信箱：1012305542@qq.com
版权所有　侵权必究
如发现图书残缺请拨打读者热线联系调换
251893Y2C110ZYW

丛 书 序

当英国精神分析遇见中国人情关系

近年来，精神分析在中国的蓬勃发展，使得客体关系已然成为大家耳熟能详的词汇。发源于英国的客体关系精神分析，在众多流派中最为重视人际关系的背景，对于同样热衷人际关系的中国人而言，想必最能贴近其心智经验。由梅兰妮·克莱茵（Melanie Klein）开创的这一学派，率先关注尚未掌握语言能力的婴幼儿与母亲之间的沟通方式。而中国人往往习惯于间接、含蓄的表达，话语中常常包含言外之意，表达的形式也重于言语所直接传达的内容，这相较于西方人表达上的直言不讳，更像是前言语期母婴之间的沟通方式。

继弗洛伊德发现人类的动力潜意识（dynamic unconscious）之后，克莱茵与她的追随者们，勇于探索人类心灵的最深处，将一些远离我们日常经验的心智运作模式呈现给世人。这样的内容难免令初学者感到费劲，也增加了翻译工作的难度，给人留下一种印象：这类深度心理学著作晦涩难懂，几乎无法译成流畅的中文。记得大约在十年前，我还是一名航天专业的工科学生，偶然在图书馆翻到精神分析的书籍，便受到深深吸引。一些读不太懂的文字，却总有几句触动你的心弦，于是便有了想要继续深入下去的愿望。随着对精神分析的兴趣日益浓厚，我决定收拾行囊，远赴英国，学习纯正的客体关系精神分析。海外学习的经验让我发现，并非所有的精神分析书籍都是难读的，甚至一些英文原版的入门读物，非常通俗易懂，比相应的中文译著要好读得多。2013年的某个午后，我在伦敦 Tavistock 中心的图书馆偶然看到繁体中文版的《俄狄浦斯情结新解》一书，译文流畅、精准，顿时领略到中文阐述精神分析思想的美，也打破了"精神分析书籍难以译成流畅的中文"的印象。

再后来，读到同一系列中《内在生命》（*Inside Lives*）、《谈话治疗》（*Talking Cure*）等著作，更加确信精神分析思想可以通过生动、贴切的中文表达。林玉华教授 2000 年从英国受训回到中国台湾后，便开始致力于精神分析的推广，其中包括引进一系列 Tavistock 中心出版的经典著作，前文提及的几本好书便属于这一系列。2015 年在北京遇见"万千心理"的编辑阎兰，我极力把这套丛书推荐给她。于是，在阎兰编辑的努力下，其中几本的简体中文版便陆续得以问世。

安东尼·贝特曼（Anthony Bateman）等人的《当代精神分析导论——理论与实务》（*Introduction to Psychoanalysis: Contemporary Theory and Practice*）一书，将带领读者一览当代精神分析的几个主要流派，略述精神分析跨世纪以来的争议所衍生出的几大学派在理论与实务上所强调的重点，包括古典精神分析、克莱茵学派、独立学派、当代弗洛伊德学派、人际学派、科胡特学派、拉康学派及自我心理学（林玉华，2002）。

《临床克莱茵》（*Clinical Klein*）一书首次从临床与历史的视角对克莱茵学派的思想进行了全面的阐述。克莱茵学派的概念来源于临床治疗的工作，鲍勃·欣谢尔伍德（Bob Hinshelwood）精心地挑选克莱茵所做的个案，介绍克莱茵如何架构其诠释，如何由病人的谈话中探测病人的心智内涵与历程，及如何借此了解病人所想传达的潜意识（林玉华，2002）。

英国的 Tavistock 临床及训练中心于 1920 年成立，被认为是世界级精神分析取向心理治疗的训练重镇之一，以克莱茵学派为主。大卫·泰勒（David Taylor）所主编的《谈话治疗》一书，收集 Tavistock 临床中心的临床研究与个案讨论，论证 Tavistock 模式对于心智世界的了解，如：心智是如何形成的；在各成长阶段中，心智如何运作；"心"如何具有理性所不知的理性；谈话如何有治疗效果等（林玉华，2002）。

马戈·沃德尔（Margot Waddell）是Tavistock临床中心的资深儿童心理治疗师，她所撰写的《内在生命——精神分析与人格发展》(Inside Lives: Psychoanalysis and The Growth of The Personality)，由精神分析角度阐述人的发展历程。她由临床实例及文献，巨细靡遗地描绘由婴儿到老年的成长过程中，促进及妨碍心智及情绪成长的因素。沃德尔根据多年从事精神分析的经验，以当代精神分析的克莱茵思路为主轴，深入浅出地描绘人格的发展过程（林玉华，2002）。

俄狄浦斯情结可说是精神分析最主要的概念之一。弗洛伊德之后，俄狄浦斯的概念经过几番修饰，约翰·史坦纳（John Steiner）所编辑的《俄狄浦斯情结新解》收集了克莱茵及三位克莱茵学派主要代表人物——布里顿（Britton）、费德曼（Feldman）和奥肖内西（O'Shaughnessy）对于俄狄浦斯的解释。克莱茵以她的个案，10岁的李察及2岁9个月的丽塔为例，描绘俄狄浦斯情结如何通过游戏呈现。其他三位作者则以他们自己的案例，描述当代精神分析对于俄狄浦斯的了解如何由克莱茵的主要概念衍生而来（林玉华，2002）。

1948年，埃斯特·比克（Esther Bick）在Tavistock临床中心开始以"婴儿观察"作为儿童心理治疗师的养成训练课程之一。1960年伦敦的精神分析学院（Institute of Psycho-Analysis）跟进，"婴儿观察"成为受训精神分析师的必修课程之一。目前欧洲、加拿大、美国、南美、非洲、澳洲及亚洲的许多精神分析训练学院，也将此作为精神分析训练的先修课程。《婴儿观察》(Closely Observed Infants)一书的作者们，皆为Tavistock的教师，他们以案例描述精神分析师或心理治疗师，如何通过观察婴儿学习早期的情绪发展及其内在世界的形成过程，了解婴儿与家人最原始的情绪互动，并观察自己在观察婴儿与家人互动过程中的情绪反应（林玉华，2002）。

赫伯特·罗森菲尔德（Herbert Rosenfeld）在《僵局与诠释》(Impasse

and Interpretation）一书中，以鲜活的案例，有力地呈现精神分析对于精神病的治疗效果。他由临床案例解释在诊疗室中的"治疗"及"反治疗"因素，并以案例周详而细致地描绘如何借由了解自恋状态及投射认同，避免治疗僵局的发生。作者认为，能与病人最病态的部分接触，是治疗成功的要素（林玉华，2002）。

《理解创伤》（Understanding Trauma）一书描绘创伤事件对于幸存者情绪及生活的影响，常常是持久而不被觉知的。作者们以理论及临床案例，描绘如何由精神分析的角度，了解创伤事件对于每位当事者的意义，及帮助当事者寻回生活的意义的治疗过程。本书介绍多种不同的干预方式，如短期个体咨询、团体治疗及个体分析等（林玉华，2002）。

林玉华教授建议将简体中文版系列命名为"英国精神分析系列丛书"，有意避开"客体关系"这一术语，是因为流传到美国的客体关系与英国本土的客体关系已经大为不同。正在流向中国，碰触到中国文化的英国精神分析，又将呈现什么样的面貌？

精神分析的学习是一个漫长的过程，分析师需要在长年累月的个人分析（精神分析的频率一般为每周四五次）与督导学习中慢慢积淀。翻译精神分析著作亦是如此，需要建立在对原著有一定体悟的基础上。放眼当今中国，在追求经济发展的大环境下，精神分析似乎也成了一种快速生活，即，快速出书、快速认证、快速见效、快速赚钱……这似乎违背了精神分析追求慢生活的本质与精髓。对此，客体关系视角的理解可以是：当人们没有遇到足够好的客体时，难以维持在抑郁心理位置（depressive position），相应地，象征形成（symbol formation）的能力也会不足，即，人与人的关系连接无法较多地依靠互相了解、看见与被看见的形式来维系［比昂的"K 连接（K link）"］，而不得不过度仰赖具体、有形或不变的事物，如：共同拥有的孩子与房产；学历、学位、职称等外在的名头；金钱、礼物等可以互换的现实利益。

伦敦学习的经历，让我有幸结识林玉华、樊雪梅、魏秀年等来自中国台湾的前辈，她们对于精神分析的热爱与天赋，对于学习方法与分析设置的坚守，着实令我感动。她们作为主要译者参与了这套"英国精神分析系列丛书"的翻译，参与翻译的还有许多专业资质和语言功底兼具的译者，在此不一一列出。最后，我衷心希望"万千心理"出版的这套经典丛书的简体中文版，可以让广大读者近距离感受英国精神分析的理念和实践方法。

杨方峰
2017.01

中 文 版 序

在受邀撰写中文版序时,我不禁回想起《内在生命》(*Inside Lives*)这本书,从最初的版本到最近的译本,以及这本书的源起。Tavistock临床中心(Tavistock clinic,简称Tavistock)的儿童心理治疗部门前主任——玛莎·哈里斯(Martha Harris),为受训者安排了一系列的专题讨论,这些专题讨论,就是本书的源起。当年的我,在受训阶段,从不曾想过有一天会因为参与讨论而写出本书。马莎所安排的专题讨论,目的是帮助受训者思考在生命的非常早期,人格开始形成的过程中,来自小婴儿的内在力量与外在环境的力量,彼此交互影响,非常复杂的状况。这些专题讨论的内容,和一般发展学教授的内容很不一样,一般发展学所描述的发展图像是以发展的里程碑(milestones)为标记,描述在发展里程碑上,正常的孩子应发展出的能力,包括心理的和身体的能力。而Tavistock的专题讨论,讨论的重点是,哪些内在故事造就出一个人的性格及情绪能力。这些发生在心智世界的内涵,对每一个个体而言,都不是很容易、很平顺的事。

而对我们学生来说,在学习精神分析理论的过程中,我们遇到很多困难,我们经常绝望地想着,我们真的抓住弗洛伊德或克莱茵所要说的真正意思了吗?在Tavistock的专题讨论中,我们从这样的挣扎中感觉到释放。因为在每两周一次的讨论中,我们总是能感受到流动于马莎脑中的思考内容是那么鲜活,她总是能将一些概念讲得很生动,她用文学的例子,特别是引用莎士比亚以及浪漫诗人的诗句,将某些概念很生动地阐述出来。她充满热情地叙述着她的朋友——威尔弗雷德·比昂

(Wilfred Bion)的论点，这在当时还鲜为人知。她以孩子及青少年的案例为材料，分享她自己的想法，包括她对怎样的制度会促进工作人员及受训者一起成长的看法。

这样细腻的讨论，不只让我看到了儿童及青少年混乱与生病的因素，同时也让我看到一个人的内在资源及创造力。这对我的影响，远比我所能理解的还来得深远；那就像是一种很人性化、具有召唤力的教学方式，而不是一种公式化、教条式的教学。

我本来不明白，在Tavistock受训期间，我所吸收的有这么多。一直到20世纪80年代中期，我成为一个新受聘的Tavistock工作人员，以一种延伸的观点来教导这课程，我才明白，原来当年我所吸收的有那么多。（一个老师能够教导学生，让他了解他还有那么多需要学习，我觉得没有任何一件事可以和这件事相比拟。）这些植根于我生命内涵的学习经验，在往后的14年里，持续发酵，让我持续成长。它们逐渐拥有自己的生命力，慢慢"脱离父母亲的脐带"［就像诗人戴·刘易斯（C.Day Lewis）所描述的他自己的儿子长大、离家的过程］，找到自己的方式，从模仿父母到慢慢地拥有自己的独特性。特别的是，在这十几年中，我的兴趣也从儿童心理治疗训练中的儿童、青少年与父母取向，转向一般的成人，再转向年纪大一点的人。最后，Karnac出版社于2002年出版本书第二版时，我的兴趣转向了失智症（dementia）与死亡。

因此可以说这本书的"内在故事"，刚好也反映了一个儿童心理治疗师个人的内在成长。本书试着要阐述（或至少有一部分是要阐述），自我内在的不同成分是如何在参与，不同的心智状态是怎么样很复杂地往前、往后递变，这同时形成了某特定年龄（或阶段）的特征，但又不是固定不变，而是千变万化的。比昂在他最后的著作《对于未来的记忆》（*A Memoir of the Future*）中所描述的，就是这种各式各样的成熟状态与不成熟状态之间持续交互影响的情形。《内在生命》这本书，尝试以较为生动的方式阐述人格理论，希望让理论鲜活起来，并借此介绍克

莱茵及后克莱茵学派的理论,特别是比昂对于不同心智模式的概念。

人格发展是一个既神秘又难以捉摸的过程,不同的《内在生命》译本以及最近的这本中文译本,证明了每一个人的生命中,都有某些共同的意识与潜意识力量,推动着要让他的心智与情绪成长,这是不受地域、种族以及文化限制的。它们存在于每一个人的内心深处,意义无与伦比。

马戈·沃德尔(Margot Waddell)

致　　谢

基于这本书的特质,将致谢一反惯例地排在前面,似乎挺恰当。因此,我首先要向我的父母(James 和 Dorothy),以及我的孩子(Nicholas 和 Anna)、养子(David、Sarah 和 Emma)致上最深的谢意,感谢他们完全展现出自身的智慧、宽容、鼓励与充满挑战的性情。接着我要感谢为我开启智慧的良师益友及教导我分析的老师,从他们身上,我学到的是如此之多:首先,我要谢谢玛莎·哈里斯,当我初次到达 Tavistock,她让我第一次听到什么叫作"人格发展",然后是唐纳德·梅尔泽(Donald Meltzer),他使我得以对上述概念加以思考,近来还有 Michael Feldman、汉娜·西格尔(Hanna Segal)及 Leslie Sohn 的激励。此外,我要特别感谢我的学生、同事及病人,虽然他们自己往往并不知道,但多年下来他们的存在大幅丰富了本书的内容,因为要使这类的工作成书,必须向许多人汲取想法与经验。对于在本书文稿的各个"发展阶段",不厌其烦地热忱提供协助的朋友及同事,我的感激更是溢于言表。其中有些人读过本书的部分篇章,有些人则仔细读完整本书,赐予批评指教,并对本书充满兴趣与支持。最后,本书假使仍有明显的疏失或有问题之处,都是我个人的责任。而我对以下这些人充满感谢:Ines Cavill、Pip Garvey、Jeremy Mulford、Priscilla Roth、Margaret Rustin、Alison Swan-Parente、Diana Thomas、Gianna Williams,尤其是在早期协助我的 Rachel Cavenhill 和 Rozsika Parker 以及最后给予我协助的 David Wiggins。他们敏锐的洞察力,对本书的信念,对文体思绪清晰度、可读性与简洁度的要求,对我的协助无法估量。

这本书，如果没有聪明又温暖的 Sandra Masterson 的投入，在压力下仍忍受着我无止境的草稿与重写，以及心意与思绪的变化无常，是不可能被"写"出来的。我也要正式且诚挚地感谢 Tavistock 临床中心给予我的支持，特别是 Michèle 及 Marcos de Lima、Eleanor Morgan、Nick Temple，以及目前我所在的青少年部。最后我要感谢本系列丛书的出版者 Duckworth。

序

　　Tavistock临床中心自1920年成立以来，针对心理健康，发展出相当多样的心理治疗技术，而这些技术从早期开始便深受精神分析的影响。近30年来，除了精神分析之外，它也发展了系统式家庭治疗，为家庭问题的处理提供了理论架构及临床干预模式。本中心成为英国最大的心理工作者训练机构，为社工、心理咨询师、临床照顾者提供高质量的训练课程及研究所课程。中心每年提供超过45套课程，训练出约1200名学生。

　　中心的理念是将心理健康工作导向更具疗效的方式，并以将中心的训练计划、临床经验及研究成果推广到英国及世界各地为目标。中心组织编写了一系列图书，介绍了目前在Tavistock最具影响力的理论及临床工作，并针对儿童、青少年及成人在个人或在家庭中所呈现出的心理困扰，提供新的理解及治疗方法。

　　《内在生命》一书所呈现的即是Tavistock临床中心的理念及临床运用的核心。出版本书的主要目的，是要将精神分析理论带进生活之中，使更多读者——包括一般读者和专业人士——得以亲近精神分析取向的思维。本书尝试以最简单的文字，叙述最复杂的故事：也就是一个人从婴儿到老年的内在发展故事。借此，本书反映与包含了Tavistock临床中心的整体代际结构（generational structure），叙述了婴儿期、孩童期、青少年期与成年期彼此之间的交互作用对情绪成长与发展的本质与能力所产生的影响。

作者注释

　　由于本书所描述的部分案例，年代久远，对于每一个案例中相关的人物，我因此无法一一致上最恳切的谢意，这是我相当遗憾的部分。收录于本书案例的名字及细节皆经过更改，以确保个案隐私。

历 史 注 释

1896年3月，弗洛伊德首次以"精神分析"一词来描述他为其心理失常的病人所做的治疗。接下来10年，他发表的两本著作：《梦的解析》（*The Interpretation of Dreams*）和《性学三论》（*The Three Essays on Sexuality*），为人类经验打开新的视野，并改变了西方世界的意识。接下来的100多年证明了尽管有许多误解存在，精神分析仍是一门活生生且持续发展的研究领域。从弗洛伊德的脚步出发，精神分析通过临床经验持续衍生出新的治疗模式，并向井然有序的定义与概念提出挑战。

弗洛伊德对于自己提出的理论，始终抱着存疑、修正、再探讨的精神。晚期，他的兴趣衍伸到自我（self）组成的问题上，但"挖掘那被埋藏的城市"仍是其工作的主要象征；医疗是其主要模式，以治疗症状为主；主要的治疗方法是在细节上重建早期创伤经验，因为他认为早期创伤经验是目前问题的根源。

20世纪20年代开始发展的儿童工作，主要特色是对人格整体性的重视，这个发展对精神分析理论及临床技术皆产生重大影响。梅兰妮·克莱茵（Melanie Klein）及安娜·弗洛伊德（Anna Freud）这两位出身维也纳的女性，是儿童领域最具影响力的分析师。她们两位对婴儿的发展模式及经验的缺陷（deficits）都很关心，她们两人也都认为，往前看未来的发展比回首过往经验更为重要。不过，安娜的理论仍旧和她的父亲弗洛伊德的说法很接近；而克莱茵的理论，尽管仍遵循弗洛伊德传统，却使精神分析的思维结构有了基本的再建构。

克莱茵是最早直接对儿童做分析的分析师之一，而且是对很小的孩子做分析。她自己的分析师卡尔·亚伯拉罕（Karl Abraham）曾告诉她，精神分析的未来就在此领域。在她及其同僚的想法里，某些主要的精神分析概念，例如阳具钦羡（penis envy）、阉割焦虑（castration anxiety），已不再是分析的核心，取而代之的是儿童乃至小婴儿丰富且复杂的内在生活。

克莱茵及其他分析师，尤以费尔贝恩（Fairbairn）和温尼科特（Winnicott）为主，都追溯到一个很重要的发展变化，就是婴儿从对自我生存的焦虑，变化到对他人的关心、对情绪的负责以及具有想要修复关系的欲望。当个人的发展与道德及价值观产生联结之后，精神分析便逐渐不受本能取向的限制，而对个人内在的情绪生活及其意义更加关注。这种对早期关系的影响力的关注，也就是现在所谓的"客体关系"取向，尽管"客体关系"一词并不圆润，它所强调的是在生命早期自我和他人之间关系的本质与质量，对日后人格的形成具有重大影响。

对婴儿期的焦虑（infantile anxiety）以及环境失误（environmental failure）的影响的认知（日后在谈话及游戏内容中，会以象征的形式展现出来），使针对精神病（弗洛伊德认为这是不可分析的状态），甚至近来对自闭症、边缘状态的治疗与精神分析的理解有了基础。临床经验使人们对这些过去被视为不可分析的状态，产生新的洞识与理解，发现这些严重的学习及发展障碍是起源于思考障碍，而影响思考障碍的情绪因子，和生命最早期的潜意识互动、婴儿早期与母亲的关系及其所获得的照顾质量，息息相关。

比昂在20世纪50年代、60年代和70年代，将注意力集中在个人运用心智的方式以及个人的情绪发展能力（capacity for emotional development）上。比昂及其追随者不仅扩充也粹炼了克莱茵的想法，甚至进一步发展出创新的乃至全然不同的方法。因此出现所谓的"后克莱茵学派（post-Kleinian）"，指的就是从克莱茵理论出发，或是遵循克莱茵的路线发展，或是由此发展出自己路线的分析师及治疗师。

理论重点的改变，反映在精神分析的方法上。分析师及治疗师不再是疏离的专家，而是更能让自己进入治疗情境的参与者，可以将自己意识、潜意识的反应响应出来，这不再被认为是对治疗的干扰（如同弗洛伊德之前所认为的），而是治疗过程中要达到治疗效果不可或缺的一部分。如今，我们对于内在冲突的理解是，那是自体的不同方面的竞争，是个人在挣扎着，要从令人麻木不仁的狭隘利己主义中释放出来；要以更开放的态度面对真诚的亲密关系；要拥有自己的心灵，并且尊重别人的心灵。

如果你喜欢,称这个世界为"创造灵魂的深谷"。

——济慈,《书信集》
(Keats, *Letters of John Keats*, 1987)

导　　言

通过这本书，我想说一个故事。就许多层面来看，这是一个简单的故事，是通过我个人的观点来叙述的。它以精神分析的一种特定传统思想为根基，即克莱茵学派及后克莱茵学派，这个传统也深植在我25年来的工作经历中。但是从另一个角度来看，这却也是个最复杂的故事，是关于一个人如何成长，或者说它要阐述的是一种如何看待个人成长的思考方式。这故事并未使用正统的发展词汇来叙述，也不是想要以完整的精神分析理论来说明与发展相关的议题；而是试图揭开个人内在生命的故事，看人们如何变得更具有，或更缺乏，拥有个人经验的能力。

克莱茵自早期开始的特色，便是强调往前看到（looking forward）发展性，而不是往后推论（looking backward）哪些过往经验可能是症状的根源。从和儿童进行她首创的游戏治疗的工作经验中，她扩充了弗洛伊德的理论，强调在成人生活中仍广泛存在的婴儿期冲动及丰富且复杂的心智，即使在意识不知觉时仍持续活跃着。她将这种心智活动称为"潜意识幻想"。她认为人类发展的主轴，并非如弗洛伊德所说，是从某一心性阶段进入下一个心性阶段的演化过程；而是各种心智状态的更迭，每个状态皆有其典型而特定的关系能力、防御方式与焦虑。

究竟是什么因子，让孩子对生命产生热情，发展出有价值且安全的关系、健康的好奇心和丰富的想象力，克莱茵对此特别感兴趣。她倾听孩子所说的话，仔细注意他们在游戏中所呈现的内涵。她倾听他们的思考、幻想及念头，特别是他们的内在主题（比如说他们自己的身体里面发生了什么、妈妈的身体里面发生了什么事），而不只是日常生活的事务。由此，她揭开了孩子内在生命中非常生动且丰富多样的图景，且类推到小婴儿。人类的心智就像一种内在剧院，可以为外在经验制造出意义，就像在上演形形色色的童话故事。克莱茵开始确信，人格的形成之初，受各种关系影响的程度更胜于受生理冲动的影响，而这些关系根源于最初的母婴关系。

而我所感兴趣的部分也是一个人本然独有的发展历程。人在成长过程中某些忧虑不安的层面，不仅需要我们的注意，也经常能使我们对日常生活的历程有更多认识。我希望本书所举证的案例的诸多层面，不管是我自己的实务案例或同事的案例，能为构成这种思考方式的理论概念带来某些洞识，同时呈现出所谓以精神分析方式及父母角度来思考，是怎样的景况。以精神分析方式和父母角度来思考，是截然不同的事情，但内在与外在充满艰辛的成长过程，确实和精神分析的过程有某些共同的特征，在接下来的篇章，我们会提到这部分。简单来说，这两者，或许都有着共同的目标，那就是：自我认识，以及尽可能整合的自我感知（sense of self）能力。

整体而言，本书的重点比较不在于对任何特定互动细节的观察，而是在于那特定互动对个体内在世界可能产生的意义。所谓内在世界，对精神分析师来说，似乎是理所当然再自然不过的一个词，但是当我们说到这个词时，清楚地说明我们所指究竟何物是很重要的，因为这个词是这类书籍——如本书——的核心。精神分析师琼·里维尔（Joan Riviere）在描述克莱茵观点时，对此说得很清楚：

> 当我们提到内在世界，这当然不是指我们的内在包含了一个外在世界的复制品。内在世界是一种**属于个人的关系**（*personal* relations），其中没有任何外在的成分，意思是，内在世界中所发生的一切，所指涉的都是自体（self），都是这个自我所属的个体的一部分。只有当个体本身对他人产生欲望，以

及他对他们的反应就好像他们是他欲望的客体时，这种个人关系才会形成。这种内在生活至少从出生开始就形成了，而我们和内在世界的关系，自出生以来，也会不断发展，就好像我们和外在世界的关系也会不断发展……因此，我们对他人的爱与恨，和我们内在的这些层面的关联，与外在的关联一样重要，甚至更为自然。(1952，p.162)

如此复杂的精神分析概念，需要再把它讲得更容易理解一点。但要做到这一点，相当不容易，比我原先预期的更难，仍有许多内容有待我们深入了解。确实，有人争论说，在探究弗洛伊德所说"最不可思议、最神秘的工具，即人类的心灵"时，精神分析的发展仍在起步阶段。我们不是要用这些概念来解释人类的本质，而是要描述这些本质的某些特质与特性。长久以来，许多哲学家与作家也致力于类似的探索。或许是这个因素，我发现自己经常运用诗、戏剧和小说，使用这些虽然不同但却更具共鸣效果的语言，来表达这类主题。除此之外，对文学有所期盼，也是在强调想象力与理解力对个人成长的重要性，强调形成象征的能力及从经验获得意义的能力，与思考能力的关系相当密切。然而，精神分析取向的思考很容易使描述流于诠释。华兹华斯（Wordsworth）也注意到这样的危险：

> 但谁有权
> 将自己的智力做几何分配
> 谁有权一挥魔术棒，且说
> 属于我心智之河的这部分
> 来自你的泉源？（《序曲》，第二幕）

本书所关切的是精神分析如何阐述个体意识（与发展一样难以捉

摸）的成长，以及自我，也就是个体性格（the character）在道德与情绪上的成长，而不是要说明发展的里程碑。在描述这些过程与个体的婴儿期、孩童期、青少年期、成人期的经验的关系时，我同时也盼望这能使人们对理论本身有进一步的了解。

每个人似乎都具有潜藏的驱力进行发展，即使病人也是如此——这个事实于是反驳了，在某阶段或某年龄处于恶劣的环境，对人的健康是必然决定因子的观点。在生命的某个片段，个体或许为了精神上的生存而采取防御措施，却将自己禁锢于退化或自我保护的模式中。但他们也能使自己成为某种支持性运作的一部分，而在其中，他们可以在较正向的经验中获得释放。也就是说，发展并不以规则平衡的方式运作。

一个人能够继续发展，体验自己的生命，从中学习，这样的能力是根基于诸多彼此相关的因子上，而精神分析理论对此提供了重要的概念以及描述性机制（descriptive mechanisms）。以某人在不同年龄、不同心智状态下生活的经验，来运用并重新架构这些概念，将可呈现出本书所要展现的发展图像的基本元素。这幅图像将呈现出个人对世界的观点，以及对处于世界中的自己的观点，是如何逐渐地取得意义与定义。

班·尼可森（Ben Nicholson，1984）如此描述他对教学艺术的看法："关键在于如何发觉他人内在的艺术才能（每个人都有，但大都受到埋没），然后将之解放开来，我认为这将使他人（甚至教学者自身）更充满生气（p.6）"。这段话充分表达了我撰写这本书的缘由，以及我爱好精神分析的原因。[1]

―― 注　释 ――

1. 感谢马蒂那·汤姆森（Martina Thomson）允许我从她的书《论艺术与治疗》(*On Art and Therapy: An Exploration*)（1997，p.6）撷取这一段引言。

目　录

第一章　心智状态 …………………………………………… 1
第二章　生命的开始 ………………………………………… 13
第三章　婴儿期：涵容与沉思 ……………………………… 27
第四章　婴儿期：对抗痛苦的防御机制 …………………… 43
第五章　孩童早期：断奶与分离 …………………………… 59
第六章　潜伏期 ……………………………………………… 81
第七章　学习模式 …………………………………………… 107
第八章　家庭 ………………………………………………… 125
第九章　青春期及青少年早期 ……………………………… 139
第十章　青少年中期：一个临床案例 ……………………… 157
第十一章　青少年晚期：小说中的人物 …………………… 175
第十二章　成人世界 ………………………………………… 195
第十三章　生命晚年 ………………………………………… 219
第十四章　最后的岁月 ……………………………………… 239
附录 …………………………………………………………… 253
参考文献 ……………………………………………………… 259

第一章
心智状态

> 此刻与过去
> 或许都在未来之中
> 而过去也包含了未来
>
> ——艾略特（T. S. Eliot）

　　成长与发展隐喻了一种线性的进展，这种线性进展在由生至死的时序推移中最为明显可见。然而在人类本质的发展层面中，有些东西却无法以单纯的先后时序来掌控，而这就是某些精神分析师所谓的"心智状态（states of mind）"。

　　恐怕没有一个简单的心理学定义，能阐明艾略特诗中的隐喻，然而其字里行间，却传达了一项在试图了解何谓"心智状态"时，极为重要的概念。任何一种心智状态，无论它闪逝得多快，都是以过去为基础，同时又包括了一个可能的未来。此现象与心智状态的本质及特性有关。人的心智状态是否滋养了发展潜能的种子？它是否也会进一步将潜在的成长力量局限于停滞的或冻结的"心理定势（mind-set）"中？它会让发展反向进行，让人格退化到过去的自我，并且固着在那儿吗？这些心智状态可能稍纵即逝，也可能根深蒂固。它们也许能产生向前走的鼓舞力量，或者诱惑人们回头观望。

每个心智状态,不论它如何短暂,都对整个人格有所影响。至于影响多少,则要视某特定发展阶段,与当时主导该阶段的心智态度间的交互作用而定。

我们或许可以描述特定的生理发展期或阶段,甚至在某种程度上,也能描述该期间的情绪及行为特征,但每个人的经验也都各有其复杂的独特性。个人的"此时此刻",充满了他自己和父母过去经验的光明与阴影;也展望了个体自身的未来、父母的未来,甚至他潜在子女的未来。[1]

克莱茵与比昂的理论,让我们得以思考人类行为的本质与意义,因为人类行为不仅受到持续变化的心智状态的影响,也受到这些状态为适应婴儿期、潜伏期、青少年期、成年期等各年龄层而产生的发展性变化的影响。克莱茵将这些心智状态或态度称为"心理位置(positions)",代表一个人在观看自己以及他与世界的关系时所采取的视角。心理位置又分为偏执分裂心理位置(paranoid-schizoid position),和抑郁心理位置(depressive position)。[2] 人们通过"心理位置"来体验生命与关系,这样的理论使我们对精神分析的理解有了重大的转变,使我们从着重于解释与治疗个别症状,转变为着重在个人与其最显著的心智状态的关系中,追溯整体的发展潜能。

"偏执分裂"描述的是小婴儿较早期的心理位置。这个词汇包含被害恐惧这一主要焦虑,及对抗这些恐惧的防御机制的本质。后者,就是分裂(schizoid),或分裂(split)的功能;借此,个体是以极端的方式来体验人与事件,一切若不是美好(好的)到不真实的地步,就是可怕(坏的)到不真实的地步。这样的心智状态常有以下特色:只关切自我利益的维护,面临身体与精神的苦痛时会有被害感,会不计代价来维护自己。在这么早期的生命阶段,这是一种自然且必要的状态。因为此时,婴儿必须处理他的情绪体验,而他尚无能力在心理上自行消化这些体验。

在接下来的"抑郁心理位置",将会出现较体谅的态度,与别人的关系虽然具有矛盾情绪,却显得较为平衡。此时会出现关怀与担心的感觉,并且会开始担心,受挫和生气的自我会伤害到所爱的人,而有了自责感。罪恶感以及想要使事情更好、想要修复关系的欲望,便在这种认知下产生。这些反应环绕在"别人是独立于自我"的经验中,即别人是完整的个人,在自己立即而狭隘的需求之外,也有其独立的生活。这样的经验,回过头来又激发了焦虑感,担忧别人的脆弱可能会危害自己。利己主义(egoism)与利他主义(altruism)之间的关系便成为这个焦虑的核心主题,是一个永远存在的复杂问题。而这就是处于克莱茵所描述的抑郁心理位置下,特有的混杂与矛盾感受中的焦点。

从精神分析理论所谓的"偏执分裂心理位置"转换到"抑郁心理位置",或者说从原始自恋(primary narcissistic)转换到客体关系(object-related),这个心智状态的转换过程[3],很不可思议地出现在乔治·艾略特(George Eliot)的小说《米德尔马契》(*Middlemarch*)中,一个年轻的新娘对自己、对先生憧憬幻灭的情景:

> 我们所有人生来便都是愚蠢的,以为这世界像妈妈的乳房,会哺育我们至高无上的自我。多萝西娅(Dorothea)很早便摆脱了这样的愚蠢状态,不过对她而言,比较容易的是去想象自己能把心思专注于卡索邦先生(Mr. Casaubon)身上,在他的智慧与力量下变得聪慧与坚强;她很难去构想的是,他的独特性不再是个想法而是个感觉,如实物般可以真实地直接感受到,他也有一个对等的自我中心,由此投散发出的光与影必然有某种程度上的不同。

这两种心智状态的转换,最初可能发生在婴儿期早期,但不一定会在那个阶段就完全转换。这是一项艰巨的工作,将终其一生反复地发生。

克莱茵认为，个人面对外在世界的态度，将在一生中不断地波动，有时陷入自私自利的态度，有时则显得慷慨、善解人意，尽管后者常受到利害关系的扭曲。就算到达了较抑郁的心理位置，个人仍可能在强烈焦虑的影响下（譬如对分离的恐惧），丧失通过他人观点看待事物的能力，并且固执于自己的观点。以克莱茵的说法，他可能会从体谅别人的抑郁性担忧（depressive concern），退缩到忧虑自己的自私态度中。同样，在试练期结束后，他也可恢复到原本善解人意的自我（empathic self）。

比昂（1963）倾向于认为这两种内心态度（attitude），处于一种前后摆荡(to-and-fro)的关系。他用图示来说明这是在 Ps ⟷ D 两极*之间持续不断的运动。这个公式指出比昂很重要的一个概念：每当个体往前发展一步，便会引发内在的崩解与焦虑，产生暂时的人格失序，回到较混乱的心智状态[4]。这种因为内在变化所导致的混乱，本来就存在于情绪发展过程中，因此，比昂在图示中以双箭头来加以强调。从这公式也可看出，在片刻与片刻之间持续摆荡（constant oscillation）的现象，不仅存在于不同的暂时性心智状态间，也存在于前述更广泛的发展期之间。

克莱茵与比昂都认为心智状态会持续转变（ever-shifting），这个概念解释了为何在成长与发展中，总有许多不同的来回摆荡现象存在。举例来说，各个发展期特有的心智状态，会持续地互相变换；但在每个发展期中，偏执分裂心理位置和抑郁心理位置也会转换。婴儿期、潜伏期、青少年期和成年期等每个发展期，都有适合该发展阶段的心智态度（mental attitude）；此心智态度随时会受到此时心理位置特有的情绪的影响，它和个人当时的实际年龄无关。我们可以在小婴儿身上找到成人的心智状态，在青少年身上找到婴儿的心智状态，在老人身上找到小

---

* 在此，Ps 指偏执分裂心理位置（paranoid-schizoid position）；D 指抑郁心理位置（depressive position）。——译者注

孩的心智状态，在潜伏期少年身上找到中年人的心智状态。这些各式各样的心智状态，将取决于个体当时是以何种情绪态度看待自我（self）及存在于世界中的我（self-in-the-world）。任何一种心智状态，都包含着现在、过去与未来。心智状态会随着内在与外在力量及关系的细微变化而摆动与改变，持续地摇摆于利己或利他的态度之间。

利用艾略特的隐喻来解释，这种来回的变化，就像是将目光来回移动于镜中的自己和窗外的人们一样。或许在新的焦虑或失落的冲击下，目光会再次拉回到镜中的自己[5]。想要精确地判断当下是哪种心智状态在摇摆，通常很难却又有其必要；如此，我们才可确认哪些经验对成长中的个人具有意义，它们又是如何促进个人发展的。

* * *

以下几则简短的案例，将有助于理清各种心智状态与各个发展阶段之间的复杂关系。这些例子突显出，能辨识出在某个当下，处于主导地位的是哪部分的人格，这对自己、对他人来说都很重要。唯有如此，才能确定何种反应是恰当的，哪种反应可以促进理解，而非阻碍。

第一个案例是个小插曲。89岁的布朗太太，因为认为她那忠诚地守了60年婚姻、现年90岁的先生艾瑞克，爱上最近才守寡的80岁好友葛雷蒂，于是产生一股强烈的嫉妒感。某个星期日午餐时，布朗太太被问及她为何异常沉默，她便描述了前一晚的晚餐所经历的一段"悲惨时光"。原来布朗太太和先生想要让葛雷蒂打起精神，她说，那晚之所以会变成一场折磨，是因为显然葛雷蒂"只想等我死掉，好搬来和艾瑞克一起住"。布朗太太说出她的猜疑后，焦虑地看着先生，而艾瑞克却是一脸困惑，显然搞不清楚她在暗示什么。他只是说，他才不想忍受"她那些可怕的亲戚"。布朗太太并未因此而放心，在她彻底而明确的追问下，艾瑞克才补充说，他觉得那个寡妇也很可怕，而且绝对不可能成为他的伴侣。布朗太太于是放松下来，开始热切而流畅地讨论起目前的政治形势。

尽管布朗太太已是成熟之人，先生也很忠诚，她仍短暂地被一种焦虑淹没。这种焦虑的初次体验发生在生命早期，具有婴儿期俄狄浦斯感觉（Oedipal feelings）的特色，也就是婴儿或小孩对父母一方具有独占的渴望，因而排挤另一方[6]。在思绪平稳之前，布朗太太无法在焦虑的情况下正常思考，也无法表现合宜。她困在早期的不安全感中，一个她始终无法完全驱散的问题。她那在别人眼中是经岁月累积而成的智慧里，隐藏着一个心绪烦乱的自我。这个自我脆弱且易受伤害，一旦面临失落，无论那是假想或真实的，很容易就让她陷入荒谬、痛苦的恐惧中。

确信自己会遭到背叛与遗弃的被害感，令布朗太太感到痛苦。这个被害的信念显现出，婴儿或小孩以为自己被最爱的人排挤在外时，所会产生的嫉妒想法的所有特征。孩子被迫明白，他们最心爱的人跟其他人，如其配偶及其他小孩，也存在着重要关系。布朗太太在焦虑的情境下，无法记得她所认识的艾瑞克是怎样的人。她漠视了艾瑞克真正的为人，只看见她所害怕看见的那个极端的、被害的景象。仿佛她失去了持有"抑郁心理位置"的能力，而陷入"偏执分裂心理位置"；套用发展期的说法，这是一个属于3个月大的婴儿，而非80岁成年人的特征。处于这样的心智状态中，再怎么忠实、充满关怀的人，在布朗太太心中也会变成一个无常的迫害者。

在上述案例中所发生的转换，让我们看到一个人可以在任何片刻，处于一种觉得自己无法应对的被害感中。这些心智状态必须与人格中的其他力量相抗衡，而这个人格是属于一个较为稳定、平静且怀有希望的自我。在里洛依的治疗会谈中，我们看到他的内心进行着这类的天人交战。12岁的里洛依即将进入青春期，因此开始对身体的变化及陌生的性兴奋感到担心。父亲在他还是婴儿时就离开家，面对总是缺席、不可靠的父亲，他心中逐渐地盘绕着各种复杂情绪。父亲离开后便一直四处游走，且和许多女人生了孩子，是个按工计酬、仅能勉强糊口的音乐家。有一回，里洛依得知父亲要回家短暂停留，这让他开始对自己的感觉格外困惑，对父亲的感情和对其他事情都是如此：

> 他走来走去，发出奇怪的噪音，夹杂着片段的旋律及饶舌乐。他的态度傲慢，同时又显得不安。他以一种带着侵略性的眼神看着我（一位男性治疗师），然后跌坐在椅子上。他往后躺，脚跨到桌子上，开口说："我要 puuusssyyy（女人）！……"当我问他在想什么，他粗略地答道："喔，我会告诉你的。我妈周末时打我，我的背被捆了十七掌。但是现在看不到了，因为伤势已经好多了。"他说得有些模糊，但"捆掌"似乎含糊地指涉吸毒。我静静地听。里洛依激动的状态逐渐缓和下来。突然间他又说，他刚刚说的都不是真的，他妈妈并没有打他，但他和朋友齐格倒是打了一架。"他说他不想让我参加他的生日派对。我说我才不在乎，然后推了他一把。他接着推了我，害我跌倒。我爬起来，给他一记上勾拳，把他打倒在地，又踢了他。"里洛依停顿了一下，接着低声地说，他现在觉得很有罪恶感。他想齐格的伤并不严重。他并不想伤害任何人。"其实，我是一个很好的人。"

从以上简短的叙述中，我们可以看到不同的心智状态与看待世界的观点，如何从一个片刻到下个片刻间，主导着里洛依的思绪和行为。他的治疗师明白他在担心父亲的来访；他怕他父亲会因为他在学校惹麻烦、表现不佳而发怒。他那带着性别攻击的神气态度，暗示的不仅是他否认在内心他其实觉得自己渺小且不够格，同时或许也暗示了他对内心那个他既吹嘘又害怕的父亲的部分认同。有时候他觉得父亲是个好人，有时候父亲又只是个"会惩罚人的、性感的、滥用药物的音乐家"。

里洛依想要长大，想成为年龄大的青少年，想成为包含药物及喧闹的大男人世界的一员。他具戏剧性且夸张的表达倾向（"妈妈打我……捆了十七掌"），其实是为了掩饰背后那脆弱、惊吓及罪恶的感觉。突然间，他那觉得遭到拒绝的婴儿期自我（left-out-baby-self），从神气活现的气焰之中浮现出来（"他不要我去参加他的生日派对"）。这位年仅12岁、身材健壮的战士，内在其实是个受伤的小孩，想要在别人身上施加痛苦，先用言语攻击，再施以肢体暴力。仿佛这两个男孩，是典型的"欺负者—被欺负者"，想通过让别人也感受到同样的伤痛，来消散自己心中受伤的感觉。里洛依通过他的行为要让齐格了解，遭到"派对"的拒绝让他多伤心。然而，攻击发生的时间点及残暴性，显示出这次的攻击累积了他从过去到现在因为被排拒于父亲的生活之外，而产生的无法发泄的暴力与痛苦。尤其在此刻，他特别清楚地意识到也同时感到沮丧的是，他并不是弟妹们生活的一部分（他单独和妈妈住）。换句话说，他也不曾受邀参加弟妹的生日派对。在治疗师的陪伴之下，里洛依开始可以思考他内心深处的这种悲哀感，以及对罪恶感及失落感的难以面对是如何把他推到一个以极端态度来看待事物的情境中。在此情境中，自己好的那一面，总是处于被抛在一边，甚至被遗忘的险境中。

从这些例子我们可以看到，不同的心智状态可以如何彼此转换，在这当中，"思维"取代了和已知自我（the known-self）相关联的真实情境；有些心智状态的转换中，在焦虑的影响下，思维便开始与情绪的根基分离，僵化的想法与态度于是出现。这些案例也显示出，不同的心智状态以及"处于世界中的我"的观点，对人格及行为的影响有多复杂。之所以这么复杂，原因之一是它们与发展期的顺序并无直接关系。然而，若想了解人格发展的细腻处，必须将这些因素考虑进来。这是正常心智功能的本质。假如在某一年龄，有某种心智状态变得异常显著，比如说太多或是太僵化，麻烦就来了：也就是说，心智状态的转换缺乏了正常的流动性，致使一种心智状态无法转换到另一种心智状态，这会造成"不符"年龄的表现。什么是符合年龄的表现？举例来说，婴儿会显得幼稚，公职人员就较不幼稚；7岁大的小孩生活很有规律、按部就班，甚至有一点退缩和自制，而青少年就较不会这样；16岁的孩子，满脑子都是性别认同及挑战权威的想法，而小学生就较不会这样，以此类推。

假使一个人有一个能从外在来观察并涵容（containing）自我的心智，此心智能分辨出某个时刻是哪个部分的自我在"主导"，个体将可以从这个经验中，衍生出相似的"抱持（holding）能力"，允许自我的各个部分互相接触。因为，假如一个人可以感觉到自己内在的各种心智状态被接纳与支持，且在某种程度上被了解，那么无论是愤怒、恐惧、焦虑、嫉妒或热情，这些强烈的情感将可逐渐被辨识出来，不需伪装。它们可以被加以认知并整合到人格中（详见第三章）。在团体中情况更是如此，通过确认与了解，个人的情感可以不经修饰地表现出来。

不难想象，里洛依生活在很有压力且贫穷的社区中，因此会深受这些顽强、反抗和性煽动的行为（sexually provocative behavior）的吸引。这样的角色显然具有求生必需的要素，让他能适应所处的社会，而且能让他得到个人满足感。然而，这个角色却和里洛依人格中较为温柔、不安的一面相当不一致。

本章所引用的案例显示出，某一种特定的心智状态总是有可能在任何时间，唐突又恼人地出现。这样的混乱可以自然地平静下来，如布朗太太的例子；小孩也会自然地随着长大而脱离这种混乱状态。然而，心智状态的混乱也有可能是长期的，但是以潜伏的形式存在，直到稍后生命中出现危机时才表现出来；令人忧心的是，心智状态也有可能失去转换力，而僵化成为具破坏力而非促进及支持人格成长的性格。

注 释

1. 其实我并不喜欢使用"他"这个有男性意味的代名词来作为通称，只是使用"她"容易造成混淆（因为目前关于早期发展的讨论，主要是婴孩与妈妈的互动），用"他／她"又显得累赘。无论如何，就像1989年朱迪·夏托沃尔斯（Judy Shuttleworth）指出的，母亲的功能与角色，可以被父亲或其他与婴孩有紧密且持续性关系的主要照顾者取代。

2. 关于"偏执—分裂心理位置"的描述，可参考克莱茵于1946年发表的论文。关于"抑郁心理位置"的描述，可参考克莱茵于1935年、1940年及1945年发表的论文。如果想对克莱茵的理论有更清楚、更完整的了解，可参考Elizabeth Bott Spillius于1994年发表的《克莱茵理论的发展：综论及个人见解》[*Developments in Kleinian thought: overview and personal view*, Psychoanalytic Inquiry, 14(3): 324-364] 一文。如果想进一步了解克莱茵提出的概念及术语，可参考Hinshelwood, R. D.于1989年出版的《克莱茵学派理论辞典》(*A Dictionary of Kleinian thought*, London: Free Association Books）。

3. 用最简单的话说，所谓"客体（object）"及"客体关系（object-relationships）"，指的是在情感上对个体而言很重要的"人物"和"关系"的表征，不管是正向或是负向的。举例来说，小婴儿在吃饱喝足的时候，不只身体感到满足，内在经验亦是好的，拥有爱与关怀。当这样的经验一再重复，小婴儿会感觉到自己的内在有一个好的源头，他会觉得自己是具体存在的，这感觉已经不是通过外在供应给他，而是其内在的一部分。我们可以说，他和好"客体"有一份好的关系。

4. 比昂将此情绪上的扰动，称为灾难式的变化（catastrophic change），这是情绪发展的序幕。详见第七章。

5. 可参考《亚当·贝德》（*Adam Bede*）第十五章。

6. 弗洛伊德描述过一个愿望实现的梦（或说迷思），就是取代双亲之一（同性的一方），而和异性的一方结婚。小孩想把和自己不同性别的父母亲留在身边，想将和自己同性的父母亲驱逐在外，就是此渴望最基本的形式。弗洛伊德很震惊，这潜意识的愿望，在希腊悲剧诗人索福克勒斯（Sophocles）的戏剧作品《俄狄浦斯王》（*Oedipus Rex*）中，竟有所描述。剧中，英雄俄狄浦斯在不知情的状况下，弑父娶母。弗洛伊德在观众席上看到此剧，相当震撼，他写道："每一个人，在懵懵懂懂的发展期或幻想中，都曾经是俄狄浦斯。"观众亲眼看见"梦中的愿望，通过戏剧，被实现出来"。（Freud, 1987b, p.265）另外，可参考布里顿（Britton, R）的《俄狄浦斯情境与抑郁心理位置》[*The Oedipus Situation and the Depressive Position*, in Anderson, R.（ed）*Clinical Lectures on Klein and Bion*, London: Routledge]，或参考第五章及附录。

第二章

生命的开始

> "从开始的地方开始,"国王严肃地说,"一直下去,到了结束的地方,就停止。"
>
> ——路易斯·卡罗(Lewis Carroll)

关于小婴儿的内在世界,我们可以通过多种资源或方式来认识或推论,比如通过观察心智较平静和较混乱时的行为和思考过程;通过在诊疗室中所体验到的临床关系本质;通过精神分析,分析孩子、青少年和成人的游戏及梦的内容;通过婴儿观察或幼儿的观察研究[1],以及近年来通过超声波观察胎儿在子宫内活动的研究[2]等。究竟内在世界(internal world)是从什么时候开始的,这是个难解的问题。

本章要谈论的是婴儿心理出生(psychological birth)的环境。心理与身体出生时间点的关系,一直广受争议。有人认为人格在婴儿实际出生的数月之后才诞生(形成);有人认为婴儿出生的同时,人格就诞生了;精神分析师则倾向于认为在子宫怀孕期,人格的形成就已开始。弗洛伊德(1925)很清楚地表示,"'出生'是个令人印象深刻的停顿点"不应受到过度强调(p.138)。之后许多将子宫内的研究与精神分析取向的婴幼儿观察进行联结的研究调查,则证实了一点:"天性与教养早在子宫内就已开始交互影响,因此两者是无法分离的;就连要把这两者视为独立存在的想法，都显得太粗糙而无法有所帮助。"[3]

亚力桑德拉·皮昂特莉（Alessandra Piontelli，1992）利用超声波监测为基础，再通过后续的定期追踪观察，对胎儿及婴儿行为进行了相当深入的研究。这份研究及同领域的其他研究，详细地描述了生命从子宫内到子宫外惊人的连续性，也证实了人们在缺乏现代科技帮助下，仍坚定不移的直觉认知。皮昂特莉很有说服力地描述了一个短暂的心理治疗咨询（在3周内进行了几次咨询），这次咨询激发了她对此研究的兴趣：

> 一对相当敏感的父母带他们的小孩来找我，孩子很小（18个月大）也很聪明，但他似乎要将父母逼疯了；因为他没有片刻是安静的，也不睡觉。第一次看到雅各布，在他的父母对我解释他所有问题的同时，我注意到雅各布不停地四处走动，仿佛着迷似的想在我那空间有限的诊疗室的所有角落寻找某种他始终无法找到的东西。他的父母解释说，他一直都是这样，夜以继日。偶尔，雅各布会把诊疗室中的几样东西拿起来摇一摇，像是想把它们摇到重新活过来一样。他的父母接着说，雅各布在几个重要的发展点上（比如，坐起来，爬行，说出第一个字），似乎都伴随着强烈的焦虑与痛苦，仿佛他很怕会"把某种东西忘在身后"，这是他父母用的字眼。当我简单地对他说，他好像在找一样他丢了但四处都找不到的东西时，雅各布突然停住不动，并且非常热切地看着我。接着我说，他想把所有对象摇到重新活过来的举动，似乎是因为他担心这些东西静止不动，意味着死亡。这时雅各布的父母差点哭了出来，他们告诉我其实雅各布是个双胞胎，但他的孪生兄弟提诺（他们决定为他取名为此），在临盆前2周胎死腹中。因此雅各布有2周的时间是和这位已经死去的、没有反应的孪生兄弟，一起待在

第二章 生命的开始

妈妈的子宫中。治疗师仅仅是对此事有所觉察，并将雅各布的恐惧——从诞生时的危机状况开始，发展的每个进程，都可能伴随亲爱的人的死亡，而他对此感到有责任——化成语言说出来，就为他的行为带来了不可思议的变化(pp.17-18)

在适切地声明其结论所具的确定性的同时，皮昂特莉确实挺逼真地呈现了出生前的经验对于出生后的含义。如她所说，一般精神分析文献亦然，并非每个人都把"出生"当作"心智功能开始运作的转折点"(p.18)。有人认为，出生是生理与心理复杂而交缠的连续性发展脉络上的一点，这两条脉络从出生的点开始互相影响，进而组成了一个人的自体（self）。在基因资质的天生实材上，还要再加上胎儿成长的天然环境因素（如子宫内活动的自由度、胎盘的质量、羊水等）。然而，所谓天然环境的"实材"，本身就已经受到母亲意识与潜意识的心智状态的影响，这与她的身体有紧密关联，也受到母亲自己的环境和她所能得到的照顾质量的影响。譬如，我们已知胎儿的生理发展，与母亲的激素状态、饮食、心理及生理活动之间互相关联。影响母亲生活的生理与情绪因子，也会影响子宫内的世界。子宫内的世界，对心理状态——情绪是平静还是焦虑——非常敏感，同时对物理刺激——声音、光线、震动是平缓还是混乱——也非常敏感。我们将会仔细观察到，在这最早期的阶段，要将生理和情绪、内在和外在等因素区分开来并不容易。每个妊娠都是独一无二的，在每个案例中要思考的可能性也都非常多样。

怀孕对妈妈来说，有何意义？对夫妻俩呢？对整个家庭呢？如何看待有关性别的议题呢？孩子的角色对家庭而言，意味着什么？大家想要这个婴儿吗？是渴望他来临？或是感到恐惧害怕？这是一个不小心的错误，还是一个爱的结晶？是令人欢喜的新成员，还是让人痛苦的侵犯？胎儿给人的感觉是干扰，就像异类和外来者，还是受到欢迎、令人安心的？任何一次怀孕都不可能单纯到让人仅仅体验到上述诸多感受中的一种。诸多于意识及潜意识间来回摆荡的感受与潜意识幻想，都可能影响这份体验，而这些感受与潜意识幻想，也将随着与这个婴儿的关系逐渐开展，而持续呈现出来。[4]

"出生"本身的体验可以是一种喜悦、惊异、解脱、失落、创伤或新的发现，也可能是上述的综合体，视潜藏的潜意识幻想及主要的意识幻想内容而定。实际分娩过程的经验质量对父母非常重要，对孩子来说更是如此；这些质量包括焦虑的程度、安适与不安的程度、现代科技干预的程度、出生的环境，及压力、危险与信心的程度等。分娩过程的外在现实可能很美好，也可能很残酷；但是这些事件的意义，以及在体验上是愉悦的、挫折的、可掌握的或难以忍受的，都与所有参与者的内在心理性格（internal psychological disposition）密切关联。

父母单方或双方的态度及响应方法，和他们自己过去的实际经验或潜意识幻想息息相关。可理解的是，怀孕会快速地让准父母的内在婴孩动起来，偶尔会让父母中的任何一方，感觉到一股新生婴儿会有的紧急且无法抵挡的匮乏感。不理性的焦虑可能会突然爆发，或产生陌生的不安、恐惧或依赖感。父母的感受是否维持在现实之中，视他们是否能从其内心及心智上存有的父母形象［本书此后将此称为"内在父母（internal parents）"］，以及从其与配偶和家人的关系中，所能获得的情绪照顾质量而定。

从皮昂特莉对产科医师和父母在观看胎儿的超声波影像时所做的描述可以清楚地看见，胎儿在很早期就已具有独特性格的迹象："他是紧张型的""他很镇定""她是思考型的""她性情不错""看他对脐带好凶喔"。这些对实际行为及身体特征所做的价值判断，是从观察中所得，但同时也会受到观察者的特质的影响。这些价值判断，至少在某种程度上，与所有父母亲在意识或潜意识中，如何归因未出世孩子的性格有关（通常会在妊娠期的梦境中生动地表达出来），这同时与父母亲自身的需求、期望、过去经验、自我概念、社会环境、企图心及其各种

第二章 生命的开始

心智状态，息息相关。

要背负另一个生命一生的福祉，而且这个责任的开始就是一段漫长的全然依赖——面对这项令人畏惧的工作，再有自信的父母，多少也会感到胆怯与焦虑。白天的乐观到了夜晚变成了恐惧，梦境于是填满可怕的情境。这样的梦，反映了要孕育一个未知的小生命、让它活下来，所潜藏的潜意识焦虑。曾有位孕妇，普莱斯太太，描述了自己的经验："我第一次接受我真的怀孕了，真的要有小婴儿，是在我开始做有关她的噩梦的那一周。我梦到她出生了，可是我忘了她的存在，我把她遗忘在某个地方，或者忘记要喂她。"普莱斯太太接着举出两个像这样的梦境，这两个梦境表达了关于她能不能当个好母亲的焦虑，这些焦虑和她自己的早期经验有密切关联。其中一个梦是：

> 我把小婴儿放进柜子里睡觉。我把柜子关上，却到两天后才想起来她还关在柜子里，我完全吓坏了。我冲到柜子边，发现她缩成了洋娃娃的尺寸。她全身都枯缩了，却仍然有个漂亮而平滑的脸庞。

这位准妈妈想着这个梦，想起梦中"饥饿的婴儿"，看起来和自己妈妈拥有的一个瓷娃娃一模一样。在她小时候，那瓷娃娃就送给了她。她记得妈妈有一次特别告诉她不可以玩那娃娃，以免她打破娃娃的脸。她没有听话，结果瓷娃娃真的被打破，娃娃于是被收进柜子里，她也被告诫再也不准玩它。

在普莱斯太太的梦中，那次不愉快事件所产生且明显延续至今的罪恶感与痛苦，和她持续存在的潜意识恐惧相关。她害怕如果她没有听从内在母亲的声音，她会再次造成伤害；那是个永远都抱持反对与惩罚威胁的声音。怀孕之后，她对这早期的恐惧与焦虑变得特别敏感。她是否会再度如梦中所暗示的，象征性地违背了内在的声音，因此伤害了自己的小孩,就像她伤害了瓷娃娃那样?她是坏人吗?连假扮的妈妈都做不好,所以没有权利认为她可以是个真正的母亲?普莱斯太太似乎很确定肚里的婴儿是个女孩,这意味深长。仿佛在潜意识中,她已经将肚里真实的小孩,和过去的瓷娃娃做了联结,也和那可怕的一天相关的所有复杂而持续的忧虑与罪恶感做了联结。[5]

很有可能那瓷娃娃同时也代表了她的妹妹;在孩童时代,她对妹妹的感受相当复杂、矛盾,如她的下个梦境所示。她在接下来那晚做了这个梦:

> 我到了游泳池,游泳时我把新生的小女儿放进置物柜中。接着我穿好衣服,回到家。过了好一阵子我才想起来小婴儿还在置物柜里。我冲回去找到了她。她饿坏了,但是还活着。

普莱斯太太随即描述了第二个父母对她动怒的经验。她十多岁时,有一次她带着妹妹到小区游泳池玩水。妹妹在幼儿区玩得很高兴时,她遇到了自己的朋友。她一时忘了自己的责任,而和朋友一起离开,稍后当然面临了"玩忽职守""自我中心""无法信任"等一连串让她永难忘怀的责骂。从这个梦境,普莱斯太太察觉到遗弃妹妹一事,或许和她对妹妹隐微的谋杀敌对心态有关。如今她已成年,在潜意识中,她却害怕自己这部分的破坏性,或许会侵入她与婴儿的关系。也就是说,她害怕她会对自己的婴儿,做出同样伤害性的忽略,而这伤害性的忽略,是她和父母及妹妹在过去关系中,未解决的部分。

这个案例引发了许多想法及多种可能的诠释。最简单的说法是,很明显从一开始,在生命早期,小婴儿要在事实与幻想交错关联的复杂局面中,建立起"他(她)是谁"的概念,注定是一件非常艰难的任务,是终生的课题。这种在生命最早期身体与精神生活交织的状态,及母婴关系中已然深层而敏锐的联结与分离,都和发展潜能息息相关。至于这些因素会造成怎样特定的影响，无法被断言，但人们能从无数的影响中，强烈感受到这些因素的存在，而孩子从出生的瞬间和生命最初的几小时到几天中，就有显而易见的气质（temperament）与性情（disposition），也受着这些因素的影响。小婴儿出生时，便带着自己独有的复杂情绪生活，同时也已经笼罩在来自他人的各种感觉、希望与恐惧中，他被预期或归责哪里与父母或手足相似或不同，被期待能为父母做什么，会在家庭中有怎样的位置。在这些影响与决定性因子中，最强烈且最毋庸置疑的，是他最切身的环境，也就是由母亲的身体与心智所构成的世界。

如皮昂特莉的建言，生理因素及经验对未出生胎儿的影响已受到许多关注（pp.18-19）。较不为人所知的是在婴儿出生前及出生后，母亲的心智状态对婴儿的影响，以及此心智状态和婴儿性情之间的关联。对小孩进行的临床研究，不断提出令人惊异但仍未能全然受到理解的证据，显示每个怀孕期的独特经验，和婴儿的身体及心理经验存在着关联。从以下的案例我们可以认识到，孩子的受孕、妊娠、生产的境况、母亲的产前幻想与产后态度，与孩子早期的情绪与行为之间复杂的关系，对小男孩汤米所造成的影响。

汤米在3岁时被带来接受治疗。他有许多令人担忧的问题。最让人担心的是，处在封闭的空间里，他会进入极度惊恐与绝望的状态。被"放出来"后，他会一连几个小时都处于瘫软与退化的状态。任何形式的离别对他来说都极度困难，特别是要和妈妈分开。一旦得与妈妈分离，他会不顾一切地缠住妈妈，仿佛他的生命得倚靠和母亲的肢体接触才得以延续。汤米的妈妈很坦率地表示，对这唯一的孩子，她的感觉非常矛盾。她认为自己是个不成熟且不好的人，因此很早就决定不生小孩。确实，她似乎对于任何形式的亲密关系都会感到害怕。她的受孕是跟一个陌生人短暂交往的结果，二人分手后便失去联络。她太晚发现自己怀孕，而无法如愿进行堕胎，随后又深信她所怀的孩子，如果不是畸形就是怪胎。而且她的生产过程充满创伤。由于过期妊娠，她那近5公斤重的孩子卡在产道。在紧急剖腹生产的过程中，麻醉又失败。她的极度痛苦加深了她对鲜血及血块的惊怖。结果她变得无法为这"怪物"（婴儿）哺乳，因为她觉得是他为自己带来如此深切的折磨。她陷入了一段为期颇长的重度抑郁症中。

汤米一开始就显得非常焦虑，特别是对身体的亲密接触，他几乎是在同时间，极度需要又极度抗拒身体的亲密接触。深感苦恼的母亲描述说他同时具有幽闭恐惧症（claustrophobic）及场所恐惧症（agoraphobic）。他的焦虑在喂奶时特别明显。他会很有个性地全力吸住乳头，却又突然将乳头吐出来，好像那乳头让他觉得恶心。

不难想象，汤米一会儿觉得治疗室是个危险、害人、囚禁人的地方，一会儿又觉得这是个令人欣慰、向往的地方。从早期开始，他的行为中就有一种异常不安的意味，这种行为看起来只能被形容为，他在重复上演自己那段骇人的出生经验。汤米似乎会一再地让自己重新活在卡在产道里就要窒息，然后突然被推进刺眼的光亮、尖叫、混乱的惊恐中。我们可以想象，他的母亲在自己也深受创伤的状态下，根本无法解除他的惊恐，或将此转化成他可忍受的方式。在那时，她没有能力提供祥和宁静的感受，无法利用母亲那就算不安但仍细心照料的温情，收拢汤米颤抖的心灵。她的怀胎经验，直到生产过程告终，都让她难以承受。婴儿的大小，以及她在帮助他诞生时困难重重的过程，似乎都证实了她多么不愿意将他生出来。她自己也真的说过，自己无法注视着他。尽管她（出乎自己意料地）很爱他，但要等到许久之后，才能减缓对这孩子的怨恨，这个为她"带来折磨"而且几乎要了她的命的孩子。

在治疗中，汤米似乎会持续地陷入一连串恐怖的情境中，接着是一段类似崩溃的经验，结束时则是以无力而恍惚的模样，摸索着四周的环境。有时候，他会像受到惊吓般地躲避治疗师或治疗室，显然很怕自己会被关进某个极端恐怖且让他受害的地方。连接等待室和治疗室的走道（像是生产的产道？）似乎让他特别不知所措。经过好几个礼拜、好几个月后，他惊恐时的凶暴行为才逐渐消失，仿佛在治疗情境中，通过重演（re-played）及重新经历（re-experience），那些感受已经逐渐转化为较温和协调的状态，使汤米也能谈论这些感觉，并思考其意义。

下列会谈发生在汤米刚满4岁时。那次会谈中，治疗师觉得他对治疗师的恐惧，尤其是对走道的恐惧，强烈到连听到说话声都会被他体验为强硬而具侵犯性的经验。当他瘫在椅子上尖叫、啜泣、试图要将自己的眼睛和耳朵捂起来的同时，治疗师便平静地以安抚的、带着回应的方式，开始对着他轻声哼唱。

当他哭声渐歇，他开始从他那愤怒、可怜和吓坏的婴儿姿态中坐起来，然后像只受到惊吓的小动物般，尝试性地环顾着房间。他开始去碰触不同对象的表面，像是要重新发现它们的质地。他先摸摸自己的身体，再摸摸他坐的椅子，然后是最靠近他的对象。在那当中，他一直牢牢抓紧他的小毯子，那是对他而言很特别的一条毯子。他向窗外瞥了一眼，然后盯着治疗师看，接着郑重其事地将他的小毯子铺在地上。治疗师说这毯子似乎让他想起妈妈，对他来说具有安慰作用。汤米点点头，回答说："它里面有个洞。"他随即开始对治疗师说起《彼得与狼》（Peter and the Wolf）*的故事，描述恐怖的野狼"跑出来"，跑到花园里的危险历程。野狼把其他动物吓坏了，还把它们吃掉。他很快地补充说："故事不是真的，那只是一出戏，因为那是从录音机里播放出来的，可以一遍又一遍地回放。"

这段简短的互动，似乎具有深长的意味。汤米似乎正从某种受到惊吓的心智状态中进化。治疗师觉得那个心智状态是他早期创伤经验

---

* 这是生于19世纪末的苏联作曲家谢尔盖·普罗科菲耶夫（Sergei Prokofiev）的作品，他在1936年为儿童编写这出音乐剧，叙述彼得和动物们合作，击退大野狼的故事。——译者注

的再现，一个近5公斤重的足月小婴儿，先是受限于子宫内，又被产道肌肉紧紧卡住，而他和母亲在生理上（和心理上）却朝着不同方向使尽全力。我们可以看到，在他的心里这种变化和慰藉的来源（也就是会令他联想到母亲的那条毯子）有紧密关联。但他立即指出"洞"的存在。当然，汤米很可能是在说他觉得妈妈的内心少了什么。他或许在重述自己所感受到的，母亲的抑郁与心不在焉；甚至是自己的直觉，觉得她希望自己不存在于她的脑海中，觉得自己于她心中存在的位置，是一个洞。然而，从另一个层面来看，他可能是在描述一种内在的诞生前经验（internal pre-birth experience）。他的妈妈身上确实有个洞，不管是产道还是剖腹产的切口，他就是通过这个洞逃脱出来，或被驱逐，或被释放，甚至是掉落出来——也许是这一切的混合。

这个"洞"似乎让汤米想到"彼得与狼"的故事，而这又立刻让他想到录音机。汤米好像是在用这样的方式告诉治疗师，故事中的危险事件，并不是真的发生而要亲身体验的事，而是个一再"播放"的故事。这段话也像是在评论刚刚在会谈中发生的事。汤米似乎是在说这个"恐怖野狼"的故事并不那么可怕，因为那没有真的发生。那是真实事件的"回放"，而并不是事件本身。也许他是在提醒**自己**，尽管再次述说和重新演出自己诞生的故事是很恐怖的事，但是不像之前，现在他可以回放，而不用真的经历它。现在他有能力去思考它，找到有效的象征性方式来表达，而不用具体地去经验*。这同时可能伴随着一种感觉，在潜意识层面而非现实中，他感觉到播放与回放的动作是他可以控制的，他可以自己选择是否要播放录音带。尽管如此，某些焦虑似乎仍然存在，因为他又匆忙地告诉治疗师，尽管世界上有真正的野狼，但它们是在动物园里。"它们被关着，不能跑出来。"

汤米接着所说的，惊人地表达了潜意识中他对自己诞生时状态的

---

* "象征（symbolic）"与"具体（concrete）"的区分，是克莱茵理论中很重要的概念。婴儿要有象征的能力，才不会以为幻想就是真实。——译者注

直接洞察："你怎么知道自己是不是个吓人的东西？"他又补充："万一你一生下来就是个吓人的小东西（a scary baby-thing），怎么办？"稍后在该会谈的对话中，汤米的思绪被壁脚板上的一个洞给占据了。他觉得那可能是个老鼠洞。治疗师将这个想法和汤米一直在思索的问题联系起来。治疗师说，老鼠也很小，人们通常会怕老鼠，但是老鼠其实更怕人。在同一次会谈更靠后的部分，汤米将自己的袖子拉高，给治疗师看他手肘上的一块擦伤，他称之为"吓人的皮肤"。他似乎将身体的损伤，与害怕自己身上也有个吓人的洞联想在一起，就像妈妈也有个洞。有什么东西能可靠地让他保持完整而不崩解吗？（详见第四章）

从这些简短的细节中，我们充分感受到汤米急切的渴望，渴望通过思考这些坏经验，使它们转化成自己可忍受的；也感受到他为了在精神上帮助自己生存所采取的方法。这个案例让我们直接看到，在生命最初，影响生命发展的因素是如此异乎寻常地复杂。到了3岁时，汤米根据自己的经验和母亲所传递的信息，似乎已在心中形成了一份关于自己的独特影像。他深信自己是个吓人的小婴儿，一个令人害怕的婴儿／怪物，一个令他最需要的人——也就是他所钟爱的母亲——感到痛苦与厌恶的东西。他问治疗师的问题是，要怎么知道（要如何弄懂、如何从内在理解）自己为什么是个吓人的小东西。他怕自己是个吓人的东西，像会把其他人吞噬掉的野狼（正如母亲所生动描述的，会威胁生命的小婴儿），而且他也觉得别人对自己的感受正是如此。他该在哪儿才对？该生到外面来吗？但他在外面似乎会引发独特的惊恐（野狼"跑了出来"，跑到花园里）。或者留在里面（被关着）？他到底是生出来比较恐怖，还是不要生出来比较恐怖？他戏剧化地呈现出，出不出生，在里面或外面，一样都非常吓人；或许因此才会产生让他的母亲非常关切的场所恐惧症及幽闭恐惧症。两边都极度不安全，让他要不计代价地黏着，以免自己从某种恐怖的"洞"中掉落。

这个案例所清楚描述的经验，呼应了怀孕及生产第一胎小孩时，经常引发的内在混乱与矛盾。许多怀孕的母亲对于丧失有很深层的焦虑，对变化有恐惧，会因此产生苦恼与怀疑；不过这些焦虑也可能隐藏在怀孕的喜悦与期待之下。一般母亲及婴儿在某种程度上也都持有内在混乱，汤米和他妈妈的经验则特别激烈。在这个案例中，他们各自有能力将自己承受的痛苦表达出来，并借此从这难忍的冲击中得到某种程度的释放。这段关于汤米及其母亲困境的描述，也表现了婴儿诞生的心理与生理世界，具有强烈的现实性。在诞生之初可供观察的"事实"之下，意识与潜意识中的渴望与爱、期待、恐惧及憎恨，极其复杂地交错纠缠；这些看似平淡、琐碎的脉络，每一条都对婴儿即将展开的人生，有其独特的贡献。

—— 注 释 ——

1. 婴儿观察是由埃斯特·比克（Esther Bick）于1948年在英国Tavistock临床中心引介的一种训练方式，观察员每周定期到婴儿或幼儿的家庭环境中进行观察。这有助于我们了解婴儿的内在世界及他们与家人的关系。

2. 去探讨从发展心理学者的观点出发的诸多相关概念与重要的研究，特别是关于早期婴儿期的主题，已超出本书所要讨论的范围。和我目前所要讨论的主题最为直接相关，且最有帮助的研究者，包括鲍尔（T. G. R. Bower）、布雷泽尔顿（T. B. Brazelton）、里雷（A. W. Liley）、默里（L. Murray）、斯特恩（D. Stern）、崔瓦丹（C. Trevarthan）等人。但尚无论文将上述人士的研究讨论，整合成一篇专门探讨，要判断可观察的"发展期"的某个层面，对某人来说具有何种意义时，将会面临的困境；以及要了解该层面如何于内在与外在留下铭记时，会遭遇的困难。尽管如此，这两种方法并未互相抵触。关于这点，安妮·阿尔瓦雷斯（Anne Alvarez）（1992）在她所著的《生命同伴：针对自闭症、边缘儿童、受虐儿童的精神分析取向心理治疗》（*Life Company: Psychoanalytic psychotherapy with autistic, borderline and deprived and abused children*, London: Routledge）中已清楚指出。

3. Elizabeth Bott-Spillius，引述自亚历山德拉·皮昂特莉（Alessandra Piontelli, 1992）所著的《从胎儿到孩童：观察与精神分析》（*From Foetus to Child: an observational and psychoanalytic study*, London: Routledge, p.ix）。

4. "潜意识幻想（phantasy）"，英文前缀是"ph-"开头，在精神分析文献中，用来指称个人内在、潜意识的持续性的心智生活。"幻想（fantasy）"，英文前缀是"f-"，指的是日常生活中，意识上的想象。

5. 关于性别差异的建立，以及对于性别的期待如何影响发展，至今仍存在着很多重要的争议。帕克（Parker, R.）（1995）在其著作《撕裂：母亲的矛盾》（*Torn in Two: The experience of maternal ambivalence*, London: Virago）的《性别有差吗？》（*Dose Gender Make a difference?*）一文中，清楚地列出了关于这个主题的主要议题及争论。

第三章

婴儿期：涵容与沉思

> ……一个宝贝儿，通过触摸的爱抚
> 和母亲的心无声地对话……
>
> ——华兹华斯

克莱茵了解，须全然依赖外在照顾者的小婴儿，生活在充满了深层的喜悦、极端的不安乃至惊恐的世界中；他受到热切的爱、恨情感的掌控，不断地在完整与瓦解的经验中摆荡，有时会对自己的生存感到害怕。单纯地把乳头含在嘴里，躺在爱的臂膀的环抱中，听着母亲发出的声音，在她的眼睛与心神的温柔关注中受到安抚，小婴儿将能体验到被爱的感觉。[1]他会有一种凝聚感，有个中心，即使母亲暂时不在，也能维持这股感觉。假使这种好的经验不足，比如母亲不在身边太久，或是痛苦与挫折的冲击维持太久，小婴儿这种缺乏好事物的经验，便会被强化成为一种感觉，觉得自己内在有不好的、会主动迫害的事物存在。婴儿的世界是两极化的，生活中免不了的干扰，会造成他的焦虑。这焦虑的程度有多强，我们无从真正得知，只能推测。

比昂（1962b）认为，如果小婴儿想躲避痛苦的冲动不至于太强，而痛苦经验也不至于太难抗拒，那么小婴儿所具备的思考雏形（rudimentary form of thought），便能够帮助他们忍受这些痛苦与挫折（pp.83-87）。弗洛伊德强调小婴儿原始冲突的中心，在于生、死本能之间的对立冲突；

克莱茵则强调婴儿的冲突来自爱与恨的状态之间；而比昂则为这些理论加入一个全新的概念，他认为小婴儿一方面想知道并了解其经验的真相，另一方面却又对知道与了解感到厌恶，是这样的困境造成了婴儿的冲突。他认为，在追寻个人经验的真相时，这项追寻的真实性，取决于实际拥有经验和承受其经验，并与经验共存的能力，而不在于寻找可以摒除或忽略经验的方法。

在比昂的看法中，心智成长模式就像营养供给模式：真实的经验会滋养心智，而虚假的经验则将毒害心智。这种喂养思想的经验食物，较不倾向于认知，而较偏向情绪及想象层面。比昂认为，这种由经验养成的思考能力的形成过程，植根于母亲与婴儿之间最早的沟通质量，以及所谓"会思考的"乳房（a "thinking" breast）的可及性。他认为，母亲哺乳的基本母性能力中，有个层面以比喻法来看，是为婴儿原本混杂着冲动与感官知觉的初期思想，提供某种雏形。与此同时，哺乳的能力也提供了心智体（apparatus）的基础，使初期思想得以被架构起来，得以适当地被加以思考，使之获得意义。"会思考的"乳房指的是一种特别的母性功能，这似乎延续了弗洛伊德和克莱茵的想法，但实际上，它提供了相当不一样的心智模型（model of mind），为发展的本质提出了新的观点。在克莱茵的想法里，乳房是原始母性功能的象征，比如说哺喂、精神上的喜悦、身体上的满足，而对比昂来说，乳房是心智（mind）的象征。母亲不只直接给小婴儿提供滋养与爱，同时也提供一个会思考的自体（her thinking self）。这是一种精神及情绪状态，它可以将婴儿精神生活的混乱放在它的内部，也是婴儿具备更完整的能力和更完整的自我所需的前置条件。

我们可用孩子试图玩拼图的比喻，来领会这个难以理解的概念。假想有个情境是，有个小孩无法在画面中为一片拼图找到适当位置，而变得越来越焦虑、烦躁。这时，不同的母亲可能会有多种不同的反应（甚至同一位母亲在不同时间也会有不同反应），影响母亲做出不同反应的原因相当复杂。孩子无法完成母亲觉得简单的拼图游戏，可能会引发母亲的某种焦虑（因为孩子的无能），使她变得暴躁易怒。孩子感受到母亲的态度，变得更焦虑，更没有能力去完成，最后，就哭出来了。孩子从此经验中不仅一无所获，也因为丧失完成拼图的乐趣，而不愿再度尝试，因为"拼图很无聊"。或者，他可能开始和内在"不好的自我"对抗。他可能会企图掌控焦虑，在重新积极的努力下，重拾母亲对他的信任。

另一个母亲的反应，如兄弟姐妹般，可能是直接将拼图放进正确的位置，认为这样问题就解决了；或者，母亲更可能是根本没想太多，只是单纯地想把桌面清干净，好泡茶。这时，一个还没放弃用自己的方法、还想自己得到结论的孩子，或一个已经放弃且被动地接受任何结果的孩子，很可能会气得大哭，或是闷闷不乐地接受结果。

母亲可能有的第三种反应是，先专注地观察一段时间，然后建议孩子再试试看。她可能需要一些时间，来衡量孩子所面临的问题有多大。当母亲能对痛苦的根源与强度表示关心与接受时，问题或许就能在某种程度上获得解决。孩子可能因而能自己将拼图拼好。假使结果不是如此，压力仍持续存在。母亲发现孩子仍无法自己思考，她于是转变拼图的方向，让拼图的形状更容易与相对应的缺口连接在一起。孩子于是高兴地惊叫，并将拼图放了进去。通过对情绪状态的把握，既不太早介入，也不过度延长挫折，这位母亲帮助孩子"看见"几分钟前还不可能发生的事。

在第三种反应中，我们看到母亲潜意识的能力：她将孩子烦乱且四散的自我碎片收拢起来，在情绪上给予安置，让他的心智（mind）和她自己的协调一致。而从看起来已经契合的外在图形中，这份协调感也在对图形的辨认中得到体现。母亲与孩子之间所发生的事，使孩子觉得自己受到了解。从这项经验中，孩子获得了成就感以及自尊心。毫无疑问，他同时也体验到爱与被爱，也会深刻地期待与他人的关系具有类似的情感。

这个情境是关于年纪较大、情况较为确定的孩子。在下列案例中，我们看到比昂所感兴趣的年龄更小的例子，我们在这针对3个月大婴儿所做的观察记录中，看到了同样的过程：

> 母亲将婴儿放到乳房前哺乳。婴儿平稳地吸着奶，发着鼻音。他看起来相当放松，但突然间咳了起来；他继续吸一会儿奶，然后哭了起来。母亲让婴儿坐在她的膝盖上，拍着他的背帮助他打嗝。他先是微弱而尖声地哭，然后转成呜咽；他把头左右摆动，脸蛋红通通地皱着。他会暂停这个举动，放松一会儿，然后又再度重复。他并没有打嗝，也没有使尽全力放声大哭，只是间歇地持续着。母亲把小婴儿抱到肩上，他尖声哭泣得更厉害。母亲让婴儿的肚子俯卧在她的膝盖上，他仍持续哭泣，并把头往后抬起。母亲让婴儿坐起来，一边说这是他觉得最舒服的姿势。这期间她一直跟婴儿轻声说话，安抚着他。她告诉观察员，你可以感觉到他的腿和肚子有多么僵硬挺直。
>
> 她决定将婴儿抱回胸前吸奶，"看看这样能不能有帮助"。婴儿饥渴地吸起来，显得很放松。接着，婴儿睡着了。她继续维持这个姿势抱着婴儿好一会儿，后来当她移动他时，婴儿醒了。母亲让婴儿坐起来，拍着他的背，他打了嗝。他坐在母亲的膝上，看起来很困，头还点了几下。不过，当母亲重新把他抱回胸前，看他还饿不饿时，他又大声地吸起奶，双颊快速地上下鼓动。他身体的其他部分则安然不动。他逐渐地慢下来，最后整个停下来，不再吸奶，然后躺在母亲的臂弯里，注视着她的脸。她对着他笑，跟他说话。他咿咿唔唔地回应，晃着他的小手。[2]

这位母亲有能力稳住婴儿和自己的焦虑，在面对混乱、逐渐增强的抗议与挫折时，仍能持续思考，运用并提供内在资源，为比昂所说的"沉思（reverie）"，提供了很漂亮的例证。这位母亲逐步地解除婴儿的挫折，设法处理他的痛苦，而不是去解释它。她能忍受不知婴儿受挫的原因为何。她克制自己不要提前以"他可能尿布脏了"这类强行的解决办法，转移这次经验的真正意义。她温柔地说话、摇晃、抚摸、喂哺、反应，直到婴儿在充满信任的亲密关系所带来的平静中恢复稳定。当时婴儿正经历着某种内在的痛苦与焦虑。身体上的与精神上的痛苦，有时很难分辨。当痛苦增强时，他变得无法自行了解或控制它。靠着他小小身躯所能汇聚的所有资源，他试图寻求排除痛苦的方法。他经由嘴巴、肺部、肌肉、眼睛，试着将这可怕的感觉投射（排除）出去，好摆脱痛苦。很幸运地，他眼前有个具思考能力的乳房／母亲，她能够接受这投射，而不为其所淹没，使痛苦变得可控，并且，就某种意义而言，回馈给他一个高质量的经验。这让婴儿不再感到害怕，同时得以重新整合。

在这个重新整合的经验中，母亲这次能够明白且包容婴儿的挫折，是关键所在。婴儿被给予并且有能力接收到关于自己的真实观点，这观点既不受母亲焦虑且先入为主的成见的扭曲，也没有受到推论归咎的扭曲，这种扭曲指的是母亲以为是婴儿的经验，但那经验其实是源自自己的焦虑或缺乏耐心。她的思绪没有被"问题可能是什么"的二手观点占据，而是去感觉问题所在。经常获得这种经验的婴儿，将能吸收、纳入这些心智功能。他将在精神上吸收这些功能，也就是可以将之内摄。他逐渐学会这些功能后，它们将会成为他人格结构中的一部分。最后，他会有一种感觉，即他拥有自己的内在资源（inner strength），而无须全然焦虑地依赖外在客体来帮助他整合。（关于投射与内摄的过程，请参见附录。）

华兹华斯在《序曲》中，描述了母婴关系之美，即婴儿学语前，母婴之间"心对心"的复杂状态，这也是婴儿的感知及渴望的最初起源；他也描述了婴儿如何试图体会相互性（reciprocity），这或许能帮助他在意识与潜意识上理解他的世界。

> 神圣的婴孩宝贝,
> (我将竭尽揣摩之能,追溯
> 我们存在的过程)受祝福的宝贝,
> 在母亲的怀抱中滋长,宝贝睡在
> 母亲的乳房上,当他的灵魂
> 宣告与俗世的灵魂确为亲缘,他
> 将自母亲眼中,汇聚生命的热情!

几行后,华兹华斯描述其缘由,乃起因于

> 一个宝贝儿,通过触摸的爱抚
> 和母亲的心无声地对话
> 宝贝儿竭力揭露其道
> 借由此道,那婴儿的敏锐,
> 我们的存在与生俱来的权力,便在我之内
> 强化与持续

在此,华兹华斯捕捉到母亲具有上述这类"沉思(reverie)"能力时的美丽与冲击。比昂用"沉思"来描述一种心智状态,在此状态中,母亲可以在潜意识里,接触到婴儿想要排除或呈现出来的痛苦,以及他想要表达的快乐。她能接收这些,当婴儿呈现的是平静而有爱的,她能给予回应与欣赏;若他是苦恼、愤恨的,她能加以调和,将情绪转化为婴儿可辨识与接受的形式,再交回给他。比昂认为母亲的这种能力,对于婴儿认识、聚集、了解自己的不同部分及他与别人的关系,是非常根本、重要的。[3]

第三章 婴儿期：涵容与沉思

依这种方式来观看事物，母亲成为"涵容者（container）"，而婴儿零碎的冲动及情绪，是受涵容者（contained）（1962a, p.90）。这种涵容／受涵容的关系，架构了比昂的思考思维的模型（model for the thinking of thoughts）。这是个情绪经验的处理模式。这个将从此在婴儿不断变迁的生命中一再重现的模式，对其人格的架构十分重要。冲动的生命可因此与思维（thought）展开联结，而不再只是行动化（enacted）以及再行动化（re-enacted）。起初，母亲**替**婴儿思考（think for）；慢慢地，婴儿学会替自己思考，不久之后，母亲或双亲就可以和他**一起**思考（think with）。

巴利（J.M. Barrie）在《彼得·潘》（*Peter Pan*, 1911）一书中，描写了孩子体验到自己的思维如何因一个能了解并涵容自己心智状态的心灵而变得有条理。

> 达令太太第一次听说彼得时，她正在收拾子女的心灵。每个好妈妈，都会习惯在晚上等孩子睡着后，翻找他们的心灵，把在白天散落各地的对象放回适当的位置，为明天所需将一切收拾妥当。假如你能保持清醒（不过，你当然没办法），你会看到母亲在夜晚为你做着这些，而且你还会发现，观察她的举止是很有趣的事，就好像在整理抽屉。你或许会看到她跪在地上，我想，她会幽默地流连于你的某些东西，好奇你是在什么样的地方捡到这些东西。她会发现一些可爱或不可爱的东西，把这些东西贴在脸颊上，仿佛它们和小猫咪一样可爱，然后很快地将它们收藏起来。当你在早晨醒来时，你昨晚带上床的淘气和不好的心情，已经折得小小的，并且安置在你心灵的底层；而心灵的上层已经晾开的，是准备好等你穿戴的美好思绪。(p.12)

内在状态的不一致与困惑感，只在通过寻常与基本的方式，与外在经验相符合时，才能得到理解与思索（指的是有情绪上的参与）。此时个人所感觉到的才能变得有意义，因为这感受通常能与外在世界给予的回应一致。在生命初期，这个回应是由母亲或相当于母亲的角色给予。这样的一致性，在上述的婴儿观察及拼图的案例中清晰可见。也就是说，通过有思考能力的他人协助了解其感受，主体才得以理解自己的感觉（1962b, p.119）。

一个因饥饿而感到痛苦的婴儿，无论他是想要喝奶，想得到注意或陪伴，他都会竭尽所能地将痛苦传达出来。他没有能力找出痛苦所在，只能毫无区别地表达痛苦，也就是哭。一位直觉敏锐、有洞察力的母亲，尽管不久前才喂过他，仍会在他还没沮丧到无法喝奶之前，就想到要喂他喝奶。如此，她不仅满足了婴儿身体的需求，同时也让他在精神上觉得自己得到了解。假如这样的状况能持续发生，婴儿的需求通过亲密关系的响应，将可得到满足，而婴儿会开始对此亲密关系产生信任。在这种彼此的情感响应中，存在着一股美感与真实感（1962b, p.119）。婴儿由此体验到自己内在各部分的整合过程，而这些内在的各个部分，是源自他所接触的环境，源自母亲的心（heart）与脑（mind），但这些将慢慢成为他自己内在的一部分，成为他的脊柱，他存在的中心。这个经验就像是受到某种原始的情感的"精神皮肤"（a primary emotional "psychic skin"）包覆，其功能与将身体各部位包在一起的皮肤一样。情况良好时，即假使婴儿在精神与情绪上能由具涵容力的客体有效地包容，那么婴儿会逐渐地衍生出一种自己具有内在包容能力的感觉。这种整合经验对持续性的发展而言是必要的前提。

在比昂的母性沉思（reverie）能力的观点中，隐喻了某种潜意识过程的存在，而此存在是具反映能力的自我意识的基础。这种自我意识为心智发展（认知）理论与人格发展（性格）理论之间的差异提供了明确的界定。叶芝的诗就捕捉到了此潜意识过程的重要元素："它仍须前进：灵魂必须成为自己的泄露者，自己的载运者，它所要做的，便是将镜子化为明灯。"

"将镜子化为明灯"的比喻所体现的反映与转化的能力（reflective and transformative qualities），正是比昂的心智模型的内涵。这个隐喻定义了两种关于心智看法的差异：究竟心智纯粹是外在客体的反映者（reflector of external objects），或者，相反的，是"对所感知的客体有所贡献的明亮投射者"。[4] 后者这个概念才是我们在前文中所谈的"会思考的"乳房。比昂对原有的早期婴儿发展理论加以深入延展，认为母婴关系是一种非常特别的关系，在此间母亲不仅为婴儿提供了爱、抚育、滋养的成分，同时还提供了心智的原型，它使经验得以获得理解，使意义得以呈现，也因此对于心智的成长有**积极的**贡献。

母婴之间的关系，不单纯只在于反映情绪与冲动，从而使婴儿有能力通过镜映（mirroring）过程、通过他人眼中的认知来认识自己，它更是一种能对投射出来的情绪**加以处理**的积极参与者。以上所描述的是婴儿本能式沟通与排放的潜意识过程，可以说这是一种混杂着冲动、痛苦和欲望的混乱状态。在此状态中，心理与生理，自我与他人，很难有所分界。这些仍不具意义、没有关联的知觉片段，就是比昂（1962a）所谓的"感知素材（sense data）"或是"感知印象（sense impressions）"（p.6, p.26）。若要婴儿将经验的感知素材转化到自己的反映心智（reflexive mind）之中，他需要具有受到母亲的心智主动涵容的原始经验。

比昂将这种主动涵容婴儿心智状态的过程，称为"阿尔法功能（alpha-function）"，这是比昂对母亲在最早期通过潜意识，在精神上"满足"婴儿的说法，借此与满足他的生物需求做对比（pp.25-27）。阿尔法功能可以涵容支离破碎的心理经验，使婴儿**自己**的情绪得以被塑形：既不从外在强行赋予情感，也不单纯只将情绪反映回去。这个过程有另一个名称，与"阿尔法功能"是同义词，即"象征形成（symbol-formation）"。我们需要理清这些概念。上述拼图的案例，描述了不同的反应所产生的差异，有的反应促进孩子找到形状的能力，有的则会阻碍它。对孩子的焦虑与挫折的独特本质，具有某种程度的接纳能力，是要将孩子混乱的心智状态转化成可处理状态的必要条件；所谓的可处理状态，是指足以让他了解其经验的本质。一旦理解了经验，就有机会以象征的方式将它表达出来，从中学习，且超越这个经验继续发展。换句话说，要在可辨认的象征中（无论是字词、游戏或歌曲）寻找合适的符号和形式的先决条件，是潜意识过程能够汇集各种情绪和感官知觉，即个体具备潜意识的"象征形成"或"阿尔法功能"的过程。在良好的情况下，婴儿会慢慢地从母亲身上学到这能力。这是一种会持续一生的潜意识过程，因此，在60岁的人身上（见第十三章）和在6个月大的婴儿身上，一样常见。[5]

* * *

从11岁的安妮逐渐摆脱她惯常冷淡的、不愿沟通的状态，而冒险将她的思绪与感受托付给她的治疗师的情形来看，我们可以推论上述过程将会接着发生。安妮第一次心理治疗的详情，可以帮助我们更深入洞察何谓"象征形成"。这是个不易了解的领域，且不同于较为人所知的"形成象征的过程（process of forming symbols）"。安妮是个严重虐儿案件的受害者，因此由一个虽然忙碌但能给予援助的寄养家庭收养。安妮非常不快乐，并且很失常。寄养父母最担忧的是，她会强迫性地自慰，拔自己的头发，并拒绝任何形式的亲密关系。她很多疑，爱挑衅，沉默寡言，而且显然无法学习。绝望之余，寄养父母求助于当地的儿童家庭咨询中心。就在漫长的暑假展开之前，她进行了三次评估会谈，暑假过后她将展开定期治疗。评估过程中安妮表现出极端的抗拒：她阴郁而不信任人，对治疗师的评论若不是沉默以对，就是以轻蔑的态度加以冷落。治疗师因而感到自己不胜任，被讨厌。治疗师对于自己因为不喜欢这个冰冷、残酷冷漠的小孩而产生的内疚感到相当挣扎。不过，在最后一次会谈中，情况稍有缓和。安妮小心地用软黏土做了一些人偶。治疗师将人偶装进塑料盒里，收到安妮的治疗玩具箱，过了一个暑假。

安妮在九月回到治疗室时，出乎意料且高兴地发现，她的人偶被仔细地完整保存起来。她会心一笑，觉得自己没有被忘记。很稀罕地，她开始画起图来。在安妮画图的同时，治疗师发现她自己对安妮，产生了一种过去没有的温暖感觉。在评估会谈中那种冰冷苦闷的心情，有了转变。治疗师问安妮在画什么。安妮耸耸肩，并且第一次露出了合宜的笑容。她缄默了一会儿才鼓起勇气说，她不是很会画图，她在学校还做了更好的东西。安妮用手比出类似花瓶的形状，然后又用手势加上看来像是壶嘴和把手的部分。"喔，你做了一个水罐。"她的治疗师说。"是的，"安妮回答，"但我没有用那种东西做（她再度比了一个姿势），我自己做的。""所以你没有使用转盘？""没有，不过它在那个东西里面破掉了。"（又一个动作。）"你是说，它在窑里面破掉了？"安妮点点头，然后回头继续画图，这时她开始非常准确而细致地描绘着图形。

安妮几乎不曾被任何人以真诚一致或体贴的态度记在心中，过去她受到的都是一时的温暖或虐待性的对待。发现治疗师将她制作且在乎的东西，保存起来（记得并且思考过），这对她的影响非常重大。由此可看出，这个觉察（就在她第一次正式的治疗会谈中）使她能够向前跨出尝试沟通的脚步。这个发展脉络开始让她觉得治疗会谈会是个安全的地方（及心智）。真实情况是，她想制作而失败的物品确实是个水罐（也就是一个容器），而水罐在窑子里爆破了。安妮未能找到特定的字眼来描述"手把"或"壶嘴"。她只能做动作，希望这样能被了解。而她的治疗师**了解**了，她将安妮的动作用语言表达出来，给予这些动作一个声音（一个"壶嘴"）*，也因此在这件事上给了安妮一个"手柄"**。安妮

---

* 声音从嘴唇发出来，治疗师赋予安妮的动作一个声音，就好像给她一个"壶嘴"。——译者注

** "handle"名词是手柄，动词是处理。治疗师说出了安妮无法说出的词，"手柄"，象征治疗师给了安妮一个手柄，但也表示给安妮提供了一个看待或处理事情的方法。——译者注

在努力传达她在水罐、把手、壶嘴、转盘、窑等方面的成就时，治疗师确实为她提供了某种"象征"。

尽管安妮过着不愉快且破碎的生活，她却能够运用治疗师承受她的痛苦、将她放在心中的能力。如此一来，安妮自身便有能力可以开始和自己经验的意义契合。用专业术语来说，通过象征形成，安妮的治疗师有能力将安妮经验中还无法被思考的部分，将那些无意义的经验碎片，也就是比昂所谓的"贝塔元素（beta-elements）"（1962a），汇集成较有意义的片段——阿尔法元素（alpha-elements）（p.6）。这些有意义的片段随后可以进一步成为可辨识的象征表达形式，出现在梦、游戏和命名中——比如说水罐、转盘、窑子。治疗本身以及治疗师心智和情绪能力的涵容结构，为安妮支离破碎的思考及冲动，提供了"一个栖息位置及名称"。她将体验到这个过程的凝聚力量，借此让感受得到言语的表达。她可以感受到此过程带来的创造性及转化力。

在描述无穷尽的潜意识与创作过程的本质时，西格尔（Hanna Segal，1994）的陈述简直就是在描写安妮与其治疗师之间所发生的情况。西格尔写道：

> 赋予某个东西一个名字，一个称号，一个头衔；将它自匿名状态（anonymity）拯救出来，将它从无名之地（the Place of Namelessness）拉拔出来，简言之，就是把它指认出来（identify），这便是使说出来的事物（the said thing）变成存在（being）的方式。[6]（p.63）

安妮早期生命的每个细节，都可在无数寄养或受托儿童的故事中出现。他们被抛下或送来送去的经验，深深地铭刻在他们对慰藉泉源的狂热追求中。然而，尽管安妮面对许多困难，她似乎仍能抱持希望。在治疗师身上，安妮发现有人不仅承诺在可预见的未来拨时间给她，而且

第三章 婴儿期：涵容与沉思

这个人在暑假过后真的还在，这与过去照顾她的人很不一样。治疗师不仅人在，而且是全心全意地在。她重视、记得并且保存了安妮的第一次创造性尝试，安妮当时还强烈贬抑自己的作品（"它们什么都不是，只是垃圾！"）。治疗师因此为一个安全的依赖关系建立了萌芽基础。从安妮难得说出的水罐和窑的"故事"含义，可看出在她退避到以强迫性自慰和自伤作为防御行为的背后所显现的是，在受到他人心智的涵容时，她仍具有"思考"自身经验的能力（无论这经验有多悲惨），也因此具有从中学习的潜力。对安妮来说，在此之前的经历实在太过痛苦，致使她无法理解。

能使象征形成和阿尔法功能发挥作用的心智状态，在婴儿、小孩或成人心中启动的潜意识接收能力，对自己存在于世界之意义的探索能力，这些都是不确定的变量。个体要认识自己，并能在此后以自身的本质来发展，所需要的是一个客体，该客体在自我认识并拥有诚实不虚的内在世界的基础上，具有容受（receptiveness）和回应的（responsiveness）能力。如此一来，一个以渴望了解（understand）为基础，而不是以需要"知道（know）"为基础的世界观就可能产生。[比昂区分了"成为行走者（becoming a walker）"和"学习关于行走的知识（learning about walking）"的差异，前者是自我能力的延伸，后者为知识库的累积；见第七章。]当我们可以从经验中学习时，经验便转化为成长。这过程则需依赖涵容者与受涵容者之间互动的质量，依赖此互动的完整性与互惠性，而不是依赖"神话与谎言的恶意扩散，因为它们会在不同程度上阻碍对真相的追寻"（Harris，1981，p.322）。

这种相互和谐的关系对婴儿心理健康的重要性，可以用婴儿需要与一个知觉敏锐且具转化力的乳房接触，来加以比喻。当然，这种关系并不需要随时存在，但是应该足够多，以帮助孩子无论在身体上或精神上，都得以通过修通"缺乏"的经验而持续成长。如哈里斯所写，"一个能在自己（于世界中）的内摄经验中成长的心智，在他所需要且重视的

客体缺席时,会被迫去思考,借此在内心与此客体维持关系。"(p.322)

如果妈妈能正确诠释婴儿痛苦的根源,并经常有效地满足婴儿诉诸的需求,婴儿所能获得的,将不只是解除生理痛苦的经验,还有被了解的经验。多数妈妈对于婴儿的需求与沟通,都能在不知不觉中给予适当的理解,这纯粹是因为她们对婴儿有爱。温尼科特(Winnicott)所说"足够好的母亲(good enough mother)"要表达的就是这个。此外,所谓好妈妈,指的并不是否认自己的恨意与攻击感的妈妈,而是知道自己有这些感觉,且能容忍自己内心具有这些感觉的妈妈。[7]

相反地,如果妈妈防御性地认为她"知道"婴儿哪里有问题,而以"他尿布脏了"来回应饥饿的哭泣,或以"他累了"来回应恐惧的哭泣,当这种状况发生得太频繁时,婴儿会体验到被深深误解。例如,面对一个抗拒理解的妈妈,婴儿可能会纳入(take in)一个受惊且无法理解事件意义的自我,因为在他所感受到的需求和被给予的回应之间,缺乏一致的经验,也就是缺乏了"常理感(common sense)"。[8]这样的婴儿会比较难认识和接受自己,而无法试着去配合现况所需,或无法拒绝,如"他是一个很难带的婴儿,他会把我折磨死"这类由他人投射的形象(见第四章)。

有意义的经验之所以有意义,是因为它们有情绪的真实性作为基础,因此是能让人从中学习的经验。而那些无法产生意义的经验,若不是必须被刻意地收纳至人格中〔即温尼科特所谓"假自体(false self)"的根源〕,就是被挤压到他处,因而阻碍或无法促进成长。某个经验是否得以促进成长,视从最早期开始,在婴儿与妈妈之间复杂的沟通中所产生的互动质量而定,也就是说妈妈自己特有的风格能力是否能与婴儿的互相搭配。

本章最主要的目的,是呈现母亲与婴儿最早期的沟通的微妙之处及复杂性,特别是那些能促进个体思考能力,增强孩子的自信、自发性与好奇心的互动。假使这些早期母婴关系的质量够好、够真实,婴儿不仅可以建立起往后关系的原型，及从经验中学习的模式（modes of learning from experience），也能在人我关系中，产生真诚与信任对待的能力，以作为未来发展的基础。

── 注 释 ──

1. 在这儿要强调，克莱茵认为"乳房"是一种亲密的象征。她一直强调，重要的是亲密关系的质量，而不是在哺喂关系（feeding relationship）中用的是乳房或奶瓶的问题。在她的想法里，乳房代表哺喂关系，字面上及象征意义上，都是如此。

2. Judy Shuttleworth，《论涵容》（*On Containment*）。未出版稿件。

3. 可参考布里顿（Britton, R）于《信仰与想象》（*Belief and Imagination*）（London: Routledge）之《华兹华斯：存在的失落，及失落的存在》（*The Loss Of Presence And The Presence Of Loss*）。若想进一步了解投射、内摄、投射性认同和内摄性认同的过程，可参考本书附录。

4. 见艾布拉姆斯（Abrams, M. H., 1953）所著《镜子与灯：浪漫理论及批判性传统》（*The Mirror and the Lamp: Romantic Theory and the Critical Tradition*）中《改变心灵的象征》（*Changing Metaphors of Mind*, Oxford: OUP）一文。在这本书中，艾布拉姆斯使用刚刚所提叶芝的诗句作为引语。

5. 在莎士比亚的《仲夏夜之梦》（*A Midsummer Night's Dream*）的末尾，提休斯（Theseus）提到这样的过程：

   当想象赋予形体
   以未知事物，诗人的笔
   化未知为有形，予虚幻无形

一个栖所与名字

6. 见西格尔（Segal H., 1994）所写的《鲁西迪及故事之海：一个关于创造力的不太单纯的寓言》(*Salman Rushdie and the sea of stories: A not-so-simple fable about creativity*)，文章刊载于《国际精神分析期刊》(*International Journal of Psychoanalysis*)，75：611-618；repr. Steiner, J. (ed.) (1997),《精神分析、文学与战争》(*Psychoanalysis, Literature and War*), London：Routledge。

7. Parker, R. (1995) *op.cit.*

8. 比昂（1962a）对"常理感（common sense）"有独特用法。它描述的是一种统合的世界观，其基础是一个相对应的自我统合，这是自我的各个方面间的平衡状态，而这些自我的方面，依赖于来自视觉、听觉、触觉等不同感官的素材。比昂认为真相感（the sense of truth）建基在对于人或关系的各种情绪观的结合（p.119）。

第四章

婴儿期：对抗痛苦的防御机制

> 构成悲剧的一个元素在于悲剧发生的频率，但这个元素还未锻入人类粗糙的情感中；或许，我们心灵的结构还不足以承受这么多痛苦。假使我们对所有人类平凡的生命，具有敏锐的洞察力与感受力，那感觉将会像是听见青草的成长、松鼠的心跳一般，我们将会因为听见存在于沉默另一面的怒吼而死去。
>
> ——乔治·艾略特

上一章我们讨论过，若能在精神和情绪上受到有涵容能力的客体的充分包容，婴儿会发展出自己的内在支持能力，拥有整合经验，觉得自己内在有个中心。但是许多小婴儿没有机会去拥有一个能够意识到他们内在的狂风暴雨、热情与喜悦并给予适当回应的心智，让他们能在其中发现自己。因为对许多母亲来说，生产带来了欢乐，却也带来不可预测的困难。母亲自己的情绪生活因而笼罩在忧郁中，笼罩在陌生的失落感、矛盾与困惑中。要为一个全新生命的存活负责，可能令她感到责任沉重，而生理与心理上的骚动，感觉上可能是一种负担，而非探索。小婴儿可能偶尔才能找到他所需要的共鸣与相互感，而且可能从非常早期开始，就必须面对母亲"人虽在情绪却缺席"所产生的冲击，并与之搏斗。

任何负面经验都会烙印在人格中，一如木材里的裂痕印证了曾经历的干旱期。树木仍会持续成长，甚或枝叶繁茂，但其核心已经受到影响。同样，一个成长中的孩子的内在生命，也会有情绪干旱期的印记。因此婴儿可能在生命的最早期，就必须采取对抗痛苦经验的防御机制。这些机制是用来保护脆弱的自我，使他能免于经历可能会令他无法承受的、对崩解的恐惧。

举例来说，一位婴儿虽然才刚被喂过奶，却仍焦躁不安地哭闹，为此感到心烦意乱、沮丧或困惑的妈妈，可能会认为他需要换尿布，或者他想睡了。这位妈妈可能无法与婴儿的沟通产生联结，也可能宁愿"做（doing）"而不愿"存在（being）"。这时婴儿会有不被了解的经验，假使这种经验太多，他对于自己要探索体内饥饿感与外在事件之间的关系，并进而为此整理出统合感所需的能力，将会感到困惑不安。由于感受到某种不愿了解他的敌意，婴儿的被迫害感随之萌生。在这类情况下，婴儿不仅无法感受到内在与外在经验之间的连贯性，同时也被误解，为此他必须找到其他力量来源，来支撑他在精神上求存的微弱努力。

不论母亲因为何故，无法在场和响应婴儿的沟通，而导致原始涵容的缺乏，这种经验乃是正常发展的一部分。有许多因素会影响一个母亲是否能够了解婴儿所发出的企图性的或专横的情绪线索。就外在而言，母亲自己可能缺乏支持、感到抑郁沮丧，因眼前的忧虑而备感压力，或因难产而受创。或者就内在而言，母亲在内心存有的期待与恐惧——母亲对于婴儿在她生命中扮演的角色，婴儿和过去及未来人物的关系——都会对她产生影响。或许某些时候，她能在情绪上临在（presence），但是反复无常的不一致性，会使婴儿感到混淆与困惑。[1] 情绪上的缺席若太过频繁，会使婴儿产生不安全或涵容体有漏洞的感受。从婴儿日后所呈现出的非常破碎的心智状态，可推论出在此时，婴儿真的觉得自己正在崩解中。当婴儿体验到自己的感受未能被摄入和了解，或者无法安置这些感受，亦即缺乏一层能使他的"情绪自我"维持完整的"精神皮肤"

第四章　婴儿期：对抗痛苦的防御机制

(psychic skin)时，他可以运用多种策略，来帮助自己度过暂时性的缺席或困境。

对此，婴儿的立即冲动，正如我们所见，是将这种痛苦的经验投射出去，丢到别的地方。哭泣、放屁、排便、尿尿、呕吐等，可能是婴儿要排除不适感时，在情绪上及生理上的冲动性尝试。在好的情境下，这个尝试在乳房或"思考的乳房"的涵容下发生，此时，"思考的乳房"能在情绪上消化婴儿所投射出来的痛苦，好让这个经验产生意义，让婴儿感觉到他痛苦的根源及本质得到了了解。而这个经验本身会产生一种感觉，婴儿会觉得，将自己的情绪放到或丢到另一个地方，是可能的，也就是说，可以将情绪**放入**某种东西（他者）之中；而且，也可以将这些情绪收回，同样地**放入**某种东西（自我）之中。换句话说，这是一种三度立体的内在存在经验。

无论在生命的哪个阶段，当具涵容能力的客体缺席时，个体会诉诸多种防御机制，来帮助自己尽可能地保留自体的完整感。这些防御机制在婴儿期即可观察到，并且在生命历程的各个阶段也都看得到。个体必须运用这些机制，作为在短期内立即减轻焦虑的工具，并协助保有或恢复某种程度的平衡。但是这些防御机制若太常被用到，或者在某一段时间内过度使用，它们可能会被内化成为性格的一部分，而不具暂时纾缓的功能。

在此，最核心的问题是，婴儿是否觉得这些强烈的情绪是他可以承受的；他是否觉得这些处于强烈的爱或恨、喜悦或放任的心智状态，是他可以经历、忍受、处置和消化的；母婴之间是否能建立一个有如情感交流大道的真诚联结。

假使婴儿感到无法忍受这些情绪，结果将是明确的：

假使婴儿与乳房的关系，能让婴儿投射出心中的情感，借此告诉妈妈，他痛苦得快死掉了，待痛苦感在乳房逗留过，使他的婴儿心灵能忍受这个痛苦之后,他便可将已经投射的痛苦感再内摄进来,如此婴儿便可继续正常发展。假使妈妈无法接受这样的投射,婴儿会觉得他痛苦得快死掉的感觉,真的会让他死掉。而他因此再内摄进来的,将不是可以忍受的垂死恐惧,而是一种无名的恐惧……

婴儿初具雏形的初始意识无法承受如此加诸其上的负担。婴儿的内在将建立出"投射—认同—拒绝"客体,意指,婴儿所认同而建立的内在客体,不是一个可以理解的客体,而是一个故意误解的客体。此外,该内在客体的精神特质为一个早熟且脆弱的意识所觉知。(Bion,1962b;1967,pp.116-117)

所谓"无名的恐惧"(1962b, p.96)描述的是,婴儿不仅缺乏一个可以涵容他、允许他投射出痛苦的心智,而且他的痛苦还以令人惊恐的方式倍增,因为他发现原来的痛苦还在这,而且自己的感觉又将加诸其上。原本应该要为他减轻痛苦的原始临在(primary presence)*,现在却主动强化了他的痛苦。所谓"无名的恐惧"描绘的就是这种经验的精髓:这种经验,难以名状,无法分类,因而难以具有意义,甚至即使是负面的意义。"无名的恐惧"描述的是,意义的丧失,了无痕迹,因为能够建构意义的初期能力,已经被取消了(比昂将此过程称为"阿尔法功能的取消",1962b, p.25)。没有任何一种想法或感觉能与这种经验相对应。甚至是可怕的感觉也不能,譬如当垂死的恐惧受到了解后其共鸣又被解除,而共鸣本来使之变得可以忍受。罗纳德·布里顿(Ronald Britton)称这样的心智状态为"精神过敏(psychic atopia)"。[2]

当一个人觉得精神上的痛苦未被容纳,且因而感到无法承受时,他可能会退缩到一种在情绪上僵化孤立的隔绝状态。婴儿或小孩可能会

---

* 指母亲或主要照顾者的临在。——译者注

退避到很深的抽离或边缘状态,无法容许任何信息进来;"丧失"他所需要的(身体或精神上的)临在,对自我的情绪生存(the self's emotional survival)产生了极大的创伤。有些案例,甚至小婴儿,会以饮食障碍(eating disorder)等方式,或局部或调节性的具体行为,表达他拒绝让任何东西进来。吉安那·威廉斯(Gianna Williams,1997)描述了"凸面涵容器(convex container)",即把投射内容倒入婴儿身上,而不是接受婴儿的投射;在这种案例中,这类拒绝反应并不罕见。³或者,婴儿可能试图将这一切更强烈地投射出来,先是精神上,之后是身体上,猛烈攻击母亲心智的抗拒性表层;而这有时会产生悲剧性的结果,因为当妈妈无法承受这股愤怒时,会还之以身体攻击,试图"把它推回"给婴儿。

除非他打算放弃,或者屈服,否则这个被剥夺或近乎发狂的孩子,就得想尽办法来处理这些难以忍受的情绪经验。这些方法构成了原始且极端的心理防御机制,用以对抗几乎要将人淹没的痛苦与焦虑。只要婴儿并不觉得日常生活普遍可见的焦虑与痛苦是无法承受的,我们即可观察到这些能提供必需且适当安抚效果的防御机制。只有当婴儿太常求助于这些方法时,这些防御机制才会对人格造成长远的影响。

埃斯特·比克认为,在三度空间的投射与内摄形成之前,有一种更原始的两度空间,甚至是一度空间的功能模式阶段。当生命早期缺乏精神上的被涵容经验,致使任何外在或内在的涵容能力几乎不存在的情况下,婴儿会使用这种防御系统。婴儿会寻求一种相当于包覆身体肌肤的精神皮肤,以此创造出一种感觉,让他最初始的人格结构可多少因此而得以凝聚。我们可以观察到婴儿企图创造出一种连续的、涵容的、相当于皮肤的结构,也就是比克所谓的"次级皮肤(second skin)"。婴儿可用许多方式来引发这种防御结构,而每种方式都有其独特的黏着或固着特性,比如说,将注意力固定于可以刺激感觉的物体上,也许是视觉的(例如,发光的灯泡);或是听觉的(不断重复的声音);或是触觉的(衣服穿在身上的经验、与物体表面接触的经验);

或是肌肉的（身体部位的紧绷或紧缩又松开）；或者重复的运动（抚摸、舔东西、玩弄物品）。婴儿们似乎通过这些动作，尝试维持自己的完整，仿佛他们感受到一种自己随时可能会崩解的危险。"次级皮肤"现象，具有原始全能（primitive omnipotence）的特质，它的目的在于提供基本的求生功能。

下述的案例，是利用视觉刺激作为求生存机制的例证：

> 观察员抵达时，注意到妈妈看起来相当疲累且忧郁。妈妈提到了晦暗的冬日午后，以及她对婴儿的隔离感。在观察的后半段，婴儿洗完澡、喝过奶后，妈妈将她抱到厨房，让她坐在桌上的婴儿座椅上。就在这时候，先生下班回到家，问候观察员后，立即跟太太提起他在工作上碰到的事情。婴儿这时发出声音要人注意，受到忽略的她，咿啊得越来越大声。妈妈注意到了，她走到婴儿旁边将她抱起来一下，就又把她放回椅子上。妈妈又转身，回到也想得到妈妈注意的先生面前。婴儿很明显地扭动不安起来，她往上看，看到了灯，并凝视着它。婴儿的脸及身体放松下来，她对着灯笑，发出短暂的咕咕声。妈妈转身回来看看是什么让婴儿安静下来时，她的脸露出烦恼甚至受伤的表情。她问为什么婴儿要盯着灯光看，似乎害怕婴儿出了什么问题，且担心是因为自己的不耐烦而导致婴儿产生这样的行为。（Symington, J., 1985, p.482）

我们可以观察到，当婴儿缺乏他所需要的整合感觉，他会用平常的方法，很有弹性且适当地寻找一个暂时具有抚慰性、凝聚力的替代品。然而，如果婴儿们太常需要依赖自己发展出来的替代方式，他们会认为自己必须活在"次级皮肤"中，且会让此成为习惯。这样的外壳虽然保护婴儿，使他远离精神崩溃及恐慌的感觉，但也同时让婴儿跟外在世界隔绝起来。比昂将这种精神防御形式称为"外骨骼（exo-skeleton）"，它之所以会形成，是因为缺乏内骨骼（endo-skeleton）的构造——即在婴儿能放心地依赖内化的涵容功能时所发展出来的结构。"次级皮肤"会形成一种假独立（pseudo-independence）：个体**看起来好像**可以独立自主，但是真正在心理上，他总是不断地试图将自己附着于某种对他而言，是继续生存不可或缺的事物上。乔治·艾略特曾描述过这样的人格形态：在《亚当·贝德》中，她描述海蒂就像藤蔓植物一般，当这些藤蔓从所附着的岩石或墙面被扯开时（因为它们的根非常浅），假如刚好掉落在花盆上，它们又将攀附生长在上面，而且"即使如此也依然开花"。[4]

一位成年患者皮尔斯小姐，在治疗会谈中，经常用比克式的说法来描述自己的情绪状态。她非常善于表达，在形容自己的感觉时，会说她"要散掉了""瓦解成碎片""像是要液化""掉进洞里面""溢出散落一地"。尤其当周末或假期快到时，她会谈到她觉得自己的内心容不住任何东西。有一回她说到，她所能做的最大努力就是操弄她的"精神肌肉（psychic muscle）"。所谓的精神肌肉，原来指的是她的心智。

这位女士从小就承受着可怕的痛苦。她在一个充满暴力、没有爱的家庭长大，而且她的麻烦在生命非常早期就出现了。她4个月大时，妈妈突然不再喂她母乳，因为妈妈发现自己又怀孕了。妈妈显然曾经说过，她"容不下两个人"。这是很惊人的说法，这表达了妈妈感觉到自己缺乏心智上或情绪上的空间，可以留给自己或是婴儿。结果小皮尔斯小姐变得无法被安抚。她持续尖叫了一个礼拜，拒绝吃其他任何食物，因而病得很重，到最后得靠鼻胃管强迫灌食。

这个分离创伤，持续在皮尔斯小姐往后的生命中，不断以各种版本重现。不过，皮尔斯小姐在事业上很成功，她的商业头脑相当敏锐。在治疗早期，她滔滔不绝涌现出的话语及意念，似乎并不指涉任何事情，似乎和真诚的想法或感受并无联结。倒不如说，它们似乎扮演着持续收缩"精神肌肉"的功能（她把这个说法和害怕自己会与父亲认同的想法联系在一起,因为她认为父亲是个"假权威")。这种"收缩"功能,是她在碰到难忍的失落及碎裂感而产生的痛苦时,所使用的防御机制。她的口语表达非常流利,特别善于描述情绪状态,但流利口语表达的目的,并非为了沟通,而是为了确认——治疗师不是一个拥有自己心智的人,因此他就不再是一个跟她不同并与她分离的个体。皮尔斯小姐花了很长一段时间,才能够信任她的治疗师会坚定不移地"临在",而这份信任使她开始放弃与各种亲密关系保持隔离的倾向,以及戒除了对"允许他人变得珍贵的恐惧"。

她运用心灵及语言的模式,等同于以声音及肌肉,筑起一道连续的墙。它的功能就像是"次级皮肤",将脆弱的自我包覆起来。在这样的墙内,情绪发展几乎不可能进行。她明白这一点,因此以极度机灵的反应来适应外界环境。然而,她看似平顺且井然有序的外表,却是相当薄脆的外壳,而且她不断地觉得自己有碎裂的危险。碰到压力时,那保护壳就会破碎,就像童话里的蛋形人摔碎了就拼不回来一样,她觉得再好的诠释性思考,也无法再把她拼凑回来。

皮尔斯小姐的防御系统,和4岁大的小病人彼得所用的,并无不同。彼得在开始接受治疗前,已有许多创伤经验。在母亲的精神病越来越严重且经常住院之际,他的双亲分居了。尽管母亲的精神状态持续恶化,彼得仍旧跟她住在一起。彼得的语言有超龄的发展,他也相当擅长表达,而且他对猛兽、恐龙、爬虫类的知识,就像百科全书一样。他是很聪明的孩子。治疗师对他的这些"知识"的感觉是,他想通过知识与信息的取得,来掌控他的焦虑,而不是要学习知识。彼得不说话时,会在治疗室里快速移动,甚至以惊人的敏捷度,从一个平面跳到另一个平面。令人惊讶的是,尽管有这些活动,他的体重仍然超重。显然,他会将瘦弱的母亲盘中的菜吃光,就好像他试图要从她身体上搜寻生理上的资源,因为她缺乏了有意义的情绪资源。彼得非常害怕母亲会消失不见或死掉,因此要与母亲分开,进入治疗室,对他来说非常困难。他的聪明跟他的打趣能力相当。他近乎狂躁的过量俏皮话常常泄漏给治疗师许多信息。治疗师觉得这像是一种绝望的尝试，好让自己能够继续活下去，当然也是一种企图使母亲的精神"苏醒"的努力。当彼得能把母亲逗笑，或当她对他说他有多聪明时，彼得就会非常快乐。

在某一次治疗会谈中，治疗师诠释道，彼得对于自己占据太多空间这件事，似乎很焦虑。

> 彼得听完，变得越来越激动。他响应说，这是真的，空间不足的时候，人就会被赶出去，动物也会被赶出去，然后他们会开始互相残杀，把对方吃掉。"这样才能挪出空间。"接着，他说，他曾在"大力水手"卡通里看过，大力水手在海洋里漂流，而且他的脚割伤了。"假如你的脚刚好割伤，在海里漂流是最糟的状况。"治疗师问他为什么，彼得说："因为海里有鲨鱼啊。"治疗师诠释道，彼得觉得自己不能是脆弱或渺小的，因为如果他是如此，就会被摧毁，会被吃掉。彼得的回答，一点也不让人意外。他以他的知识，聪明地回答说，鲨鱼可以在10万公升的水中侦测到1毫升的血液。"假如它们很饿，"彼得说，"它们会吃掉任何东西，即使是自己的小孩。"说到这里，他面带焦虑地改口说："嗯，也许不会是自己的小孩，也许它们没法找到自己的小孩。"彼得接着说，尽管很多人以为鲨鱼都会吃人，但并不是所有的鲨鱼都吃人。有一些鲨鱼，比如妆饰须鲨和长尾鲨，就不吃人。长尾鲨会将小鱼赶成一个小圈，不断缩小圈子，再一举吞食它们。

这次治疗就这样持续着，他的治疗师倾听着，并简短地回应彼得的话。彼得开始冷静下来，然后问，不知道鲨鱼是否能在干净的水中活下来。他记得有个地方，也许是尼加拉瓜，鲨鱼会游过一条隧道，尽管人们并不在海边，它们还是能攻击到人。这句话的言下之意是，一个人在哪里都无法感到安全。在这次会谈中，尽管在精神、生理和口语上，他一直很活跃，他的脆弱与焦虑却清晰可见。也就是说，所谓的"事实"，并没有保护他，让他免于更原始的婴儿期恐惧。从他最后那段话来看，就某种程度而言，他很怕鲨鱼会顺着水管游上来，在他洗澡时攻击他。

这个案例不仅为"次级皮肤"的防御机制功能，提供了更深入的解说，也呈现出，在治疗或家庭环境中，要与一个非常焦虑且缺乏安全感的孩子，处在正确的频率下是困难的。我们所要思考的，并非彼得的说话内容，而是他的行为方式，也就是他所说或所做的每件事，都有过多的能量与速度，此外还要注意他运用头脑的方式。值得注意的是这些"表演"的脆弱性，他精心地将这些表演展现出来，目的在于借此抵挡他内心更强烈的被害感。

由于彼得非常焦虑，表现得极为不安，所以他的困境在很小的时候就已呈现出来。然而对许多人来说，这类的防御模式，虽然可能在婴儿期就能被敏锐的观察者察觉，但不论是对自己或别人，问题可能需要好多年才会变得明显。这层脆弱的保护层也可能会突然碎裂，暴露出内在缺乏资源的事实，也暴露出个体对要从让自己的人格保持完整的支持结构剥离的惊恐，尽管那只是表象的完整。

18岁的苏菲被紧急转介到青少年中心，她的经历似乎证实了上述情形。苏菲突然变得极度惊恐，她无法出门，甚至无法起床。她既无法停止哭泣，也无法容忍母亲离开视线。苏菲因此被安排进行心理治疗评估。第一次会谈时，她只是坐着，呜咽着。治疗师也只是简单地告诉她，她承受着相当大的悲恸，她需要有人了解这份苦楚，而且她希望这些痛苦能够被理解。苏菲几乎无法开口说话，唯一说出口的是请求去洗手间，以及治疗结束时的一句话：她觉得要离开是不可能的事。

接下来的三次碰面，苏菲就较有条理。苏菲带着一抹笑意说，治疗师不同于她的家人，似乎能够忍受她的号哭和啜泣，这让她感到安心。

确实，当时她的治疗师把思绪集中在试着"涵容"苏菲的婴儿状态，用语言将她包裹起来，为的不是提供语言的诠释，而是提供一张没有缝隙、连续且涵容的声音的网，一种以语言铺陈的摇篮曲。

一幅图像慢慢地浮现。苏菲和妈妈及双胞胎哥哥住在一起。她的爸爸和姐姐在她6个月大时，死于一场车祸。苏菲吞吞吐吐地描述说，她觉得自己从很小开始就"靠着欺骗"，才能让自己撑下去。她不像双胞胎哥哥那样，他已经走入社会，而且表现样样杰出。苏菲离不开家，她以漂亮且坚定的母亲为榜样，认同母亲的痛苦及禁欲的生活，契合着家庭文化，就好像自己了解并支持这一切。事实上，苏菲认为自己的内在毫无价值，而且绝对不是别人常对她说的——"她多可爱啊""真是个天使"等。她觉得自己只是因复杂环境的迫切需求，而困在表浅的迁就状态，"脑袋里没有任何自己的想法"。她目前的危机，正巧发生在重大分离之时：男友要出国；母亲开始全职工作；而她竟然被一所戏剧学院接受入学。"当然，我真的不会演戏——一切只是模仿，对我来说很完美，因为我根本不知道自己是谁。就像我画的图——漂亮的静物画！——只是一场骗局。"几分钟后，她再度哭了起来："我的内在真的空无一物，我有的只是垃圾。"

苏菲的困境，对我们来说并不陌生。对于婴儿早期及孩童时期的困难，她的应对方式是企图让自己在情绪上生存下来。她极尽可能地顺应依从，甚至用一种"黏贴"的方式，让自己觉得她"黏在"所爱之人的表面。这个黏贴的动作确实让她觉得自己可以保持完整，但事实上，这并未为她带来任何持续性的力量，她也没有属于自己的中心。"我只是一个假货，"她说，"别人都认为我很聪明、有深度，我只是去迎合别人想要的，而不曾真正了解过任何事。"如今母亲及男友都要离家去工作，而双胞胎哥哥也要去"展开自己的生活"，所以苏菲必须面对自己内在的空虚感。她无法继续攀附在外在的人物身上，她必须有勇气做自己。

早期，这对母女似乎是通过攀附在彼此身上的方式，各自找到自己脆弱的、两度空间的防御机制，用以对抗生命中的痛苦。12岁时，苏菲对于母亲突然再嫁感到非常震惊，因为母亲从新任丈夫身上，找到过去她会从苏菲身上寻求的情绪支持。苏菲自己则仍与过去一样紧黏着母亲，但是此刻，真正的分离危机就在眼前，她的生存机制已无法继续支撑住她。这个脆弱的外在结构破裂了，苏菲也无法依靠任何内在的力量支撑自己，以减少痛苦。痛苦就这样从她的内在爆发了。此外，母亲自己似乎在承受丧亲的哀恸，及独立抚育双胞胎的压力之余，也缺乏情绪资源来协助自己调适。早熟的双胞胎哥哥很早就独立了，他离开家，致力于对运动的爱好，后来成为热爱健身运动的人。我们可以推测，他对运动的专注，也是他感受到需要让自己维持完整的证据。以他的案例来看，强壮的肌肉外壳也许可以保护他，免于面对自己内在特有的失落痛苦与被剥夺感。

两个孩子各以不同的方式，让自己适应与顺应环境，表现得很有能力和天分。在这个阶段苏菲较为脆弱，部分原因是她对母亲的紧密依附，但或许也因为她愿意去面对内在的空虚感，而她那表现杰出的双胞胎哥哥，仍未准备好面对这个骇人的课题。苏菲内在的好女孩自体（good-girl-self），无法承受分离带来的冲击，无法承受与支持结构剥离所产生的痛苦。她形容自己"裂成碎片了"。

最后，我们再回到婴儿早期，通过一个简短的例子，我们可以看到一个深思熟虑的干预，如何能挽救上述的情境，让孩子不至于发展出这种防御结构。我们已经看到，不幸且无助的婴儿，是如何诞生在一个骇人且无法控制的感官知觉的混乱之中。在各种感官经验（他所熟知的，但却又觉得完全不同于所熟知的经验）的轰炸下，他必须努力维持一种整体感。情绪会于片刻中在两极间摆荡，从处于因孤立、过度冲击、生理疼痛和困惑等难以忍受的情绪压力，而产生的完全不被涵容的恐慌感中，转换到因为受到乳头和目光里充满安全与爱的包容，而变得喜乐；惊恐于是转换成满足，难耐的分裂感变成美好的整合，碎片

第四章　婴儿期：对抗痛苦的防御机制

变成整体。

如我们所见，如何在婴儿期早期，处理由这类精神痛苦所产生的原始焦虑，对日后有深远的影响。然而随着孩子长大，不同的经验质量，也会对孩子早期的性格形态（patterning）产生各种影响。更确切地说，性格形态也会自行改变与调整，对某些人来说，会像是在恐怖的无底深渊中，铺设一片可立足的地基。在以下案例中，一位年轻的健康访查员（health visitor）为一个遭遇困难的家庭，提供了敏锐的提议。这个提议的成效说明了适时的理解所能产生的帮助。受产后抑郁症影响的托马斯太太，似乎完全无法对新生女儿珍，产生任何正向的情感。访查员发现她在喂奶时，显得无精打采、沉重，一句话也没说，甚至几乎无法抱住婴儿。而珍似乎具有奋斗者的性格，不肯轻易放弃，她搜寻着乳房，伸手靠近、握住它。看起来，她的努力似乎不只是为了生存，更是在为母亲灌注信心，使母亲有能力哺育她。

然而几个星期后，访查员注意到，珍越来越无力维持这样的努力。她变得越来越忧郁、挫折、生气。母婴两人有着同样的绝望感。仿佛珍努力活下去的能力，在母亲的抑郁中逐渐衰微，她无法从母亲的眼中看到爱的光芒。她所能抓住的，是个死气沉沉而非活力丰沛的乳房，她似乎处在绝望的边缘，变得退缩、没有活力。访查员对这对母婴的挣扎感到非常焦虑，不知道该如何帮助他们。在某次访查中，她听到托马斯太太喃喃自语，说自己的母亲给她哺乳时也有困难，她认为自己日后的饮食问题，和她听说的这种早期关系所带来的压力有关。访查员开始质疑，也许喂母乳的"道德要求"，在现实中并非托马斯太太所能办到的。她于是建议托马斯太太或许可以试着用奶瓶喂奶。

几天后，珍和母亲之间喂哺的情境快乐多了，访查员惊讶又高兴地看见，小婴儿因为母亲的微笑和投入所产生的改变。现在她们可以互相以咯咯笑和喜悦的神情回应彼此。建议以奶瓶取代直接喂哺，只是个相当简单的想法，但结果却是全然的改变。访查员的了解，及她接收并消化托马斯太太焦虑的本质的能力，使她能针对所需给予精确的响应。

由于感受到自己未受母亲心智的涵容，婴儿会焦虑地寻找使自己维持完整的方法。这些为对抗瓦解的恐惧而引发的防御机制，可在生命很早期就观察到。就对个人性格的影响而言，最引人注意的，是那些会影响人格深浅度的防御机制。从早期开始，为心理失常的孩子及成人所进行的精神分析，就已发现这些个案的心智状态，具有像纸一样薄且黏着的特质。随着时间推进，这种心智状态在越来越年幼的孩子中，甚至在婴儿行为中，都可观察到。仿佛这些孩子没有一个内在世界，一个可供他经验自己与他人，并使这些经验变得有意义的世界。取而代之的，是一个通过表浅的依附所产生的脆弱自体，最初依附的是能刺激感官的物品与经验，随后依附的是，与人或物之间具特定形式的关系。伴随这种对世界的平面化观点而来的，是某些特别的学习方式（见第七章）。这或许能带来社会成就，如皮尔斯小姐的案例，但它几乎无法为情绪的成长及转变提供任何机会。

通过探索这些防御模式在婴儿期的起源，并描述部分构成这些模式基础的内在与外在关系后，我们可以开始了解到，婴儿期经验对潜在的人格成长，影响有多深远。日后发生的事件，或许可以修正甚至改变这些于早期成形的互动模式（patterns of relating），但大体而言，婴儿期是开启人格发展的基础阶段，是孩子日后与家庭、学校及广大的世界建立关系时，所依据的雏形。

注　释

1. 温尼科特（Winnicott）特别关注母性的这个层面。要看进一步的例证，可参照《成熟的过程与助长的环境》(*The Maturational Processes and the Facilitating Environment*)，London: Hogarth（1972），p.183。

2. 见布里顿（Britton, R）所著的《信念与想象》(*Belief and Imagination*, London: Routledge, 1998) 的第四章"主体、客体与三角空间（Subjectivity, Objectivity, and Triangular Space）"。

3. 见《国际精神分析期刊》[*International Journal of Psycho-Analysis*, 78(5): 921-941]。《饮食疾患》(*Internal Landscapes and Foreign Bodies*) 的作者威廉姆斯（Williams, 1997）阐述，早期的缺席与失落经验，会激发孩子产生防御性的"恐惧，无法允许他人成为珍爱"。另外，温尼科特（1948）也曾论述妈妈的心智状态对婴儿的冲击，在《文选：从小儿科到精神分析》(*Collected Papers: through pediatrics to psycho-analysis*, London: Tavistock, 1958) 一书的"补偿——当妈妈为了对抗抑郁而产生防御（Reparation in respect of mother's organized defence against depression）"一文中特别描述了这一点。

4. 见《亚当·贝德》(*Adam Bede*, Ch.15, p.199)。埃斯特·比克（Esther Bick）在这方面的想法，和海琳·朵伊契（Helene Deutsch, 1934）所描述的"恍若人格"（"as if" personality），以及温尼科特（1958）所说的"假自体（false self）"相当类似。

第五章

孩童早期：断奶与分离

> 无以言喻的怜悯，深藏在爱的心中。
>
> ——叶芝（W. B. Yeats）

"精神分析实践"与"成长过程"都是以"整合"与"了解自我"为共同目标，两者因此有许多共同点。精神分析的目标，可以说是尝试让病人能够了解自我的更多方面。以这观点看来，帮助一个人成长和精神分析试图达成的目标很像。父母亲想要帮助发展中的孩子，有赖于他们以下的反省能力：能思索洞察力如何被阻碍或助长，以及如何促进理解力与思考力。在通常颇具挑战性的个人发展过程中，"洞察力如何被阻碍或助长"的议题，尤其在个体要脱离婴儿期，开始进入童年早期时，显得特别重要。此时主要的情绪课题就是断奶与分离，这些课题是个人在生命中，或某些人在特别的治疗情境中，会不断地于内在重复经历的课题。

"断奶"通常是在一段有限的时间内完成，而且很可能在1岁前就发生了，但是断奶所激起的感受与反应，会回头触及生命最早期，并向前延伸到日后的一生。这些经验所呈现的是"生的真相"，也是"死的真相"。

由于断奶可以说是所有分离与失落的原型，它发生的方式必然具有深远的影响。断奶唤起的第一个也是主要的分离经验，可能就是出生本身。非常早期的经验，如爱与支持的来源受到阻绝、需要陪伴时被单独留下、需要食物时却挨饿、需要被包容时缺乏一个能思考的客体，这些早期经验全会在断奶时被重新翻搅出来。婴儿并不具任何独立生存所需的能力，因此单独存在时，他对死亡的恐惧始终徘徊不去。结果是在往后的任何年纪中，当某个情境或关系唤起他这些早年的恐惧感觉时，他便会感到惊惧与恐慌。

这些令人不知所措的状态，对一个平常在情绪上感到安全的成人来说，也许只是短暂的婴儿期经验的翻版，对婴儿期来说，却是完全熟悉且平常的经验。在生命早期，这些恐惧通常可以通过声音、关爱的臂弯或乳房的出现而得到安抚。在婴儿的经验中，夜晚每个片刻都可能受到威胁，白天每个片刻都可能会崩塌。生命最早期的数周里，恐惧得到纾解、希望获得满足的经验，受到婴儿自己的内在能力（internal capacity）影响，这些早期经验也将持续影响他在此后一生对哀伤与愉悦的反应。对婴儿而言，在他最单纯的想法中，生命存有一个"救生的临在（life-saving presence）"。缺乏这种存在，会被婴儿感知为痛苦，甚至是创伤经验，并激起他不愿承受的感觉。这些感觉若施加在他身上，他会回以愤怒和破坏，其程度可能与他所感受到的受害程度相当。

婴儿及幼儿从很早期开始，就会运用广泛而多样的防御机制，来保护自己免受失落的痛苦。以原始形态呈现的防御机制，是最容易被观察的，包括否认（denial）、全能（omnipotence）、投射（projection）与分裂（splitting；亦即，将对自我和世界的感知与经验，分裂为好与坏两个极端，见第一章及附录）。不过自我防御机制也能以较不戏剧化的方式，巧妙地融入细致的人格本质中。这时它们能提供一种整合感，但如我们在前一章所见，这并不是一个真的拥有自我中心的经验，并非真的成为自己。

自我防御机制有多极端，它在人格结构中有多根深蒂固，以及它是否容易被抛开，这些对一个人有许多影响。弗洛伊德曾提到一个著名的"棉线轴游戏"（1920），在这个简单的案例中，我们看到一个18个月大的小孩，如何克服自己因母亲缺席而产生的感受。弗洛伊德观察到，他的孙子将一个绑在摇床上的棉线轴，用力往前抛开。他重复不断地把棉线轴抛出去，再满足地将它拉回来。每次抛出时，他会清楚地喊出"fort（离开）"，拉回来时则说"da（这里）"。弗洛伊德认为他的孙子是运用错觉（illusion）来面对分离焦虑，在这种象征性的游戏中，他以为自己可以全能地控制妈妈的来或去。此外也可观察到，这个孩子也可能在发泄他对缺席母亲的敌意以及想对她施虐的感觉，有时还交替着较和缓与想修复的冲动。

　　弗洛伊德的孙子也有可能是借此展示他的满足感，因为他觉得自己"拥有"母亲。也许这样的小孩在某段时间，真的会变得爱支配。专横或想要掌权，可能会成为其人格的一部分，至少会持续一段时间。但日后其他的经验将可调整或改变这种特质，此外，新的焦虑也将带来新的行为模式。婴儿一旦意识到妈妈是独立的个体，事实上妈妈并不为他所有，她可以独立自由来去时，婴儿将不可避免地意识到妈妈可能和别人在一起，一个可恨的第三者。爱恨交织的强烈现实感，就这样从一开始，便进入了人生经验里。而婴儿所深爱的母亲，则因为背叛了原始信任，也成为他所恨的人。婴儿对母亲的嫉羡（envy）于是浮现，因为她拥有并且掌控他需要的资源。然后，由于深信那些珍贵资源将供给别人使用，婴儿于是在羡慕之外又产生了妒忌（jealousy）；妒忌那个得到了他所爱也钟爱他的资源的另一人。婴儿在三角关系变迁中的挣扎就此展开。

　　婴儿的这种感知能力，大约在生理断奶期开始发生，而不论是从乳房过渡到奶瓶、杯子还是固态食物，这个能力的发生为小孩与喂食的关系，带来了特别的中心感（centrality）与沉痛感。此时，随着令人满足的、有趣的、感官的及情绪的经验变得可及，而使婴儿对探索感到喜悦、对新的冲动感到兴奋之际，被剥夺的经验、失落与悲伤的经验、对感受到"家"不再是过去熟悉的家时的怀旧愁情,也同时发生着。婴儿(小孩)迄今为保护自己免于这些痛苦经验折磨而采取的自我防御机制,或许已不再满足当前的需要了。或许,这些经验本身令人感到难以承受。这样的痛苦将会引发焦虑、狂怒、抗拒,就算在婴儿期,也会引发谋杀、咬噬、毁灭等欲望,这些感觉也将在日后对抗妒忌与分离的痛苦时,不请自来。

克莱茵之所以认为"断奶"具有中心地位,原因之一是它和"俄狄浦斯经验(Oedipal constellation)"的开始有紧密的关联,而此时这个经验主要是以口腔的形式呈现。这和弗洛伊德所描述的,在稍后阶段以生殖器为中心的"俄狄浦斯情结(Oedipal complex)"不同。通常断奶发生的时间,是在婴儿开始体验到妈妈是个完整的个体、会来来去去、时而在时而不在的时候。在这个阶段,婴儿开始模糊地意识到妈妈的各种功能,是可以整合为一体的,在此之前他都是以不连贯的、"局部"的角度,如哺乳、目光、说话的声音、拥抱等,来体验这些功能。现在,婴儿必须开始依靠新的防御机制,以保护他不受因为强烈的失落感及体验到对所爱的母亲发怒时所产生的焦虑之苦。此时婴儿开始从"偏执—分裂心理位置"移开,该心理位置至今一直为他提供着必要的防御结构,但也是这个结构使他无法体验到母亲是一个完整的人。

婴儿一旦知觉到母亲是完整的个体,他将转由"抑郁心理位置"的观点体验这个世界。这意味着婴儿会觉得,在潜意识幻想中,他已经因为自己的愤怒或惊恐而正在对自己深爱的人做出严重的伤害。这种新的经验将随之带来新的焦虑,因此也需要新的防御机制。

在这个心智状态中,婴儿感受到自我的幸福,和母亲本身及自己内在母亲形象的幸福,有极紧密的关系。"独占母亲"的想法已不可行,而失落的痛苦与哀伤有时会转成愤怒,有时是兴奋,有时是绝望。不得不放弃的信念是:拥有可任其取用的一个单纯、独特和全然喜乐的经验;而要哀悼的,则是一段他曾经真心地感觉到是唾手可得的美好经验

第五章 孩童早期：断奶与分离

的时光。

"抑郁心理位置"与早期俄狄浦斯焦虑紧密交织在一起。在生命早期，要认同"三人关系"而非"二人关系"的困难处，主要是在喂食和挨饿等口腔议题上，一如许多刻画在神话与童话中的故事〔如"糖果屋"（Hansel and Gretel）或"白雪公主"的故事〕。之后，快乐与痛苦、兴奋与挫折感，则倾向集中在性器官上，由此激发出强烈的热情与攻击等性的感觉。不论是在生命的哪个阶段，这些被激发的焦虑及用以应对的防御机制，皆可成为发展上的阻碍，影响日后的关系和情绪的成长能力。不管是4岁、14岁、40岁或80岁，这个难题所在之处是典型的"三角关系"，个体则必须不断地在此三角关系中，克服爱、恨、占有与分离的课题。

如我们前面所见，《俄狄浦斯王》这出希腊悲剧所描述的，正是弗洛伊德所相信的人类潜意识内涵：幼儿对占有异性父母亲，并排挤同性父母亲，存有举世皆同的潜意识幻想和欲望（见第一章）。弗洛伊德认为这些渴望，已在前述故事里赤裸裸的罪行中体现。克莱茵则认为这个关系模式在更早期就已展开，也就是在婴儿首度意识到自己并非唯一，意识到妈妈的注意力会转移到他处时，以及在他相信他得不到奶水时，奶水是给了可恨对手的时候，此关系模式即已展开。想要完全霸占钟爱的父亲或母亲的潜意识幻想，起源于很早期的需要。起初，这个欲望是想拥有母亲，同时排挤或危害父亲。我们常可听到2岁大的女孩也跟男孩一样会说："我长大后要和妈妈结婚。"此时他们只是单纯地想要"独占"，等到4～5岁大时，这个想法才会出现可辨认的"性"含义，也就是弗洛伊德所描绘的现象。

俄狄浦斯的父亲雷厄斯（Laius）和母亲裘卡丝塔（Jocasta），在神话中所扮演的角色也相当有趣。他们由于害怕儿子会如神谕所言，犯下弑父娶母的谋杀乱伦之罪，而将儿子抛弃在山中任他死去，殊不知孩子为牧羊人所救，日后又被科林斯城（Corinth）的国王和王后收养（见附录）。

雷厄斯和裘卡丝塔由于无法涵容自己的焦虑而想杀害亲生小孩。父亲害怕被凌驾而终至被替代（神话中以遭到谋杀来呈现），母亲害怕爱儿子超过对丈夫的爱（以和儿子结婚来呈现）。这些恐惧似乎源自他们自己内在某处所感受到的"俄狄浦斯"，这种"俄狄浦斯"也存在于每个孩子内心。同样，每位父母都知道在自然的情况下，子女会活得比自己更久，这样的认知会使未来充满希望和乐观，但也因为自己会被取代或超越，而有一些痛苦甚至害怕。允许孩子成长、前进，对父母来说，既是喜悦也是挣扎，就像神话里的象征事件一样。父母的焦虑若如同此例，或以其他各种方式，和孩子的焦虑交互影响，便会无可避免地影响成长的发展方向。

父母认知并且涵容自身焦虑的能力，对子女的发展相当重要，也将永远和孩子自己的性情（disposition）交互影响。由此看来，在弗洛伊德从事精神分析的早年，深深吸引着他的俄狄浦斯悲剧，并不仅是一个关于乱伦与弑父的故事，它也让我们注意到了解自己的必要性，包括了解自己宁可没有的谋杀冲动与乱伦欲望。此外，这个故事也说明了，父母对于自己内在这部分的无知，和父母的"不知"给孩子带来的牵连，两者之间的关联。父母与子女内在世界的交互作用，在此被强有力地呈现出来。

* * *

我们将在稍后的案例中，继续探讨关系的交互作用。但从对11个月大男婴比利的一连串观察中，或许可以先理清上述某些议题。因为比利的行为生动地传达出内在心理三角关系的强度和复杂性，尽管年纪很小，他显然很热情地参与着这个三角关系。观察员看着比利醒来：

他看起来一脸茫然。他坐起来，背靠着婴儿床的靠墙面，

模样似乎快哭出来了。他的小摇床里有三件物品：一只大的泰迪熊、一个婴儿游戏板、一只小泰迪熊。比利注意到游戏板滚轴上黄色与粉红色的滚球，并试着转动它们。这完全改变了他的情绪，他笑了。每次他成功转动滚球后，都会转头面向观察员，发出小小的笑声；他看起来自得其乐，整张脸都亮了起来。他专注在游戏板上的两样东西：滚球和一个小型塑料按钮，用力压下按钮，它就会发出铃响（这个动作对比利来说较难，可是他坚持继续做）。比利显然对这样的顺序乐此不疲：玩玩具，转向观察员，然后笑。但是他从眼角的余光中，突然注意到床尾的大泰迪熊。他看着大泰迪熊，皱起眉头。对继续玩游戏板的游戏来说，大泰迪熊似乎变成了一个阻挠。比利好像无法回头继续玩。他连续一两次试图重拾前一刻的愉悦，但大泰迪熊的存在好像变得极具威胁性。他以带着威胁敌意的表情，怒视着大泰迪熊，仿佛敌意正在两者间传递。比利的表情很快就由阴沉转为痛苦。

我们可以观察到，游戏进行到这里，比利突然察觉到第三者（大泰迪熊）竞争性的存在，这对他产生了迫害性的冲击。原本快乐而自信的占有感，以及在自我与滚球（乳房）的"两人游戏"中所享有的操控感，在此刻粉碎了，继之而来的是带着敌意的征服企图。

比利突然向大泰迪熊猛扑过去。一只手紧握着泰迪熊，把它凑近自己鼻头，开始对它大吼："嘀—嘀—嘚—嘚！"他把手指戳进泰迪熊的脸，然后把它从摇床栏杆的间隙推挤出去，让它掉到地上。这令他喜不自胜地又笑又叫，接着他回去玩滚球，然后继续玩塑料按钮。他的行为变得很坚持，且兴奋得几乎是在"打"他的玩具。最后他果然让铃铛响了，他的欲求似乎才算完成。

然而，就在这片躁动之中，比利迟疑了。他来到床边往下看着地板，寻找泰迪熊，当比利一看到它，就指着它，并且"叫着要"它。观察员把泰迪熊捡还给他，他再次将泰迪熊凑近自己的脸，并且几乎吼叫地重复喊着："嗯——嘀——嘀……嗯！"然后他又把泰迪熊推出栏杆外。当他再一次将注意力转回游戏板时，先前所有的兴奋和能量又都回到了游戏中。他精准地重复了该个顺序三到四次，注意力在游戏板和泰迪熊之间来回转移。忽然间，比利发现了小泰迪熊，在方才的激动与兴奋过程中，这只小泰迪熊被包到毛毯里。比利立即扑过去，对着小泰迪熊大吼："嗯——嗯！"而且更加暴力地对待小泰迪熊。他像在压游戏板的按钮那样用力压着小泰迪熊的脸。他对小泰迪熊的头又压又扯，然后开心地把它挤出栏杆外。现在两只泰迪熊都不在床上了，比利漫不经心地回去玩玩具，但是此刻他似乎没了生气，而且无法重拾之前的热情。

比利的经验犀利地刻画出11个月大孩子的"抑郁性焦虑（depressive anxieties）"。比利在一段时间反复地使喜悦的情境再现，在此情境中，他所热爱的对象给了他全然地响应，也就是说，客体完全以他所要的方式响应。但是后来他意识到"其他东西"的存在，一个他无法控制的东西，一个他想要排挤的东西，然而在排挤后，他又体验到自己失去了这个东西，而且是他用双手丢弃的。当他察觉到这一点时，又因为无法重拾自己丢弃的东西，而感到痛苦。

在比利和泰迪熊的关系中，他似乎将泰迪熊视为具有敌意的入侵者，要来破坏由他专属操控的关系，这也许是他和游戏板的关系，或是和观察员的关系，因为观察员的在场令他能放心地玩玩具。比利猛烈地攻击，并且铲除了对手，但是这股狂热的胜利感反而让他感到挫败，最初的喜悦也无法继续维系。在试图独占的同时，他失去了他稍后才明白自己需要的东西。

要成功克服比利正在对抗的复杂三角关系，核心关键是哀悼的能力——为他感到失去或必须放弃的东西哀悼，并且对自己觉得该负责的部分，负起责任。至少在前述的短暂片刻中，比利无法放弃他独有的两人关系并与第三者分享。但他也无法继续玩，因为对手的存在让他感到心慌意乱。结果，泰迪熊非但不具安慰效果，反而成了威胁。此时泰迪熊只得承受比利投射出来的感觉，必须接受折磨乃至"谋杀"，一切只因为它们"在那里"。

哀悼过程不论发生在哪个年龄或生命阶段，都是要面对自己和所爱的客体是分开的，甚或有时会短暂地失去对方。如此，才可能发展出辨别什么属于他人、什么属于自己的能力，也才能获得自足感（self-sufficiency），尽管初期只能短暂维持。在哀悼过程中，过去自我为了得到附着感，甚至是与他人一模一样的感觉，而建立的所有复杂的联结关系，都必须在此时解开、放下。但是婴儿会尽一切所能，以避免体验分离感与差异感。*

"断奶"展现了成长过程中一个重要的方面。它以清晰而具体的方式，描绘出个体于日后，为了成长而必须放弃对幼稚事物的依附时，所要经历的各种挣扎努力。如此，个体才可能减少对外在人物实体存在的依赖，而能够吸收并于内在保有这些人物的功能及能力，简言之就是内摄。要走过这个处境，个体必须能够忍受退让放弃，去体验至今从未尝试过的新经验，甚至改变自己。一段关系若要有所改变，参与的个体必须能够真诚地放弃对他者的幻想或投射（不管那是渴望或害怕），并且

---

* 参见弗洛伊德在《哀悼与忧郁》（*Mourning and Melancholia*）中的一段描述：……所爱的客体已经不在世间了。接下来，所有依附到此客体的力比多（libido），都要撤退、收回，这是一种需求，但是这需求唤起了反抗。这不难理解，因为没有人会自动放弃力比多位置（libidinal position），即使一个替代物已经唾手可得，等在那儿。——译者注

能够欣赏他真实的样子，了解真实的他可能和自己需要他去呈现的模样有所不同。这可能会涉及放弃理想化事物与自恋的欲望，而这是个痛苦的过程（见十一章）。婴儿在母亲的极力协助下，抛弃了早期经验中的强烈反应，但也深受失落之苦。对母亲们来说，断奶也是困难的过程，因为她们失去了一段关系，一段与全然热爱自己的婴儿的关系。她们会采取各种方式化解痛苦，最典型的模式就是回去工作。妈妈若认为自己对婴儿是不可或缺的，这能令她感受到自恋的喜悦，但也是沉重的负担。因此，当母亲认知到孩子不论年纪多大，都能通过自己以外的他人所给予的滋养与照顾来生存时，她会体验到复杂的得失感。

我们可以观察到婴儿甚至对于断奶的念头，也有各式各样的反应，即使这只是妈妈心里尚未付诸行动的念头。有个婴儿察觉到妈妈态度上的转变后，便停止在夜间吸食母奶，像是一种自大全能的抗议："如果你不要我，我也不需要你。"另一个婴儿则贪婪地依附着，比先前更坚决地紧握着乳房。第三个婴儿似乎想要继续拥有滋养可亲的乳房，并排斥被视为代表母亲的剥夺和拒绝的乳房。这个心理上的分裂伴随了生理上左边与右边的分裂，如此这个婴儿就不用承认那给予的人与拒绝的人，事实上是同一人。他愉快地吸吮右边的乳房，却恐慌地排斥左边的乳房。他以害怕且嫌恶的态度撒开左边的乳房，仿佛它是名副其实的邪恶一方，充满贪婪或骇人的魔鬼，但同时间，他在感官上仍然沉迷于右边（right，亦为"对的"）的乳房。

所有婴儿都必须经历某种程度的不适感、恐惧和焦虑，而每个婴儿也都会发展出自己的应对策略。假使他摄入（take in）好经验的机会不够，或运用这些好经验的能力不足，抑或其早年经验特别痛苦，那么如我们所见，他所发展的应对策略必然相当极端。简单来说，极端策略的运用，表示他有哀悼的障碍，因为这些策略相当于在想要紧握或纠缠"最初所爱"时，所采取的各种公然的或暗地的手段，经常因而更难理清各种情绪、感觉和冲动属于谁。其中最难捉摸乃至有些狡诈的策略，就是"投射性认同（projective identification）"（见附录）。

我们已经看到小婴儿如何基于各种因素，通过不同的方式，以不同的强度进行投射。投射强度适中时，投射可能是为了得到了解，这是同理心的基础；投射也是为了一般的沟通（"当我感觉到你也有和我一样的感觉时，我就能感觉到你了解我的感觉"）。但是焦虑强度太高时，婴儿可能被迫以更强烈的投射，来排除内心翻搅难耐的焦虑和不安。婴儿（或成人）为了保护自己不受难忍的经验之苦，如嫉羡的折磨、分离的恐惧等，便让自己以为可以认同他人的心理或情绪特质，但这些特质其实是他自身特质的投射。以嫉羡的案例而言，其潜意识的动机可能是："假如她只不过是我的延伸，我就无须担心、唯恐她拥有我所没有的"；在分离恐惧的案例中，其潜意识动机可能是："假如她和我真的是一样，我就不需要经验我和她的分离"。无论在哪个年纪，能够面对失落的现实，走过哀悼历程，这对于要从他人身上收回投射并将之归还给自我，也就是有机会真正地成为自己，是不可或缺的能力。[1]

* * *

接下来的章节将以不同方式，思考"投射"与"内摄"之间的平衡，并探讨哀悼能力和情绪发展能力之间的紧密联结。下列的两个案例，小男孩的内心在爱与失落间，尤其是在面对俄狄浦斯焦虑时，进行了复杂的协商过程，借此传达出上述联结的一些方面。尼克在22个月大时，妈妈怀了第二个孩子。从某种意义上来说，尼克该要断奶了，或者说他不是要在"喂食"的层面断掉乳房或奶瓶，而是要结束独子的经验。而尼克的父母对于尼克即将面临的变化，包括被迫放弃独享权利时的痛苦，以及要当哥哥的喜悦，可能也有失落及内疚的复杂感受。

自从察觉到妈妈怀孕，尼克的行为就发生了明显的改变，甚至在被正式"告知"有新婴儿要诞生的消息之前，他的游戏即已显示他对正在发生的事有感觉。他变得热爱火车，特别是一种叫"托马斯火车头(Thomas the Tank Engine)"的火车玩具。这兴趣和他爸爸每天搭火车上班很有关联。（妈妈认为尼克以为爸爸去"工作"时，就是整天待在火车上；也就是说爸爸的"工作"意味着"待在火车上"的理想状态。）尼克的游戏内容大都专注在兴奋地把火车推进隧道，然后再拉出来；同一时间，他和妈妈的关系也在改变。他开始用爸爸对妈妈的称呼来叫妈妈，并且突然快速而早熟地学会了一些字和技巧，这让妈妈相当高兴。人人对于他表现出"我长大了"这一点，给予过多的赞美，就好像妈妈也需要他成为一个大男孩，以便为另一个婴儿挪出空间。这让尼克婴儿期的需要经常被忽略。

尼克的魅力和早熟度快速增加，这似乎是在回应他对新婴儿的焦虑。他变得很善于运用新学会的技艺和词语来赢得母亲的喜爱。他和母亲之间有很多愉快的交流，比如说：在微笑和拍掌声中，尼克会背出一星期中的每个日子。而他内在较混杂的乃至生气的感觉，都局限在游戏中，在某种程度上，也出现在越来越严重的睡眠障碍上。

有一次，观察员到后不久，妈妈到厨房泡茶。尼克开始在空中挥舞他的模型火车头托马斯，一边说："火车。"然后爬上爸爸的扶手椅，将火车头丢到椅背后，他高兴地大叫："不见了！"他正兴奋地要从他所站的扶手上，摇摇晃晃地爬下来时，妈妈进来了。妈妈要尼克下来，告诉他不要顽皮。尼克立刻跳入椅子中，脸上带着轻微的自责感和迷人的浅笑，然后他愉快地在椅子上跳着，边跳边叫："芭布斯，芭布斯（那是爸爸对妈妈的昵称）！"妈妈态度坚决地要他从椅子上下来，他不情愿地照做了。但是妈妈一转身，他又爬上另一张爸爸常坐的高背椅，抓着椅背开始猛烈地前后摇动着。妈妈说了几次"不可以，真顽皮！"，尼克不理睬地继续摇、继续笑。妈妈更急切地说：

第五章 孩童早期：断奶与分离

"不可以！"她把他抱下来，并把椅子翻倒，让他看会发生什么事，然后告诉他，爸爸如果知道了，会很生气。尼克焦虑地看向火车头被丢弃的方向，然后说："起来。"显然希望椅子能快速地被扶正。

过了一段时间，尼克似乎无法如往常般专注在妈妈正在教他看的，关于家有新生儿的书上。他突然说："托马斯。"妈妈问他，托马斯在哪里？尼克先指着椅子，然后指着窗外。他走向钢琴，并再说了一次："托马斯。"妈妈说："噢！你要我弹托马斯的音乐！"她照做了。尼克看起来快乐些，还点了不同的曲子，如《帕特邮差》等。再过一会儿，他又显得焦躁不安，并开始咕哝："托马斯。"他拿起一本托马斯火车头的漫画，开始用心研究着，指出里头各种火车不同部位的名称。妈妈似乎为他知道这么多词汇而感到高兴，随后要尼克告诉观察员当天早上发生什么事情。尼克一脸沮丧地说："我哭了。"就不愿再多说。他忽然丢下漫画，更加焦虑地重复数次"托马斯"。妈妈再度问他，托马斯在哪里？这次尼克跑向椅子，并且急切地设法挤到椅子后面，想取回他的火车头，但是没有成功。他用乞求的眼光看着妈妈，妈妈伸手从椅子后面把火车头拿回来给他。他兴奋地手舞足蹈，拿着火车头到轨道上开始前后推送，并且穿过隧道，然后又小心地在火车头后接上一节载货车厢，接着像是要补充什么般，他又悄悄地在货车厢后接了一节卡车，同时一边自己念着"隧道""蓝地（laddy）、蓝丁（ladding）*"。妈妈了解他可能想要表达的意思，便问他爸爸在哪里。"火车。"尼克高兴地说。

---

* 此"laddy"有可能是学语期孩子将"daddy"的"d"念成"l"音。或者"laddy"是"ladder"的误发音，指的是梯子，象征阴茎；或者"ladding"是"lading"的误发音，意指装载的船货，象征子宫/母亲。——译者注

这段简短的描述暗示了几种可能性，主要是尼克对于新生儿的焦虑，以及父母在他内心翻搅起的复杂感觉。处理这种困境的方法之一，是将爸爸（被丢掉的火车头）除掉，然后接替爸爸（在椅子上跳来跳去，晃动椅子），胜利地成为城堡（妈妈）的国王。但有趣的是，他试着处理这些使他越来越焦虑的感觉的方式。也许他开始体验到把火车头丢开后的失落与罪恶感。于是，他试图寻找象征性的替代物（托马斯的曲调和图画书），但这些替代物的效果有限，而他越来越需要从真正的火车头那里得到确证。解决之道，是允许妈妈和爸爸像火车和隧道一样地在一起（他在潜意识中自我安慰地幻想着，或许这样爸爸妈妈就可以维持在他的控制下）。为了不让自己觉得受到排除或遗忘，他将自己的"货车"接在爸爸（火车头）后面，然后非常动人地特别在最后面加上婴儿（卡车）。他从"laddy、ladding"中要表达的含义，相当有意思。妈妈对这句话的回应显示，他正在描述的是，他认为爸爸和妈妈在一起时做的事情。

这个过程描述了尼克如何成功地对抗俄狄浦斯感受，也就是想赶走父亲及独占母亲的欲望。他也在对于被新生儿取代的恐惧中挣扎着。在游戏中他试图通过亲自执行"排挤"的动作，来驾驭他对排挤的焦虑。他选取具象征含义的代表对象（火车头、隧道、货车、卡车），来理清这些困扰着他的潜意识幻想以及认同。结果是他无法长时间忍受将父亲打倒的经验，而且取代父亲、和母亲在一起的兴奋感也不能持续。当缺席的父亲成为当下的迫害者时，尼克企图通过更深层的象征游戏来减除自己的焦虑。他的全能控制感以及害怕自己无法继续控制的恐惧感，要等到他无法自己取回火车头，而必须请求妈妈协助后，才得以消除；此刻尼克必须体验当自己认识到罪恶感时会带来令人痛苦的沮丧感，同时也感到松一口气，因为就在他害怕因为自己想着要除掉爸爸，而使爸爸真的消失的同时，妈妈的心中有爸爸，而且可以让爸爸回来。当火车头安然地回到身边后，尼克就能再度思考这三角关系，忙着以象征性的方式执行它，并于最后容许新"婴儿"拥有一席之地。

第五章 孩童早期：断奶与分离

在这个日常生活小片段中，我们可以很清楚地看到"分离与失落的焦虑"以及"形成象征的能力"两者之间的关系。正是尼克对于"被父母排除在外"和"努力介入父母之间"两方面的关切，激发出他的能力，让他能象征性地通过游戏与词汇来表现他的忧虑。在此清晰可见的是，他已经发展出一个与父母充分分离的自我，使他能够以自己所采取的方法，同时扮演父母亲和自己。

他运用象征的方式，使他不需要父母本人随时随侍在旁。尼克可以运用词汇或玩具来呈现自己和他人之间的关系。不过当他处于强烈的焦虑状态时，他的罪恶感与对失落的恐惧感会变得太过剧烈，致使他觉得这些玩具正是它们所代表的人。玩具于是等同于真人，这让尼克在妈妈过来救援前，无法继续玩下去。[2]

相对于日常生活，下列这个发生于治疗室，关于3岁双胞胎萨米的治疗片段，呈现出一个更严重的早年焦虑。在压力增加时，经常用来表达这些焦虑的象征性模式崩溃了。潜意识幻想很容易被当成真实，而"假扮"和"真实"之间的差别，不只在片刻间难以区别，如尼克的状况，还经常以更持续和令人担忧的方式呈现。

萨米的生命一开始就困难重重，因为早产和若干严重的生理问题，他在妈妈和双胞胎姐姐出院返家后，仍被留在医院达2个月之久。他的妈妈生产后陷入严重的抑郁状态，而且她有很长一段时间相信萨米会死掉。萨米出世后的前3个礼拜在保温箱中度过，之后又短期进出医院多次。他被转介来治疗，是因为父母对他的噩梦深感忧心。噩梦开始于妈妈试图让他从奶瓶断奶、改换杯子的时候；几乎每个夜晚，妈妈都要花长时间来安抚他，并且试着帮助他，把他所感受到正在迫害他的世界，转换成较温和的世界。妈妈形容他醒来时，常把她视为一个可怕的而不是能安慰他的人。这使她更加痛苦。白天的萨米是快乐而多话的，这和夜里恐惧、蛮横的萨米，判若两人。他现在可以要求妈妈必须在场，而不再像从前，当他还是小婴儿时那样，不仅无助，而且经常实质地和妈妈分离。但他也可能感受到妈妈在情绪上缺乏能力，无法涵容他对死亡的恐惧，因为她自己也非常害怕死亡。

　　治疗进行一段时间后，当他开始体验到治疗师可以承受他是迷人、健谈的"萨米"，也是顽皮、混乱和具破坏力的"男孩"时，原本只出现于噩梦中的内在世界里的惊骇，开始出现在治疗室中。他开始演出暴力的潜意识幻想，坏人通常是"会咬人的凶恶鳄鱼""珍妮"（他的双胞姐妹）或"史宾赛"（一个布娃娃）；这些戏码很少用"我"来进行，因为萨米在这个阶段几乎无法对自己的愤怒与攻击负责。他表达出原始的被迫害恐惧，这些恐惧明显地和关于好母性形象诱惑的俄狄浦斯焦虑有关，而这个好母亲又随时可能变成坏巫婆（"天下有好多巫婆，她们会把男孩丢入大锅子里煮成青蛙汤，而且把他吃得精光"）。另外，还有遭可怕人物处罚的恐惧，这些可怕人物越来越常以一个庞大的、永远在监视、惩罚他的"神"来呈现。

　　萨米心中的"神"与会吃人的"巫婆"的角色与功能和精神分析概念中的原始超我（primitive superego）有许多相同之处。依据以上素材就不难了解为何克莱茵认为，由她所治疗的幼儿的内在世界所发现的那些穷凶极恶的恐怖人物（克莱茵认为这些人物形塑了早期超我），并不是弗洛伊德理论所谓的古典俄狄浦斯情结的**结果**，而是这些人物引进（usher）了俄狄浦斯情结。简而言之，弗洛伊德的观点是，当小孩太过焦虑，而无法承受他对外在真实父母亲的热情与谋杀感时，他会在外在世界中放弃他们。但是为了要保有和他们的关系，他会以严苛的或鼓励的内在临在（internal presences）方式，内化外在父母的形象，这些内在临在就是一般熟知的超我（superego）和自我理想（ego ideal）。而克莱茵则认为，不论小孩对真实的父母亲有多少热情或谋杀的感觉，这种和外在父母亲的关系，比起和内在父母亲的关系，也就是萨米所要对抗的原始而恐怖的怪兽，要容易应付多了。于是，孩子开始于外在强化对父母亲的爱与恨，借此逃避极具迫害性的内在父母形象，克莱茵则称之为"意象（imagos）"。*

虽然萨米在许多方面表现得很极端，但他艰难的经历及企图解决它们的本质，和一般小孩的内在过程同在一个层次上。要能够忍受失去他所需要的人，这股力量源于一种"知识（knowledge）"，例如，尽管妈妈或许不在身边，（小孩知道）她并非死掉，也不是永远消失了；如果妈妈和爸爸在一起，不论是真的或在潜意识幻想中，（小孩知道）这不代表孩子被完全排除在外；他可以离开妈妈的视线，（小孩知道）但不会因此被遗忘。如我们前面所见，只要"会思考的乳房"在精神上和情绪上可及的时间足够，只要母亲自己也能够忍受失落，并于最终忍受对死亡的恐惧，能了解孩子心中存有相同的恐惧，能区别孩子对她的存在的渴求，是需要还是贪婪，如此便能帮助孩子忍受分离与失落。萨米不仅在生命之初就被剥夺了这一切，日后亦然，因为他的母亲也无法承受自身的焦虑，更遑论萨米的恐惧。

于是我们不难理解，每当假日来临，治疗师因而无法见他时，萨米的恐惧和需要就会变本加厉。在这个时候，他的嫉妒和谋杀感变得令人难以招架。以下这段撷取自某个2周假期后第一次会谈内容的摘要，清楚显示出治疗师的缺席，如何激起萨米的俄狄浦斯焦虑和对于被抛弃的恐惧。小孩普遍都有这些焦虑，但所感受到的强度和表达出来的明确度，可能都不及这个无邪、不安的小男孩。

> 萨米带史宾赛到治疗室中，他焦虑地问治疗师是否喜欢史宾赛，一边评论说它有点胖，一边看着自己的肚子。然后他开始把透明胶带剪断，又重新接起来，在过程中他宣称要去洗窗户，因为"上面有可怕的东西"。问他是什么东西把窗子弄脏时，萨米带着升高的焦虑答复说："我想是铁锤，不，梯子……

---

* 简而言之，弗洛伊德所谓的"超我"是指内化外在父母形象，而克莱茵所谓的"超我"是指内化内在父母形象。——译者注

不，那个男人……不……你的先生。"他开始尝试将脏东西擦掉，但是当他明白脏东西在窗子的外侧时，他开始发狂，并且把玩具丢得到处都是，踹着治疗师和她的椅子，一边跺脚大喊："炸弹、炸弹！"然后当他把垃圾桶丢过房间时，他又大叫："我要把大家都杀死！"

治疗师明白萨米非常担心，在放假期间治疗师对他的感觉如何（"你喜欢史宾赛吗？"），也注意到他重演了这段被切断又重聚的经验（将胶带剪断再重新接起来）。同时，她也明白他的痛苦会如此强烈，必定是因为他联想到几周前，突然出现在窗前的擦窗工人。他在潜意识幻想中，认为治疗师无法见他时，一定是和那个工人在一起。窗上这些萨米无法抹去的污渍，似乎让萨米对于自己无法控制治疗师的生活或关系感到绝望，他觉得自己受到冷落，治疗师背叛了他去和这个叫"丈夫"的人在一起，这让他很想杀掉她还有其他所有人，这样他就不会再有这些可怕的感觉了。

治疗师对他诠释这些潜意识的幻想内容时，萨米开始安静下来，他停止踢脚、吼叫，最后甚至开始收拾他所制造的混乱。他决定丢掉那些无法接回去的胶带碎屑，保留一盒被撕破的蜡笔残骸。"这是一本杂志，"他慎重地说，"这是我工作要用的。"（萨米曾解释他爸爸每天带一本杂志去上班。）最后，他以前所未见的条理说出下回的治疗日期与时间。

体验到治疗师可以忍受他所不能忍受的愤怒、嫉妒与苦恼，同时了解到她可以摄入并容纳这些感觉，又不会受它们主导而行动化，萨米因此得以与自己的"思考自我（the thinking self）"重新联结。他因为想起假日期间的被排拒感，而被婴儿期"偏执分裂心理位置"的恐惧状态淹没。他企图将内在状态具体表现出来（externalized），也就是把自己处于痛苦的部分投射到治疗师身上，然后在潜意识中希望治疗师认同他所投射的"婴儿萨米（baby-Sam self）"。这次治疗提供了一个安全的地方和时间，来思考萨米的感觉和行动的意义。由于治疗师具有容受（receptive）与理解能力，也就是比昂所说的"沉思"能力，她最后能够卸除萨米过度的焦虑，把他的痛苦以"经消化思考后"而变得有意义的版本交还给他。最初，他愤怒地抗拒破碎感（胶带的片段）与被冷落的感觉（想到梯子上的工人），但又能够将这些感觉以较可控的形式接纳回来，并重新建立他友善的、亲切的自我。通过暂时认同"工作世界中的父亲"，他的努力获得了进展。或许是因为这样，他才有能力往前跨出一小步，展现能理出未来治疗日期与时间的新能力。我们无法从这么简短的细节来推论，萨米对成人的暂时认同，以及他令人印象深刻的灵活脑筋，能否作为发展进程的证据（因为他能够消化自己的焦虑），或者它们只是一种为了要驾驭焦虑而出现的假成熟。这些需要视当时在治疗室中的感觉与气氛，萨米日后分离与失落的经验本质，及他的处理状况而定。

不久之后，发生了一件事。因为爸爸出差时间过长，萨米内在对于变成恐怖又具迫害性的男人／丈夫／人的焦虑，爆发成为越来越暴力且明显具有性指涉的行为。他再度威胁要杀死治疗师："因为你的老公、你的男人和你那该死的老自我（old self）。"萨米在处理嫉妒与占有感时，面对的困难比其他男孩更多。他从来就不曾拥有够健全的母婴关系，因此有时候会无法忍受与他人分享母亲。和双胞胎姐姐一起分享妈妈，是他不情愿但不得不忍受的事，但是若觉察到其他任何想进一步占有妈妈情感的宣告，他就无法忍受了，且会激发痛苦的敌意。我们看到他在与治疗师的关系中上演了这些情绪。

每个阶段的发展都涉及某种"哀悼"过程，由这个观点看来，我们无法断言"断奶过程"或"俄狄浦斯情结"有完全"解决"的一天。只能说，它们会在不同的时间点，在不同的层次，不断重复地受到检验与处理。

萨米很幸运地能在很小的时候，有机会认识自己内在的冲动和恐惧，并且开始去了解它们。

当孩子接近5岁时，本章所描述的早期俄狄浦斯焦虑，会在亲子三角关系的挣扎中，变得更容易辨识。而那些过度严厉、冷酷的早期内化人物的特质，也将开始减弱。有些小孩在调解这些困难时，会有较多的困难，这和他们的性情与经验之间的复杂互动有关。

这些内在骚乱与依恋，在生命早年能够处理到什么程度，对于即将要往外踏出的重要一步，也就是上学，有很重要的影响。有些孩子在上学前，已经有些小团体游戏的经验，他们多多少少已经练习过以下这些事情，例如愿意分离、分享、交朋友、信任其他的大人、愿意参与团体等。但是这只是个开始，等到真正上学后，孩子至此的内在资源（internal gains）将会受到深刻的试炼。一个小孩是否准备好要步上人生的下一个阶段，并有能力操控它，端赖本章所讨论的这些发展过程的本质及最后的结果而定。

要能忍受失落、冒险改变、拓展经验与发展关系，这些能力奠基于婴儿和幼儿从生命最初的母婴关系中，所经验到的涵容与安全感的程度。这些经验将在日后成为生命的资源，让仍然脆弱的自我（ego）通过充满挑战的全新努力，得到支持并延续下去。这份安全感系源自"涵容临在（the containing presence）"的可及性，这个"涵容临在"自身要有能力承受好与坏的经验，从中学习，并能在此后，当孩子对于"存在于世界中的我"的观感改变时，也能随之发展与成长。这种"涵容临在"的内在经验，便可成为持续发展的自我的核心。

―― 注 释 ――

1. 约翰·史坦那（John Steiner）（1996）曾仔细探索过这些议题。
2. "象征表征（symbolic representation）"与"象征对等（symbolic equation）"的差异，由西格尔（Hanna Segal, 1957）于《论象征形成》（*Notes on Symbol Formation*）中首度提出。

第六章

潜 伏 期

空中充满低沉的合唱
就在水堤下方，肚皮肥大的蛙群堆栈成丘
在草皮上；宽松的脖子鼓动着，犹如船帆。有些跳了起来：
啪啦、扑通的声音是淫秽的威胁。有些坐着
泰然自若地犹如泥浆手榴弹，笨钝的头嗝着臭气。
我作呕、转身、跑开。这些伟大的黏液国王
在那儿汇聚准备复仇，而我知道
我若把手伸入，蛙卵就会把它攫住。

——谢默斯·希尼（Seamus Heaney）

本章要探讨的是"潜伏期"心智状态的本质，以及它在小孩人格发展上的功能。从发生的年代来看，具"潜伏期"特征的时期大约相当于小学，也就是5～11岁之间。但是，若基于特殊原因，人格需要以这种发展上属于早期阶段功能的模式继续运作，或需要重回此阶段，那么"潜伏期心智状态"则可能出现于之后的任何年纪。虽然每个小孩在此阶段都有其独特的经验，但某些可被概括指认的学习与行为模式仍普遍存在，这些模式和小孩于该年龄的基本任务有密切关联。我会先援引几个临床案例，来描述潜伏期的理论概念，以及某些于这个年龄阶段特有的焦虑和问题。本章后段将探讨儿童文学的某些方面，特别是那些能更生动且清楚地呈现出潜伏期复杂的心智状态的作品。这些文学方面也强调了通过创造力与想象力，故事和虚构情节将可丰富孩子的能力，帮助他们越过其年龄层特有的发展障碍。

一般说来，"潜伏期"大约介于5岁（即汹涌的俄狄浦斯热情开始消退的年龄）到11～12岁（也就是因青春期的开始，而再度激起这些热情时）之间。潜伏期，顾名思义就是指热情需要休眠的一段时间，孩子在此时汇聚资源，为即将来临的重大心性（psycho-sexual）改变做准备。汇聚情绪资源（emotional provision），是这几年最主要的工作，它同时为个别孩子提供够强烈的内在认同感，使他能够承担心理社会方面的任务，比如5岁时的初次上学，然后在11岁时对进入"大学校"思量计议。

虽然许多小孩此时已在各种不同的学前托育机构待过，但现在即将发生的是一种不同于过去，规模更大且更正式的分离经验。虽然家庭关系依旧是孩子世界的中心，却已开始微微松动，以便纳入其他活动，譬如更广阔的交友、上学日，甚至到他处短暂停留。这些社交任务的成功达成，有赖于先行社交任务中的情绪发酵被感觉到是可控的且将继续可控。若是如此，孩子便能以想象力自由地去探索即将为他开启的社会，并能立即以游戏和认真的态度参与其中。快速增加技能与累积信息的兴奋经验，是一种新的成长，但是通过身体不适的抱怨、突发的恐惧、饮食不定等所表露的潜在焦虑，相当常见。这些可能导致孩子运用特别僵化的防御模式，来应对源自内在与外在的恐惧。因为孩子通常会发现外在世界的挑战令人既忧心又兴奋，他也可能在潜意识中忧虑着危险的内在情境，因无法应对或控制某些事情而感到恐惧，而且如果可能的话，阻止焦虑的浮现。大多数这年龄的小孩，或多或少都能感受到这些威胁，有时会因此致使孩子变得胆小或执着。这些威胁也可能抑制小孩探索和采取主动态度，并且限制了自我富想象力的一面，结果是使孩子做着这年龄特有的重复且单调的活动。纵使这些活动既夸大又偏激，对参与其中的孩子来说，可能仍缺乏任何激情或具创意的趣味性，而且会逐渐变得无趣，甚至无关紧要。但是在较温和的管理情境中，在学习"关于"事物、学习"如何"执行时，小孩身上会有一种特别的成就感和愉悦感，因为他对自己与日俱增的处事能力感到高兴，而且他的活动能引起大人的关注和鼓励。

有些小孩的潜伏期，未能使他们获得所需的内在力量，以应付青春期爆发的性冲突，受限的心智功能将因而延伸至成年阶段。在这种案例中，个人可能会持续依赖程序和方法，借此保护自己免受情绪的困扰。在亚当斯太太这个特别的案例中，呈现的正是这样的病史。过度僵化的潜伏期似乎持续延伸至她的成人期，她生命的活力与欢愉因而枯竭，使她除了工作以外，对所有事物都缺乏真正的兴趣。穿着向来一丝不苟的亚当斯太太，投身职场30年，是位事业成功的女性。她在六十多岁时因为惊恐发作而来接受治疗。她把这些急性焦虑状态，联系到她还是个7岁小女孩时，因战争而被疏散到一个陌生家庭的事件。[1]惊恐发作时正好是她结婚30周年的日子，当时她第一次承认自己从未真正爱过先生，而且他从不曾令她获得性满足。

尽管亚当斯太太能够描述出自己的困境，有时也能察觉到自己在其中扮演的角色，却无法和她所巨细靡遗描述的哀伤与抱怨，有任何情感上的联结。她认知到她或许要对先生的不快乐负点责任，也认知到她和孩子的关系很疏远（治疗师对于她的小孩和孙子，除了年龄以外一无所知）。她对他们几乎无法流露出任何情感。关于童年，她知道的也很少，因为除了战时疏散的恐慌外，其余的她都不记得了。对于治疗师所给的任何建议，她的反应是如常识般就事论事，而且有点鄙夷，此外她似乎认为在治疗中有情绪，只会带来干扰而不会有所帮助。

整体而言，她甚少做梦。不过治疗大约一年后，她说了一个梦，略微透露了她所处的困境。

> 她房子的厨房窗外起火了，她感到焦虑。

这就是全部的梦境了，对这个梦她没有任何想法或联想。直到那次治疗的后段，亚当斯太太才想起来在过去几年中，她确实曾经从同一个厨房窗口，看见两起真的火警：一起火警距离较远，另一起则较近。由这个信息看来，这个梦可能暗示了一种焦虑，也就是担心她人格中火热的部分（可能带有性的含义）会太靠近她的房子／心智（或婚姻？），而这样的火可能会毁灭一切。也许治疗就要开始引出那些属于青少年或婴儿期的危险、愤怒和性的感觉，她为了保护自己，这辈子已花了许多力气防着它们。这些感觉威胁到她以顺应、威望和效率打造而成的铠甲，在铠甲里，情感受到隔离、疏远与"组织"，以防它们骚扰到她脆弱而不成熟的自我。

亚当斯太太把治疗师的建议，当作科学数据般，用这些数据来影响调查对象，也就是她自己。由此可推测的是，亚当斯太太尚未走出早年创伤式的分离经验，即战时因疏散而与父母分离那几年的经验。为此，她发展出牢不可破的防御结构，这些结构一直很适用于她的外在自我，但她的人格也因而付出庞大的代价。[2]

这个中年身体里有个潜伏期心智状态的案例，令人回想起某治疗师对一个真正处在潜伏期的10岁小孩维基，于第一次治疗时的描述。

> 维基期待地坐在我对面的沙发上，她短而直的头发整齐地中分，两侧用发夹往后夹起来。她的穿着仔细，而且不时调整着及膝的白袜，肩上则斜背着一个具细长背带的小皮包。她说起话来礼貌而轻声，友善而急于取悦地看着我。伴随着这样的外观举止，她用一连串的日期、住过的地方、家人的外貌和家里每个房间的位置，来描述自己。她玩起洋娃娃的游戏时，把娃娃们排列成整齐而固定的直线。然而，在该次治疗将近尾声

时，她匆忙地告诉我两个灾难的故事，这是在谈到妈妈最近的婚姻时所浮现的联想。第一个是她的爸爸最近也再婚，但是新岳母意外受伤、需要照顾，"医院试过了，但是无法为她做任何事情"。第二个是关于一位参加了她妈妈婚礼的朋友，在前往医院探视生病住院小孩的途中，出了一场小车祸。第一次会面要结束时，维基说："来这里要花好久的时间，路上我听到一个声音，并且瞥见了地下道（underground）。"也许维基无意识地表达了她的释放，因为她终于找到了一个可以把她的灾难带去的地方，也让我瞥见她的困难所在之处，一瞥"地下道"。[3]

她不知情地通过这个"瞥见"，感受到与破坏性的冲动、带有罪恶感的恐惧以及灾难等相关的可怕事情，这就像是在梦中瞥见大火一样。尽管维基明显地处于焦虑中，她准备面对问题的程度却远胜于亚当斯太太，而且维基有机会在这些问题僵化成为人格的一部分之前去探索它们。和亚当斯太太相反，维基对早年一连串崩解和分离的反应是无法应对，她因为学习困难和易怒而被转介来求助。她的父母很早即已离异，并且都在最近找到了新的对象。维基最近刚发现妈妈很快就要生下另外一个婴儿了。她对于即将被婴儿取代的焦虑显而易见。治疗刚开始时，她就传达了希望治疗师只看她、不看其他小孩的愿望。在第一次治疗时，她难过地说："我想应该不会只有我吧。"那时她在治疗室中，发现了其他小孩的置物柜；同时察觉到，在下午4点的治疗时段，和隔天上午8点另一个治疗时段这中间，治疗师会回去她自己的家。

在第一次治疗中，维基让自己完全沉浸在画画中，"很仔细且很谨慎地精准"画出当地小区活动中心的内部，画中的主要对象是个陈列架，上面整齐地摆满一排排的盆栽及瓶花。她在画图的当中，一边说有家新商店刚搬来，搬到别的商店撤走后空下来的房子中。这项信息似乎呈现出维基的想法，认为别人搬出去才能有她的空间，或者**她**得搬出去，才能把空间让给别人。她的图画暗示着她希望能让每样东西都静止不动，都在她的掌控之中，并希望她能阻止因害怕新婴儿诞生而把她挤开所产生的焦虑。

维基的早年困难与父母的离异，可能意味着她缺少一个"充分存在且坚定守信的涵容者"，来缓和她对内在父母形象的强烈妒忌和嫉羡，和后来对父母的新伴侣，及任何幻想或真实的新生儿，所施加的妒羡攻击。她似乎对这早年的焦虑采取加倍愤怒的反应，以尖叫、乱发脾气来博取母亲的注意。但这样做却引来了她最害怕的结果，也就是妈妈的动怒与不理睬，和爸爸的疏离。因为缺少母亲来摄入（take in）她的痛苦（至少也要偶尔这样做），维基似乎无法摄入或运用任何可能有帮助的经验。她的学习与想象能力，似乎缩减到最低限度。当那个有"性欲望"与"谋杀欲望"的小维基可以被治疗师容忍、接纳甚至了解，并且在治疗过程中，也可以为她自己所接受后，越来越多的迹象显示，她的学习与想象能力在此时才开始缓慢地浮现了。

维基对于外在现实的僵化、条理与控制，是她用来和那一直干扰她的危险冲动保持距离的方法。但是她的行为未能使她得到任何真正的发展。相对于此，对一个早年经验不如维基这般困扰的小孩而言，这种注重条理、安排、分类、量化的活动，也可以获得相当程度的学习、技术的获得以及知识范围与兴趣的扩充。在某种程度上，这些新成就有助于将孩子无法处理的自我方面，阻隔于意识知识之外；但是这些成就仍能容许更多的弹性、成就感与整合的发生。但这对维基来说却很困难。

* * *

根据弗洛伊德最初的理论，潜伏期是人类三个性发展（sexual development）阶段之一。此阶段开始于"俄狄浦斯情结"结束之际，而且潜伏期是依据生理状况而定的阶段，在这阶段性冲动并非完全不存在，而是较不明显，较不主动地参与。弗洛伊德（1905）认为在此阶段，人的能量由性目标转向其他目标：

> 心智力（mental forces）就是在这个潜伏期阶段（全部或部分）建立而成，并在日后阻碍性本能的走向，而且像水坝一样，以嫌恶感、羞耻感、美学要求以及道德理想等限制性本能的流动。（p.177）

弗洛伊德认为这种"兴趣转向"是文化成就上无比重要的现象，他称之为"升华"，把它视为孩童期性潜抑阶段的起点（p.178）。那个水坝或是限制力，对他而言并非教育的产物。事实上弗洛伊德相信：教育更应该做的是追随已经布下的心理轨迹，并更清楚深刻地加以刻画此轨迹。（p.178）

与"俄狄浦斯情结"的结束有关的概念如下：如果性欲与攻击冲动太令人感到不安（而且有受惩罚的威胁），而必须放弃外在的父母（external figures）时，有个办法可以避免完全失去他们，就是通过"内摄"，将他们安置于内在（见第五章）。在那儿他们成为孩子内在世界的一部分，像是一个混合体（mixture），一方面具有关爱与鼓励的存在［意即"自我理想（ego-ideal）"的方面］，另一方面又具有处罚与恐吓的特质［意即古典理论中"阉割（castrating）"或受良心支配的"超我（superego）"］。如同弗洛伊德，以及之后特别是克莱茵所指出的，内在父母形象（internal figures），包括其观点与态度，和外在真实的父母亲并不完全一致。因为内在父母形象，也承受了孩子对父母最早期的爱或恨的投射的影响。于是，举例来说，当父亲因为介入孩子与其渴望独占的母亲之间，而受到孩子怨恨时，孩子内在所体验到的父亲形象的可憎与苛刻的程度，可能远甚于真实的父亲或所期待的父亲形象。对于和这些潜意识焦虑有关的批评与挑剔感到恐惧，是这个年龄常见的特质，且通常与抗拒自慰的强烈挣扎有关,因为一般来说,孩子认为内摄的父母形象,对孩子的性欲持反对态度。在此强调"内摄"是很重要的,因为它能特别清晰地呈现出,人格中成人部分的发展,与孩子能否开始放弃外在的俄狄浦斯关系,转以偏好较内化的关系模式,息息相关。

在经历过由婴儿期心智状态主导,故充满热情与风暴的最初5年后,现在需要的是相对的稳定性,以应对充满新的经验和焦虑的外在环境所产生的新需求。这些需求,或许可概括在上学一事中。处于此阶段的孩子,将得应对全新的精神压力来源。他对自己、对与家人以及外面世界的关系越是有所觉察,就越加明白他没有什么和不能做什么。父母给予的注意力可能少于他想要的;他也许觉得自己过早就对弟妹们退让;在觉知到父母亲的世界有更宽广的方面时,他或许害怕自己会被摒弃于外。他得在学系鞋带这类事情上,认清自己的能力限度;或是承认自己在读、写或操作其他工作上有困难。正当世界开始变得丰富且多彩多姿之际,它也变得更具挑逗性、更令人受挫。

因此,潜伏期的孩子要承受源自内在与外在的特殊压力组合。在心理上,他有机会转换到较能不完全依赖外在人物的处境中,过去他都将这些强烈的感受导向这个外在人物,现在他有机会与内在人物建立更稳固的联结。这个转换能处理得多好,取决于孩子内化与认同父母形象的能力。也和此父母形象以善恶何者为主,以及孩子所感受到其善恶的程度有关。如此,孩子开始经验到拥有自我内在世界的感觉,在这个世界里,狂风暴雨、愉悦与热情是属于独立人格一事也开始得到认知,亦即这一切都属于他自己。内化这些形象是个体在发展过程中必要的挣扎,它可以帮助孩子抵抗过度的性兴奋,并且提供心智装备,让孩子能够应付当前以及将来的青春期压力。

当外在社会的挑战,比如要合作、分享、交友、分离等,使这些内在的转换与挣扎变得更为艰难时,孩子往往有采用特定策略的倾向,这些策略于是构成了所谓的潜伏期心智。在这年纪,这些策略往往会将学习一分为二，一是专注于技能与知识的获得，另一是学习认识与了解自我（见第七章）。基于前述的理由，学习"关于"什么的模式（learning "about" mode），在此时变得较为显著易见，以便支持孩子涉猎更宽广复杂的经验时所需的新能力。

稳定潜伏期的"建立"能有效帮助个体准备好面对即将来到的生活，它在某种程度上，取决于个体能否将本能能量的强度（指潜意识的焦虑和冲动）转移。它也视这股能量是否僵化地与人格其他部分隔离或被潜抑而定。如果来自内在的"地下力量"与"战火的威胁"，以及来自外在的学校与家庭的压力，还达不到令人担忧的程度，这股能量便可用来促进学习、促进有用且具扩展性的发展。但是，如维基的例子，自我的这些方面若太难以抵挡，将致使过度封闭且情绪上受阻隔的心智状态取得优势。假使用来防御心理痛苦的机制不足以应对问题，焦虑或暴躁就很容易强迫性地发生或爆发。

* * *

9岁的乔，从原本聪颖活泼、口齿伶俐、很早就会读书与拼图的小孩，长大变成一个对学校或世界都不感兴趣的大小孩。他变得安静、紧张、退缩且无法沟通；他的姿态僵硬、表情悲伤。对他时而关切时而恼怒的父母，忧心忡忡地带他去接受治疗。在治疗过程中，他焦虑的本质不仅开始变得明显，他试图用来掌控焦虑却失败的方法，也开始在治疗情境中上演。

乔在生命早年，因父母工作的关系，经历过多次更换照顾者及被迫与父母分离的痛苦。他在这个阶段在智力与语言上的早熟，可能具有防御的意味。早熟也许是他用来维持自我完整性的方法，使他通过博取父母的好感将他们留在身边，但这种方式对他的人格并不真实、有效。他在8岁时的转学事件，似乎在他的内在激起了某些令他感到难以应对的问题。他面对任何陌生的新事物和失落与分离时会有的深度焦虑开始显现，同时对家人过度黏腻，因而无法与家人分离去结交朋友。他开始对早期的照料者更换与父母的缺席，感到相当罪疚，仿佛他觉得自己要对此负责。罪疚感之下隐藏着对死亡的强烈恐惧，这个恐惧最初出现在梦中，之后则出现在较意识层面的焦虑中。

在下面的对话发生之前，乔已经为他的治疗制定了一套系统，通常他会写在黑板上，他将治疗时间整齐地分割成不同项目：

下午4:00—4:05 谈我的问题；
下午4:05—4:35 谈我在做的事；
下午4:35—4:50 玩耍。

他还为这个时间表加上标题："一个我做什么的时间表"。

这个结构虽然形式上极为机械化，但是似乎为乔提供了一个界限，让他能在界限内冒险做更进一步的探索。有时候他会在"玩耍"的时段加上"谈谈我的梦"，偶尔他会分配5分钟给"我的感觉"。在一次治疗中，到了下午4点35分，乔说：

"我做了一些关于死亡的梦。昨天晚上我梦到自己死了，不是真的死去，但我被放在棺材里埋起来了。在梦中我醒了过来，听见一阵敲击声，那时我才知道我躺在棺材里。"

当被问及"敲击声"时，他说听起来"像有人想要进来（棺材）"，此外对这个梦他就没有其他想法了。治疗师建议说他的梦可能是关于，他感到自己不如他所希望的那么有活力，感觉受困于死气沉沉的心智状态中，仿佛他活着的当下有些部分被杀死了。也许那个（在棺材外）敲击的人是某些像他的治疗师那样的人，他希望这个人可以进入"棺材／内在状态"与他接触，帮助他起死回生。

乔热切地看着治疗师说："对啊，而且还有一个晚上，我就是睡不着觉。我晚上10点就上床了，但是直到半夜3点，我还醒着。我很怕自己会死掉，我想象自己的脉搏停了，大家以为我死了，就把我埋起来。"治疗师赞同这些担忧确实是挺吓人的，不管是他可能真的死掉，或是大家可能以为他死了而放弃他。这时，乔变得越来越激动，他问治疗师可不可以玩"吊人（Hangman）"的游戏［这是一种猜字句的游戏，一个人要猜出另一个人心中所想到的一个字或词，解题者要猜出拼成该字或词的字母，每猜错一次，就加一笔画到要吊死人（解题者）的绞刑台简图上，除非解答能在图画完成前猜出，否则解题者就输了（被吊死）］。乔说，谈论自己的感觉太令人"焦虑"了。治疗师发现他的"吊人"游戏可简约成一句话："担心死掉而没被唤醒"。他似乎通过这游戏"重演"着他的担忧，借此使担忧得以散去。那次治疗结束前5分钟，乔坐下说："最后，来谈谈我的感觉。"他对于能照表操作、达成目标显得很开心；但又在突然间充满质疑。他简单地说他感到骄傲，因为爸爸得到了一个更好的新工作。治疗师响应说他可能担心自己无法像爸爸那样成功，好让爸妈为他感到骄傲，他点点头，毫无表情地说："我没有其他的感觉了。"他似乎转向了内在去搜寻支持这句话的证据，然后说"没有，我没有其他的感觉了"，接着要求再玩一次"吊人"游戏。

乔清楚地呈现出他的被害恐惧，也就是害怕被锁在死亡的心智状态中，害怕无法重返生命，或是遭人误以为死了，而使这个"受困的小男孩"无法被发现。他也透露出这些恐惧可能与较具攻击性的冲动有关。这些他一无所知的冲动，是源自婴儿期害怕遭到冷落或抛弃而产生的愤怒与恐惧。这些他小时候未能表达或理解的潜意识的、惩罚性的谋杀感（绞刑刽子手乔），现在正浮现出来，乔必须运用各种刻板和强迫的机制来监督它们，因此在他的发展中人格付出了极大代价。

相对于乔，10岁的安妮看起来是个没什么烦恼的小女孩。她在学校表现出色，对一切很满足，只是在家时有点孤僻。直到她和表兄妹度过某个假期后回家之前，她的忧虑原本不为人知。

她对一个很有同情心的老师说，她一直担心在学校交不到朋友，也担心会被欺负，但她最担心的是，父母会在她不在家的时候离异。她觉得唯一能控制这个恐惧的方法就是自杀。她异常流利地表达出，她主要的恐惧是怕失去妈妈。她形容这种感觉就像"水面下一股强烈的暗流拉着我，不论我多努力，就是逃不开"。老师同理道，这听起来非常令人担忧，并说他深深觉得安妮非常担心死亡的事。安妮回答说，他会这样说，挺有趣，因为家里除了她，没有人会担心死亡的事。"我真的很害怕，感觉就像停止存在了，就像是早上的牛奶，就像那样。你可能再也喝不到它了，而且你不知道它何时会发生。我的意思是，我可能会活到80岁，我也可能现在走去停车场就被车撞死了。我无法知道死亡何时会发生。"

在稍后的谈话中，她的谋杀冲动变得相当明显，虽然她浑然不知自己的话语所隐含的含义。

她说为了应对别人的欺负，她开始携带着一把刀，直到某位老师发现它而将刀子拿走。这又使她开始叙述自己如何时常感到愤怒，又如何去隐藏愤怒的感觉，希望它会自然消失。

这种状况在她觉得自己遭到排斥时特别容易发生，因为那感觉就像没有人要她。"我觉得自己受到冷落和贬抑。"就在她一边说话的同时，她一边极为精确地画出她家附近的地图，并且以详细的精准度，测量、标示出她家、学校和父母工作地点之间的距离。

和乔一样，安妮似乎也表达了焦虑，这些焦虑是即时的，但也和早年经验有关。这两个小孩都显示他们热切地需要依附，害怕遭到遗弃，并且压抑了愤怒。这些和他们看似疏离的外在样貌并不相符。

* * *

这两个孩子确实都处于不安状态，但他们想要处理的焦虑，是任何处于潜伏期的孩子都会面对的典型焦虑，虽然后者的焦虑程度较轻微。同样地，一般潜伏期孩子用来控制焦虑的机制也能被辨识，尽管形式没那么极端。在潜伏期这几年中，孩子能找到被社会接受的渠道来发泄婴儿期的冲动。举例来说，破坏冲动可以在结构式游戏与规则所带来的明显欢悦之中得到涵容。他们发展出对秩序与纪律的渴望，以此维护破坏性冲动与社会许可行为之间那道脆弱的界限。知识与技能的获得，让潜意识所恐惧的内在"坏东西"，可以通过外在世界的效率和控制力的增长，而获得修正。男孩倾向于和爸爸一起"修东西"，女孩子想要和妈妈一起煮饭和打扫，或者反过来亦然，这代表了两者在对不同的认同方式进行实验，但是这些活动也可能代表了想要恢复与修补的重要心理需求。"反向形成（reaction formation）"的机制于此时开始运作，于是，如弗洛伊德和克莱茵所描述，想要尿湿与排便弄脏的愿望，变成对清洗、整理与秩序的渴望；想咬和想吐的冲动变成对食物与做饭的兴趣，以此类推。

*　*　*

一般来说，潜伏期的挣扎在于性与攻击能量的转向，以及将这股能量投注到更广泛的其他类活动。克莱茵较少强调"升华（sublimation）"的创造性优点，而较重视这些过程对年轻的自我所造成的耗竭与负担。她描述了偶尔会发生的保留与不信任态度，以及好奇心被压抑后对想象力所造成的影响。即使小孩可能仍旧对便便、尿尿、屁屁之类事物感到热衷，更严肃的性探究则常会引发急性的焦虑。这种焦虑在谢默斯·奚尼（Seamus Heaney）的诗《博物学家之死》（*Death of a Naturalist*）中有生动的描述。奚尼回忆起自己是个小博物学家时，曾极度愉悦地将蛙卵收集到罐子里，观察它们孵化成小蝌蚪，游来游去。他描述了老师华尔小姐在课堂中所提供的信息，但小男孩从未将这些信息与事实联想在一起，也就是蛙卵乃是青蛙"爸爸"和青蛙"妈妈"性交后的产物。一旦他把这两件事联想在一起后，整个过程对小奚尼来说变得非常恐怖，而他当博物学家的日子也就此突然告终。奚尼强而有力地表达了小男孩在第一手"性证据"的诱发下，所产生的嫌恶与恐惧感。在此之前，小男孩对自然事物的兴趣，从未包含这些过程的现实面：

然后在某个大热天，田野草丛间
充满了臭气的牛粪，愤怒的青蛙于是
侵入了亚麻堤岸；我弯下身子穿过树篱
走向我不曾听过的粗哑蛙鸣
空中充满低沉的合唱
就在水堤下方，肚皮肥大的蛙群堆栈成丘
在草皮上；宽松的脖子鼓动着犹如船帆。有些跳了起来：
啪啦、扑通的声音是淫秽的威胁。有些坐着

> 泰然自若地犹如泥浆手榴弹，笨钝的头嗝着臭气。
> 我作呕、转身、跑开。这些伟大的黏液国王
> 在那儿汇聚准备复仇，而我知道
> 我若把手伸入，蛙卵就会把它攥住。

隐含于最后数行中的"俄狄浦斯"威胁，精彩地唤起这年龄的男孩潜意识里的"性恐惧"。

对了解事情意义的抗拒经常反映于孩子所偏好的学习模式，而对信息的渴望以及对知识的渴求，二者间的差别也因此变得格外明显（见第七章）。梅尔泽（Meltzer, 1973）如此描述了这种典型的学习模式：

> 潜伏期孩子大量累积信息的欲望，本质上非常社会化，并以参与竞争、展示、保密、买卖等方式来表现。当然，不当的获取方式也会发生，如偷窃、捡拾、诈骗等。他们对于价值的分辨力经常不足，其见解也很肤浅。因此，潜伏期小孩可能会急切地想要记得足球选手或花的名字，而不关心是否能在视觉上辨识目标；他可能会背诵一首诗，却不在乎诗的意义；会背战役发生的日子，却对人类的杀戮一无所知；能记得首都的名字，却无法理解首都指的是城市，而非字母大写的拼字方法而已。*（p.159）

玩具市场和媒体大都能实时利用潜伏期孩子喜欢搜集、交换、买卖的倾向，而赚得盆满钵满。这个倾向部分基于他们对于"获得"的急切贪婪，部分基于他们对进入自己所处世界的渴望，以及想要觉得自己能对这个世界有所影响的渴望。通过生活在自己版本的世界里，这个世界

---

* 首都的英文单词是 capital，该单词也有大写字母之意。——译者注

建基于对内在关系的潜意识觉知，孩子们也满足了不想突出成为独立的个体，而宁可是某些东西的"一部分"的需要。如梅尔泽（Meltzer, 1967）所指出，这种想要跟别人做一样事情的渴望，以及厘清手足之间以及孩子与双亲之间的内在关系的必要性，使外在的团体能够形成。这些团体

> 反映出家庭生活、成人的社会生活以及政治结构的模式。在他的小团体、秘密组织中，角色扮演通常是稳定的。较侵略性、具想象力的孩子担任领袖（父母的功能），而弱小的、被动的、年纪小的、较不聪明的孩子，则被强制服从于所制定的规则与程序（孩子的功能）。潜伏期孩子通过全能控制将客体关系去性别化（desexualization）的强迫倾向，终于找到其表达方式。(pp.96-97)

* * *

社会阶层经常在分级与分类的漫画中被复制，譬如大个子和小家伙、强势的和弱小的、聪明的和愚笨的，等等。分类的粗糙也反映出孩子道德观的单纯：好的和坏的、牛仔和印第安人、"他们"和"我们"。较有创意的儿童文学常会挑战这种两极化的事物观点，进而诉诸孩子较复杂且愿意思考的方面。[4] 如玛格丽特（Margaret）与麦可·拉斯汀（Michael Rustin）（1987）所描述，这类型故事能使孩子通过对人格发展有益的情绪经验，进行深思练习，而使认同（identification）变得可能。

相反地，潜伏期孩子特别爱看的漫画、杂志以及电视节目（特别是在心智与情绪都因学校功课而耗竭时），只是在复制这种本来就有限的思考模式最粗糙的版本。它们之所以受到欢迎，是因为它们将令人讨厌的困惑与焦虑降到最低程度，而这些困惑与焦虑在这年龄层，是如此接近意识层面。其趋势是强化肤浅分类的刻板模式，而不是松动它们并

以较不受限且更具想象力的方式来替代。然而，这个充满获得与交易、竞争与阶层、为收集而收集（足球贴纸、火柴盒、橡皮、弹珠）的世界，绝非只是对成人世界的模仿。特别是对较有安全感与爱追根究底的孩子来说，这可能是开始发现自我世界含义的一种方法；而这个世界可能和父母及家族的世界相似，却又有显著的不同。孩子越来越需要发展出另一个属于他自己的世界，一个独立但并不与成人世界隔离的世界。要和个人的经验联结，去实验它并借此发展出更强烈的自我感，需要的是时间。葆拉·福克斯（Paula Fox）所写的故事《一个可能的地方》（*A Likely Place*）描述了9岁的路易，在20世纪的布鲁克林努力寻找属于自己的地方。这个令人痛苦、怜惜的故事，通过对路易思考过程的细致描绘，作者对父母师长善意的、持续不断的且到最后是侵犯而令人困惑的好意，提出了反思。路易会面对困难，是"因为他所寻找的地方，在他的想象中还没有内在表征（inner representation）"。他在学校遭遇的困难之一是无法分辨"那里（there）"与"他们的（their）"。当被问及他"在想什么？"时*，他想到的是头顶上有什么；他对自己和他人之间界限的通透性非常担心，甚至企图以持续戴毛线帽的方式（连睡觉也戴），来维持自己的完整。

当路易找到一个与他那极关爱且积极的父亲（"路易，你对那些泡在不用的鱼缸里的电池，有什么打算吗？"）不一样的人物时，路易真是松了一口气。那人就是古怪的菲琪洛小姐。"你心中有事？"她会问路易，"我心中也有事。""假使路易能许愿，他会要大家停止问他感觉如何，或停止告诉他他的感觉如何。"而这个愿望，在他和菲琪洛小姐，及同样古怪的马德古加先生的关系中，或多或少实现了。福克斯精彩地描绘"好经验如何被内化成为创造性发展与认同感的泉源"，他以此阐述这两个角色如何给予小孩思考所需的时间和空间（即婴儿寻找乳房时所

---

* "what is on his mind"，照英文字面直译为"他的头脑上有什么"。——译者注

需的空间与时间的大小孩版本）。尽管父母可能是出于一片好意（一如路易的处境），但其他人物也能为这个阶段的小孩提供某些重要的父母功能。有时候一点点情绪距离，能容许我们去认识并体会孩子所关注的事物或其精神上的痛苦，因为这些想法与痛苦可能因父母的过度介入而受到阻碍，至少是受到限制（Rustin & Rustin，1987，pp.215-24）。

优秀童书作家的虚构世界，让孩子的心灵有了可以去的地方，孩子也许没有意识到，但那个地方让他有机会，去应对复杂的内在世界及处理外在世界的任务与经验。这年龄的孩子相当组织化与形式化的心智和行为倾向，使神秘与矛盾的冲动几乎没有存在的空间，因为这些冲动会冲破看似井然有序的存在状态。在许多状况下，当创造的能力陷落谷底时，仍然有许多迹象显示想象力是一种"觅食冲动：它会在沙漠中找到思考的食粮（food for thought）。"（Meltzer，1988，p.17）有些儿童文学的历久弥新，证实了儿童文学对情绪一直具有深远的意义。弗朗西斯·霍奇森·伯内特（Frances Hodgson Burnett）的两则故事，通过她的描述，表达了孩子如何在心中，维持与保有内在的希望与自我感。即使外在的环境非常困难，即使成人世界以严峻与缺乏了解的态度对待孩子，使他们必须与之对抗搏斗，伯内特所描述的情境仍有可能发生。这两则故事说明了这年龄的孩子，即使面临逆境，其精神层面仍有可能存活。这些故事当然有多愁善感的一面，但其历久不衰的品质，可能源自作者本身在情感上有近似的经验，也有能力通过其内在的创造力，存活于外在的严酷世界中。

在《小公主》（*The Little Princess*）的故事里，"公主"的特质是属于内在的：对善良的信任，从而衍生出无私、自律、情绪上的宽容；在面对贬抑讥嘲时，仍能保持尊严与自我价值的能力；坚持不屈服于外在世界的创伤经验或被击倒。这个故事描写了出生即丧母的莎拉·克罗尔在11岁时，如何在经历丧失所爱与爱她的父亲的打击，同时随之失去了原来享有的丰富物质资源后，仍能在情绪上继续生存；面临困境的她，非但未能获得丝毫安慰，还立即被学校当局剥夺了她原先拥有的优渥待遇，且被残酷地当作佣人和乞丐来对待。令周遭的人不解的是，她不仅保持了自己的完整，而且还能激励他人，尤其是最需要帮助的人，帮助他们产生力量，忍受在同机构中每天都要面对的羞辱和劳苦。

莎拉的支撑能力，源自她能够让自己特有的想象世界持续运作；不论环境有多贫乏或迫害，她都能赋予意义；尽管成人世界对她苛刻以待，她仍然能够知觉生命的意义与目的。她内在活力的核心是她"想象的能力（the capacity to make-believe）"，帮助她承受痛苦，而不是以躁动的防御方式逃离或否定困境。公主身份的隐喻与物质资源无关。物质被证实与莎拉所展现的力量无关。公主的能力是关乎内在的价值，是关于精神上的而非物质上的能力。

《小公主》及稍后的《秘密花园》，都说明了心智生活是爱与生命的内在泉源，当个人能与他人共享其心智生活时更是如此。莎拉的困境最终的解决办法看起来或许很人为，但我们必须以19世纪小说的传统精神来看待，亦即为了追求精神上的真理而放弃物质。真理指的是，具有补充想象力源泉的能力，可获得无尽深度的资源，它能够滋润那些对此经验敞开心胸的人。故事开始的时候，莎拉的希望、恐惧和情感都寄托在她的娃娃爱敏楚德身上。由于莎拉缺乏一个有效的涵容者，爱敏楚德被当成莎拉所投射出来的沟通内容的接收者，成为莎拉的涵容者。稍后，那些较年幼、贫穷或是受创的小孩，对莎拉而言也具有类似的功能，因为这些孩子可暂时代表她自己受伤害与匮乏的部分，因而使自己更具适应力、关心与韧性的人格面得以掌握全局。

莎拉最后的恩人，即那位"印度绅士"，原来也为了自己（无意间）造成克罗尔先生的破产与死亡，而在自责的痛苦中度过了许多年。这位印度绅士的情绪得以康复，和他受苦的程度及想要补偿的渴望相关。相较之下，书中有些人物具有邪恶、讥讽与追逐私利的性格，校长茗琪小姐身上便有这些性格的缩影，她被描绘成对任何具修正作用的影响力都无动于衷。可推想的是，冥顽不灵故而僵固不移的破坏力量，在其人格中是如此根深蒂固，以致她能在心智生活中有效地漠视这些破坏力的存在。这种观点也许和克莱茵晚期对于人性较悲观的主张相似（1958）。

在真实生活中，修复或破坏的倾向何者占优势的问题，根源于内在与外在力量之间极为复杂的互动。最初，修复与破坏之间的平衡，取决于婴儿是否有位能充分涵容他的客体，以及婴儿从一开始与此客体维持关系的能力而定。如我们在第四章中所见，过度的被害焦虑，不论是源自内在或外在，都会干扰到婴儿建立关系或信任他人的机会，不论这对象是内在或外在的。又或者，由于建立关系的经验是如此严重地被"害怕对方不在、失去"的阴影笼罩，而使他无法依赖与承诺。被需要者可能会连续被测试、被折磨与被拒绝，仿佛他（被需要者）注定要成为令人失望或失败的人。这样的描述不仅适用于婴儿和乳房的关系，5岁小孩和父母的关系，抑或是短暂的友谊，也适用于尝试交往男女朋友的14岁青少年，乃至于企图建立持久且相爱关系的"成年人"。早期的经验将深深地影响（但不一定能决定）后来经验的本质。有些人有能力以开放的态度对待那些与过去经验迥然不同的新经验，有些人则会陷在不断重复过去事件的状态，且很可能无法领悟、懊悔、哀悼及继续前进。行为模式可以被重复，但也可以被瓦解。或许是因为：开始向潜伏期孩子敞开的宽广世界，为他们提供了建立关系的机会，它将可帮助孩子修复早年的伤痛与被剥夺所留下的伤口。其结果是，随洞见而来的痛苦，以及之后伴随决心、想象力与勇气而来的痛苦，成为挣扎中的自我的支持，使之能迈向更广泛的整合，也迈向道德和情绪的发展。这些关于再生与修复补偿的故事印证了这个可能性。

像《小公主》一样，《秘密花园》也是以善与正直（goodness and integrity）的修复力量为中心。在这故事中，这些能力经由"使真实的花园重返生机"来表现（克雷文先生因无法承受爱妻在花园发生意外而亡的伤恸，封闭了花园）。而这所隐含的意义是：因失落及因懦弱*无能去承受失落而产生的创伤，造成了某种精神上的死亡，也就是对"感觉"的厌恶，特别是在照顾生病（因为在情绪上遭受剥夺）的儿子寇林时，所产生的那些痛苦的感觉。

花园与其复苏的暗喻手法，表达了两位堂姐弟之间，及他们和身边仅有的少数人之间的关系，在相互修复的效果中逐渐重生。两个孩子都因突然丧母而受创。玛丽甚至还失去了父亲、她的阿雅以及她童年在印度的家所拥有的整个世界。两个小孩都逐渐成长了。那些他们各自拥有的欢喜、希望、朴实、慷慨乃至谦恭的本质，在此之前对他们而言仍是陌生的，甚至可说是只存在于他处（例如为克雷文家族"帮佣"的迪克森家庭，他们拥有温暖与平凡）。逐渐地，孩子们人格的这些方面开始觉醒，并且在身心任务持续进行的历程中，变得更加完整。

这些故事都具有其独特的寓意性质。故事中的失落经验，尤其是早期童年的丧亲经验，与借助想象与创造能力为中心素材的情绪成长故事，紧密相连。如我们已见的，这两则故事的主要读者群，在此年龄具有极端且简化（好人与坏人）的道德价值观。在故事铺陈中，成人世界往往是分裂的，至少在孩子心中是如此，成人世界分为无情的、压榨的、自私自利的（《小公主》的情节）、情感上遥不可及的、冷淡与绝情的（《秘密花园》的情节），以及相对之下显得善良、宽大与慈善的（《小公主》），或有智慧、和善而体贴的（《秘密花园》）。玛丽与寇林让花园真地复苏，以及莎拉·克罗尔的重获家产，可解读为即使受到外在世界的压迫，仍有可能确认与修复内在资源。因此，潜伏期的孩子能以追寻美好乃至辉煌生命的希望与可能性，来面对至今一直是痛苦、凄凉及负面的经验。

值得注意的是，修复的过程是在秘密场所展开，如莎拉心中的私人阁楼（经由印度绅士仆人看不见的手，被神秘地布置了起来），以及玛

---

* 此处的"懦弱"原文为craven，与克雷文家族的姓氏（Craven）为同一个单词。——译者注

丽与寇林那孤立于成人世界之外，遭到封锁的高墙花园。这些私人场所尤其是这个年龄的成长过程的重要方面发生之处。秘密场所私密与隔离的特质，提供了孩子们迫切需求的独立感、控制感乃至支配感，即便那只是短暂的需求，但秘密场所真正的所在位置，通常是紧密地且必须与成人世界相连接。对于这个年龄的孩子，很少能有整个花园供他建构，作为私人场所或成为其内在世界的外在体现。但是孩子大多能在阅读小说后，在内心里找到或创造出具有同等意义的替代物，或是于外在世界里找到小窝、藏身处或野营地等。这些藏身处可能在日后，重现于花园一角的遮棚中，或以更亲密而强烈的表现方式，重现于临时性的替代结构中，譬如生锈的门闩、木板、波浪铁皮等。这些都提供了一个供人抚慰与怀旧的安全岛屿，在这个"自己的小世界"里消磨时日（pottering）的重要性，其象征意义和实际"种植盆栽（potting）"*一样重要。这些都是"自己的房间"**的变化版本，弗吉尼亚·伍尔夫（Virginia Woolf）视这些私人的场所（空间）为女性要表达其创造能力时，必须拥有的先决条件。这些在心智（或世界）中的私密地带所呈现的是不同的内在状态（interiority），在那里，外在现实的急迫性（譬如"吃点心了！"）对于一个沉湎于其他事物的小孩来说，严重地侵犯了他的心智生活，打断了他力图运作的想象活动，也就是他正在进行的假想，即"让我们来假装"的地方。

　　对小孩来说，建造、安排、编织、搭架、组织这些地方（这里摆一根树枝、那里用一个破杯子），以及找到一小块硬纸板或是意外捡到一个按钮时的振奋，这些寻觅的成果，都与他们对成人世界的依赖感以及

---

* 原文中之 pottering 在此意为"消磨时日"；potting 则是指如在《秘密花园》里一般真地去种植盆栽。此二字的英文字根同为 pot，在此为"栽种"之意，意指当人缺乏实际的花园可以栽种（使关系复苏）时，仍可在自己的心中创造出如同花园般的秘密场所，供个人通过想象，进行栽种，使关系复苏。——译者注

** 弗吉尼亚·伍尔夫（Virginia Woolf）的同名小说《自己的房间》（*A room of one's won*）。——译者注

感到脱离的幸福错觉有关，它也因"偷窃"*的刺激兴奋感而被强化。一种"装大人"却又充满重要感的氛围经常存在于他们身上，一种目标感、忙碌感、地位感以及合作感，因而给了强迫性与创造性的能力。男孩与女孩投入的任务，常与刻板印象一致，大约就是"建造"与"布置"之类的活动。根据外在家务的分配方式，男孩们建造，女孩们服务或供应，这些假扮游戏所展现的活力与热情，可能看起来像是自发性的内在认同和内在关系的表现。然而，他们仍经常可能做出完全相反的表现，能愉快地自由表达性别的角色与功能，能自陈腐的认同模式中解放，这种认同模式是孩子进入青春期时，更具"性觉醒"挣扎的特征。女孩儿们珍视那一段"像个男孩般"时期的记忆，虽然她们在日后可能必须放弃这个醉人的身份。在这个阶段的孩子，常对角色与特权有种确定与安心的感觉，即使其内心具有潜在的困惑，仍意识到有些事情已经"结束"了，这使之与成人世界有一种舒服的联结，但同时又觉得与之（指成人世界）独立。

一心一意想着长大的好处，尽管好不好还是个疑问，对这种文化来说，"温迪小屋"**的各种（不论当代或更有组织的）替代版本，可能会长久持续散发其魅力。"温迪小屋"的世界与《彼得·潘》的世界有相当清楚的相似处。彼得被长大的可能性吓坏了，而误将"角色"当作现实，并认为它是真的："对他来说，假装与真实完全是同一回事"（p.91）。"假装"桌上有提供给"迷途男孩们"的食物，是无法提供真正的思想给他们的。当温迪被要求当孩子们的妈妈时，她回答说："但是你们瞧，我还只是个小女孩，我没有真实的经验。"（p.95）温迪知道只有真正成为妈妈，才能当妈妈。无法跳脱全能投射的彼得，把角色扮演当作现实"活动"。他代表了那些企图逃避成长的痛苦过程的人，逃避从经验中学习

---

* 此指偷窃了成人世界的元素。——译者注

** Wendy House 原为《彼得·潘》故事中，彼得和失落男孩们为温迪在梦幻岛所建的修养小屋。日后以此取材而出现的儿童玩具屋，便称为"温迪小屋"。——译者注

的挑战，逃避认知自己的渺小与无知。有种诱人的替代方案是试图采用"假大人"的心智状态，一种娃娃屋版本的"长大"状态，在这种状态中，外在形式是为了要遮掩内涵的不足（见第八章）。如前述案例，亚当斯太太的生命，便可以这种观点来看待。但是惊恐发作揭露了其专业形象的虚假，否则亚当斯太太可能会保持两度空间的存在方式，而永远无须体验到其表面与内涵之间令人不舒服的悬殊差异。

要在潜伏期中，获得真正的成长与发展，有赖于以下两个要素之间的微妙平衡，一为如何获得面对"地下道"与"大火"的恐惧时所需的技能与知识，二为在获得的过程中，不可让秩序、数量与具体性排挤掉较有想象力的自我品质。因为这部分的自我，将经常要在面对不可抗的内外在需求时，以各种程度的努力，来保持自我发现过程的活力。不期然的莫名忧虑与恐惧症，随时可能冲破井然有序的表象。以学习来认识事物（作为一种智力的模式），不仅在社交上有必要，也对发展有帮助。更令人兴奋的是，可以在良好的状态中，建造一个能涵容较混乱的冲动与焦虑的架构。此刻，那些冲动与焦虑必须相对地保持静默，因为此时人格正在聚积力量，为日后与更骇人与难料的情境再度会面的日子做准备。

—— 注 释 ——

1. 1939年约翰·鲍比（John Bowlby）、艾瑞克·米勒（Eric Miller）和唐纳德·温尼科特（Donald Winnicott），投稿到《英国医学杂志》（*British Medical Journal*），指出疏散政策导致的分离，对孩子们带来的心理威胁。他们认为，如此分离所带来的精神伤害，其危险程度甚至超过了留在市区可能遭受身体伤害的危险。原文参见《英国医学杂志》（1939），9月16日出版，1202—1203页。另见拉斯汀（Rustin and Rustin, M. & M.）（1987）所著之《关于爱与失落：当代儿童小说研究》（Narratives of Love and Loss: Studies in modern children's fiction, London: Verso.）中的《持续性创伤的内在影响：卡立的战争》（Inner implications of extended traumas: Carrie's War）。

2. 亚当斯太太必须将自己防御起来的程度，甚至可以说是"次级皮肤"或"偏执—分裂（paranoid-schizoid）"防御机制（见第四章）；不过，我将这案例放在本章，是因为她的心智功能运作模式，和某些特别僵化的潜伏期孩子的运作模式，有许多共同之处。

3. 我很感谢维基的治疗师提供这个案例，但是尚未能够联络上本人给予正式的告知；如同所有其他的案例，为了避免被辨认出来，案主本名已被置换。

4. 例如在菲利帕·皮尔斯（Phillipa Pearce）的《汤姆的午夜花园》（Tom's Midnight Garden）；怀特（E.B.White）的《夏洛特的网》（Charlotte's Webb）；葆拉·福克斯（Paula Fox）的《一个可能的地方》（A Likely Place）；妮娜·保登（Nina Bawden）的《卡立的战争》（Carrie's War）；琳妮·里德·班克（Lynne Reid Bank）的《魔柜小奇兵》（The Indian in the Cupboard）。

第七章

学 习 模 式

> 神护卫我免于
> 仅止于心的思量
> 唱恒久的歌者
> 在骨髓中思考
>
> ——叶芝（W. B. Yeats）

　　孩子的内在发展与成长能力，与生命早期阶段即已经开始的学习方式息息相关。各种学习模式将视各发展阶段主要的任务或功能，来发挥作用。例如，潜伏期的孩子，可能需要也喜欢在技巧上精进的感觉，同时会大量收集信息。在另一阶段，如青春期，这种学习模式可能会与独立思考时所需的更具想象与创造性的能力相抵触。但是从一个阶段到下个阶段之间，在这种着力点转移的表象下，存在着更根本的差异，那就是叶芝令人印象深刻的字句里所描述的，介于"仅止于心的思量"与"在骨髓中思考"的差异。类似的区别也屡见于比昂的著作中，他感兴趣的是，学习"关于"（learn "about"）事物的种种，与从自我在世界的经验中学习（learn from）之间的差异。

　　因此，在以个人内在或外在成长的一般途径为主题的书中，讨论"学习"的章节实为本书的核心。在此的目标是要区别能强化性格及独立思考能力的思考和认知方式，与促进资质和专业能力的思考方式，后者是衡量外在成功而未能增加内在成长的学习。我们关心的不是社会价值观和优先级，而是关于个人的特定议题，也就是孩子从早年开始即被吸引的各种认同类型。

这个问题可以用最简单的方式来呈现：孩子的"原始认同（primary identifications）"（对外在的重要人物的认同或对这些重要人物的内在表征的认同）是一种黏着式（adhesive）认同、投射性（projective）认同还是内摄性（introjective）认同？当然，认同模式会不断地在这三者之间移动。尽管认同模式会转移、变化，通常仍然可以在任何小孩身上，辨识出其潜在的主导认同模式。而这多于其他模式的主导认同模式，决定了其学习方式是：借由模仿，如鹦鹉学舌般的黏着式学习；或是经由孩子焦虑地企图成为自己所不是的人，而投射式地扮演该角色来学习，甚至感觉自己仿佛就是他人；或者是通过孩子不气馁地追寻理解来学习，此种学习方式是通过与安全的内在自我的互动来达成，而这个内在自我则是衍生自，能将美好及能深思的心智能力加以内摄性认同（introjective identification）的能力。

各种认同方式与隐含其中的学习模式之间的关联相当重要，因为它同时阐明了基本发展过程，也刻画出其特质。接下来，我们要探究不同学习方式的根源与本质，以及当某种模式突出于其他模式时，对人格可能造成的影响。

以下三个治疗中青少年的梦境，可协助定义我们所讨论的各类认同。在第一个例子中，黏着式模式似乎很早就居于主导的位置，且严重地压抑了发展；第二个例子中，过度的投射模式也明显地阻碍了情绪发展；第三个例子则显示早年的黏着与过度投射的倾向转变为较良性的内摄能力，因而带来了丰实人格的结果。

第一个病人约翰是一位名作家之子，他在19岁开始治疗。他的梦呈现出其认同特质，表面看来发展似乎正在进行中，但实际上这样的发展很肤浅，缺乏了真正的内在支持。约翰的原始认同是一种奴隶式观察、模仿与模拟他亲近的人的社交行为与外观，特别是他的父亲。他自述其穿着、谈吐、姿态与行止完全就像他父亲，好像他需要将自己硬塞入父亲的躯壳，紧密贴近；他接收了父母的好恶、生活方式、兴趣以及目标；当想到需要自己独立做决定时，他就会惊慌失措。毫不意外地，治疗开始时他的人格显得相当肤浅，仿佛只有二度空间而缺乏深度。这时候，他处于完全倚赖所依附者的思考和观点的状态。

约翰安然度过了青春中期，他显得成熟，虽然也许过度自我关注，且对他人缺乏真正的感觉。他的行为适应了社会的需求，但代价是牺牲了内在的发展。他未曾有过有意义的友谊或是性关系，独立思考的能力有限，而且是以死背与鹦鹉学舌般左耳进、右耳出的学习方法，走完其教育过程。这种方式使他没有信心能拥有任何属于自己的知识，导致他确实学得的知识也无法对其人格产生持久的影响。他是一个孤僻的青少年，呈现在外的是种欺骗性的稳定外表，而这在整体上使他不太受大人注意；直到他面临因为长大，至少因教育的缘故，而必须开始与家人分离，结果陷入严重抑郁的时候，他才受到注意。他感觉到分离的经验所带来的创伤与破坏，不仅危及自己，也伤害了他被迫要分离的个体（至少他心里是这么认为）。（这时他病态地将心思专注于父亲死亡的想法上。）对抗这种被强行分离的原始感觉，他所采取的防御机制，即是比克（E. Bick）提出的"次级皮肤"防御机制：通过肌肉、感官与声音等方式，从外在来维持人格的完整；这是在婴儿期早期，因缺乏内在安全的精神支持而发展出来的机制（见第四章）。在此案例中，约翰所采取的是肌肉型防御。他是一个闪亮的运动员，承袭父亲昔日之风，但是除此之外，他的其他生活层面就乏善可陈。若要他不以陈腔滥调或惯例来反应，将会引发他强烈的焦虑。

以下的梦摘述了他的困境，重点在于他讨厌将自己暴露于成长的痛苦过程，以及随之而来的分离痛苦与变化的风险中。在梦中，

> 他是一个小孩，凝视着一辆停放在山顶上的哈雷摩托车（此联想紧密联结到他的父亲），背景是色彩缤纷的晚霞。他非常渴望得到摩托车，但他与车之间是一片黑暗的山坡。他必须爬上一条陡峭、下着毛毛雨、充满凶兆的蜿蜒山路，才能抵达山顶。他强烈地感到想要被"提升"*，如此他就可以直接"成为"那部摩托车。

换句话说，约翰渴望能直接成为爸爸，渴望自己能像爸爸一样已经长大，避开吓人且充满危险的青春期过程。他希望躲掉"分离"这件危险差事——他必须经历之后才能成为自己。他的黏着式认同方式使真正的成长受到搁置。他的潜意识渴望是能略过青春期的问题，或者更确切地说是，否认青春期的心智状态，而宁愿以"假成人"的心智状态生活；也就是在成熟成为真正的自我（见第十章），而非借用身份的过程中，否认了青春期的功能。梦里的他仍然是个小孩一事，显示他的学习过程本质，在很早期即已阻碍他发展成为自我，而使他成为父亲的翻版。虽然外表看起来像是"长大了"，他的内在却几乎还没开始成长。

第二个案例中的赛门，在第一次治疗时述说了一个梦境，非常贴切地描写了他的生命困境：外在学业的成功与内在痛苦及情绪空虚感之间的不一致。

> 他在目前从事心理学工作的医院妇产科走道上，遇见了一个粉红多肉的巨大蜗牛。连接在后的空心尾巴里有个巨大的腔室，同学们正在其中堕落地、放荡地、纵欲地玩乐着。"进

---

* 原文 wanting to be "raised up" 是双关语，在此译为"想要被提升（至山顶）"。如果不管上下文而照一般用法来译，则为"想要被拉拔长大"。——译者注

来吧，"他们叫着，"里头很好玩。"他加入了，但是立即就受不了那种性放荡的气氛，又急忙地出来。他沿着走廊逃跑，最后钻进一个讲堂，站上了教授们通常站立的位置，即讲台上投影仪的后方。

这个梦示意出使赛门不快乐的潜在潜意识焦虑，即对于女性性特质、同性恋、亲密关系和假道学的焦虑。为了逃避这些焦虑，他钻入了"投影仪后面"的地方，在那里他可以和聪明的、在学术与地位上高人一等的教授们认同，以躲避他自己不成熟的自我所拥有的危险且具威胁性的意识。他采取了投射的防御来抵挡痛苦的经验，这对其外在的成就很有用处，但却使他的内在欠缺真正支持性的结构。

第三个病人汤姆在长期精神分析过程中，已经开始从原来如约翰般黏着型的心智状态，转变到如赛门所显现的过度投射型的学习及运作模式，且更进一步到了更"成熟"的状态，并能够与他人建立亲密与爱的关系。和赛门一样，汤姆分析过程的第一个梦也充分地描述了他内在的困境：

他正试着在一个少了一面墙的室内网球场打网球。他每次把球抛起要开球时，球就撞到异常低的天花板而提早弹回来，使得他无法打球。

这个梦唤起的似乎是一个婴儿因母亲患有抑郁而遭受挫折的经验，一如后来所得知，他的母亲在他2岁时发病成为精神分裂病患。这个梦显示汤姆的早期经验中，缺少了涵容（少了一面墙），且经历了尝试沟通的绝望。他感受到他的投射过早被挡回（异常低的天花板），仿佛是从妈妈无法接纳的心智表面反弹回来一般，使他无法进入生命游戏中正常的投射与内摄过程。

汤姆后来的梦提供了我们要讨论的第三种认同形式——内摄。它所描述的内在情境，和先前"室内网球场里的自我"的挫折与不安全感非常不同。这个梦指出有个过程已在悄然中发生了，在此过程中，汤姆已能在关系中吸收并运用"思考"与"支持"的能力，这在过去对他来说是不可能发生的。他已经开始由最初的黏着与投射倾向，进步到能较均衡地投射与内摄的状态；他开始参与自己的经验，并为此受苦，而不再逃避到他过早下定论的老毛病中，或是逃到各种便利的不动脑状态，过去他常会这样纵容自己。在这个梦中，

> 他在一幢坚固、盖得很好而且相当漂亮的房子里（和先前不稳而混乱的梦境结构不同）。他似乎和一群朋友在一起，不是以前的酒肉朋友，而是一些他还不熟，但很喜欢的大学朋友。这些朋友似乎对于他们做的事情很认真。其中有一位特别的女人，名字和他的分析师很像，而且经常在外表、态度与气质方面都神似他的分析师。当时气氛是轻松的，他察觉到自己是如此不寻常地没有压力，可以自在地谈话，做他自己。他独自在那栋房子里过夜，他的同伴们似乎已到别处去了。次日早晨，他发现那位年轻女人也在那房子里过了一夜，但他并不知道。他想，如果他早点知道就好了，但是虽然他不知道，想到她都在那里和他在一起，他就已经觉得很棒。

汤姆承认这个涵容的房子较先前梦中的房子坚固多了，而且他能和里面的人物自在共处。但是最重要、最具启发性的是，他描述了那位年轻女士（分析师），不论他是否觉察到她的存在，一直都与他同在；以同伴和"心中"资源的形式存在于内在。他描述她拥有他渴望的、让他感到谦卑的能力，也就是正直、忠诚、助人与友谊的品质。这个梦显示至少在某些时候，他感觉到自己拥有这些能力，感觉到此刻，在他

较为坚固的房子（心智）里有个结构，这和他先前在缺乏任何明显涵容资源下，尝试"展开"生命的室内网球场结构非常不同。

以上援引的三个梦，代表性地描述了本章所讨论的几种不同的认同模式。尽管每个梦都显示了某种主导的特定心智状态，其之间仍具有相当程度的可转变性，一个人可以不断地在不同模式之间转换。这些梦显现了非常明确的学习方式：对约翰与赛门来说，那是早年就存在的；对汤姆来说，那是在分析过程中发展而成的模式。从外在因素来看，不论是从最一般的意义上说，还是通过特殊的认知方式，我们很熟悉对孩子的吸收与学习潜能有负面影响的情绪因素。但我们对于学习能力（learning ability）与学习潜能（learning capacity），也就是"在心里想"与"在骨子里想"之间复杂的互动，则较不熟悉。我们都知道，一个人可能具有习得特别技术的能力，可能是处理数字、文字、计算机、运动、通过考试等等技能，但是有个难解的问题始终存在，简单来说就是这些能力在长时间后，是有助于整体人格发展，也就是所谓的"唱恒久之歌"，抑或是独立于自我之外，或是在以牺牲自我的其他部分为代价之下，发展而成的。

对一个害羞的潜伏期小女孩来说，拥有数学技能对她帮助很大，这可以让她获得肯定，支持她脆弱的自尊；但是在青春期，则可能发现这防御盔甲，开始限制她的情绪发展。她内在自我狂乱且充满想象力的绽放，可能会被一种理性的倾向压抑，也就是想要紧握住能为她赢得认同、给她安全感的事物的倾向。确实，我们将会观察到，这种提早运用智力作为防御机制，以对抗真正的思考的作用方式，通常只有在青春期才会显现出来。在任何年龄，工作都可能成为逃避亲密关系、躲避感受到痛苦与冲突的情感现实的一种方式。

* * *

精神分析师与某些积极的教育学者，长久以来即致力于界定与鼓励孩子们学习潜能的发展，其方法不是去获得狭隘的教育成就和社会认可，而是去丰富个人的创造潜能。世俗的成功与内在发展不必然彼此冲突，但重要的是，在给予喝彩欢迎之前，应先理清这是为谁、为何而追求成功。在历史上，精神分析向来即关心学习与思考的议题，然而在过去数10年，其焦点已大幅转变，思考的理论已经成为当下我们了解个体的核心，即，了解个体的学习与思考跟个体作为完整个人的关系。

概略来说，弗洛伊德认为"思维（thought）"或者"思考的能力（ability to think）"是一个桥梁，联结"感觉到需要"与"采取适当行动来满足它"两者之间令人感到挫折的时间间隔（1911）。反之，克莱茵早期的关切，集中在更广泛与更个人化的孩子教育议题上，也就是关于智力的压抑与情绪障碍对学习的影响。她感兴趣的是，精神分析与教育如何共同促进人格于各层面的成熟发展。她与其朋友暨同事的苏珊·艾萨克斯（Susan Isaacs，创立了位于 Granchester 的 Malting House School，并负责经营了许多年）撰写了论文，讨论智力与创造力如何因为焦虑，还有特别是对性好奇的抑制，而受到潜抑（Klein，1921、1923b、1931；Isaac，1948）。她们的观点是，孩子只能从自身真实的经验中学习，而教育者应该设法支持这些经验而不是去妨碍它。

这些观点的基础概念是，小孩想要认识和了解自己与自己对世界（最初的代表是妈妈的身体）的体验的真相，这个需求是一种如此基本的冲动，它几乎等同于一种"本能"，克莱茵称之为求知冲动（epistemophilic impulse）或本能（instinct）（1928，1931，p.262）。她认为这个本能是源自婴孩想要探索母亲身体内容的渴望，同时提出了由此本能衍生出的两种好奇或渴望，它们存在差异：一种是为了驾驭与控制，因想窥视而需要"知道"，所激发的侵入性好奇；另一种是对理解的启发性渴望，较近似对知识的渴求，为的是成长而非支配。

这些想法引发出许多问题，如"学习（learning）"与"发现（finding out）"能鼓励或压抑成长中的自我到什么程度；学习能否促成真正的心智成长，或是为胆怯的自我提供了防御的道具；本质上学习是否是一种情绪的经验。这些问题成为比昂概念化这些主题时的重要基础，他的思考理论（1962b）使情绪成为精神分析理论的核心。能促进发展的学习（相对于单纯的认知），主要是通过经验而发生，而不是经由知识的累积来产生。比昂指出在特定心智状态下，"拥有"知识会成为学习的替代品。一种"不平等发展的心智法则"经常发生，此时"头脑（brains）"与"深度思考（a deeper kind of thinking）"成反比关系；操控概念（如真相、意义或道德等）的智性能力，与可以真正支持这些概念的情绪潜能（emotional capacity）也成反比的关系。如果知识的获得为的是效能而不是洞识，在精神的经济法则（psychic economy）中，获取知识将变得和拥有物质没什么两样。当此情况发生时，知识将与任何真正追求了解的意图相抵触。此处的关键在于动机：在获得知识的过程中，找寻的是什么，逃避的又是什么。

比昂将各种不同心智功能模式之间的差异用符号表示，"K"即对知识的渴求，"-K"则是一种心智状态，在其中，经验的真正意义被剥夺，知识被视为商品对待，这个商品表面上迷人，但不具持久或可转化的影响力。比昂以母亲与婴孩之间的喂哺关系，作为学习的原型模式，将婴孩的特质与母亲的心智状态或其沉思（reverie）的能力，皆纳入考虑。这些议题可回溯至生命的最早期，它们和焦虑从最初开始是如何发生又如何受到回应有关，同时也与已建立的认同模式种类相关。这些模式最显著的重心，可能会依日后的经验与许多环境因素的影响而产生重大改变，但是重要的模式在这个早年时期即已设下。这些模式可以简单地解释为"源于照顾者与婴孩之间关系的本质与质量"。

比昂提出"K联结"一词，来象征一种母子双方皆可借以在情绪上成长的互相依赖与互惠的关系。正如同有妈妈对话的婴孩，比较能够开始自己说话一样，复杂的心智成长过程也是如此：婴孩摄入"感官印象（sense impressions）"的能力的发展，也和母亲这方面的能力相关联；伴随"感官印象"能力而来的是对外在世界本质与自身经验的觉察。"学习需要仰赖［持续成长的涵容体］拥有维持完整并摆脱僵化的能力。这是个人心智状态的基础，它使个人能保有知识与经验，并在重新诠释过去经验后，能够接收新想法"（1962a, p.93）。比昂认为这种母子之间"涵容者／被涵容者"的关系，代表了学习经验的情绪体现，它将在整个心智发展过程中不断地以不同形式再现，而变得越来越复杂，最终将涵盖所有建立假设的过程以及科学的推论体系（1962a, p.86）。

如我们在第三章所看到的，妈妈涵容婴孩所投射的恐惧（被涵容者）的能力，可使这些原始焦虑变得可处理。当这个早期联结或是母子之间相互沟通的能力受到干扰时，一种相当不一样的过程将会发生，如果发生得太频繁或者规模太大，这个过程将会导致"误解"（以 -K 表示）将胜于"了解"。这种过量的误解是第四章所描述的经验的产物。有时候投射出去的情绪，使母亲感受到强烈的毒性，或者投射本身太强烈，同时（或是）母亲基于某些缘故未能接收；在这种时候，母亲无法了解婴儿的投射，婴儿也体验到其投射的内容遭到强行斥回，同时也体验到"乳房"不理解的方面（non-understanding aspect）（Bion, 1962a, p.96）。

这种会导致"意义剥夺（denuding of meaning）"的情绪，被认为是"嫉羡（envy）"的原始形态。婴儿对于"客体／乳房"拥有他所没有的，抱持着敌视与破坏的感觉。例如他感觉到"乳房"只喂饱自己，却让他饿肚子；或者他觉得"乳房"是好感觉的来源，但是这些感觉却被保留起来，而不是慷慨地给予（见第五章）。这种嫉羡的情绪无法与成长和学习和谐共存，它是一些特殊问题的根源，这些问题在日后（特别是在青春期的阶段）才表现出来，例如强调优越感、对所有的事情找碴，或是讨厌任何"人格上的新发展，仿佛新发展是个竞争对手，需要加以摧毁"（1962a，p.98）。这种**看起来**像是学习的过程，事实上会抑制而不是提升知识。此过程经常带有道德优越感的意味，这也是比昂所认为的"非学习（UNlearning）"的特质之一（1962a, p.98）。

投射的毒性与强度和婴儿对挫折的反应有关，这种挫折在任何需求无法立即被满足的经验中，都会自然发生。假使婴儿／学习者无法忍受挫折，将会产生企图消弭缺席、不确定感及"不知（not knowing）"等痛苦的倾向；其中一种消弭痛苦的方法是更加大量且立即地投射，其强度大到令人觉得自我几乎已全在他人之中，因而产生了一个错觉，即自我与他人，两人之间实无差别。如我们在第五章所见，当"两人（twoness）"的经验不存在时，就不必去感觉分离或嫉羡了，但是同样也没有学习可以发生。比昂提出另外一种避免挫折之痛苦的方法，就是以全能自大的潜意识幻想，取代"思考上挨饿"的恐怖经验。于是"知道"变成是"拥有"某些"片段的知识"（在关于教育议题的政治辩论中，经常有类似的误解，并受到"全才"知识教育模式的支持）。这和"K"的含义大相径庭，"K"是一种能力，存在于复杂而艰辛的"努力去知道（getting to know）"的过程中，并且要有能够忍受无穷尽的感觉（永远还有更多可去知道）及疑惑感（可以有所不知）。

有种特别的全能状态具有一种特质，它源于婴儿与母亲之间缺乏足够的支持与整合的经验，使人倾向于在真相与虚假之间，及对事情在伦理道德上的对与错，不做复杂的辨识，而给予独裁自大的断言。在确定"真相"与获得"道德优越感"之间产生了潜在的冲突。在此情况下，会产生一种倾向，用未经思考的强加断定，来逃避道德冲突与不确定感所带来的痛苦，而这永远会阻碍真正的学习。

有能力忍受挫折的婴儿，能够在所需的乳房缺席时，运用自身的资源，即使这只是短暂的。他能以某种相当于"初期思考（embryonic thought*）"的东西来取代比昂所说的"没有乳房（no-breast）"。也就是说，他靠着自己的资源来渡过难关，照比昂的观点，个体于是由此开展了最早的思考学习机制。这些资源来自曾体验过一位至少可以在某些时候忍受挫折与焦虑的母亲，婴儿从这样的经验中，第一次吸纳了母亲人格中的这种功能。如果婴儿不但没有忍受挫折的能力倾向，也没有经历过母亲适度的"沉思（reverie）"，他会试图用更激烈的方式，来排除身体或情绪系统中任何他感到无法消化或代谢的东西。

在这个早期阶段还有一个学习的阻碍，也是"-K 联结"的一个特色，即在困难的情势下，婴儿的困境在于，他必须收回的不只是自己未经减缓的感觉，还有母亲无法接受投射内容的心智状态。于是婴儿在心中嵌入的，不是一个能了解的客体，而是一个"刻意误解的客体"，并与后者认同（1962b，p.117）。

比昂将这些早年的互动视为思考与学习过程的"范型"。就范型而论，它们使个人或团体的不同学习与思考模式，得以产生基本区分，即一种是有助于人格成长的学习与思考模式，另一种是会阻碍发展的模式，譬如优越感、不诚实或道德主义的模式。关于团体的思考模式我们将在下一章"家庭"里加以讨论，不过，在此可以做一些广泛性的区分。当"K"心态主导时，团体将因新想法或新人的加入而提升，依比昂的说法，此团体气氛"有益于心智健康"（1962a，p.99）。反之，在"-K"心态的支配下，会出现相当不同的运作方式，比昂称之为"说谎团体"，由嫉羡主导。在这类团体中，新想法与新人物的意义会遭到剥夺，任何不是来自内部成员的兴趣或意义，都会使团体觉得受到贬抑，结果是使它不再是个有生趣的团体。许多团体过程中坚持到底的顽固本质，乃是来自对改变的反抗。团体认为"改变"会威胁团体的生存，"改变"置团体于整合人格与功能各个方面的压力之下，但这些方面若能放在他处，

---

* 原文是 embryonic thought，其中 embryonic 的意思是胚胎，以此指代人在生命诞生初期的思考能力。—译者注

由别人或是别的团体来抵挡变化，感觉上会比较自在些。

K 和 -K 在根本上隐含了自我与他人（不论是个人或团体中）的几种不同的联结。个人学习的潜能取决于上述的内在动力外，也视特定时代中的特定家庭或文化环境里主导的学习模式而定。确实，无论什么情况，学习能力将显著地受到执教团体（teaching group）的影响，即该团体是鼓励还是挫败个人的诚实。特别是在教育环境中，创造性思考可能在自卑感与防御心的扰动中逐渐受损，也在朝确定性推进时消失，因为确定感掩蔽了深入未知领域的洞察力。或许我们无须意外，近几世纪来这方面少有改变，如同乔治·艾略特在描述丹尼尔·德龙达（Daniel Deronda）首次抵达剑桥时，理想破灭的情节：

> 但这时候随着他的成长也一起成长的那套老标准出现了。他发现对"理解"与"贯彻"的内在倾向，越来越偏离由考试标准所划定的常轨；后者过度要求记忆力与灵巧度，却对形成重要知识关联的原理毫无洞悉，对此学习方式所带来的令人疲惫的无力感与心力耗损，他感到越来越不满。（Daniel Deronda, p.220）

如前所述，在任何学习情境中所发生的思考方式，都是建立在以母婴关系为原型的学习过程的基础上。个体能够保存多少思考潜能，在相当程度上，端视生命开始时即已潜在的学习本质；也有赖于最早用来对抗精神痛苦的防御机制，这些机制不论是在哪个阶段或年龄，都是生命旅程中必然要遭遇的；一如前述所示，它也建立在主导的认同模式上，这些模式会在企图解决"需求与挫折"及最终的"爱与恨"的冲突中发展出来。我们回到最初的问题上：在痛苦中的婴儿，会试图将痛苦投射给涵容的客体，以此为自我排除痛苦吗？或者，他拥有将经验内摄，以纾缓其内在痛苦的潜能与机会？还有一种认同模式，也就是前面简述的黏着型模式，在描述不同的学习过程时特别明显可见。我们已经指出，这种模式容易在缺乏三度空间的涵容经验时，防御性地发生，取而代之发展出"把自己黏在他人身上"的二度空间模式。缺乏内在结构时，就会感到生存不能没有外在结构；结果是把所感受到的分离痛苦降到最少，但是能产生的学习也很少。此时学习若真能发生，通常是建立在记忆与死背的基础上，这就是约翰的受教育经历的特征。

也许至此，我们才能更清楚地了解，认知与情绪学习及其潜藏的心智状态之间的关系有多复杂。问题并不单在于情绪因素影响了个体思考、学习与了解的容受能力，更重要的是，要真正吸收事物、且运用它们来发展出更真实的"在世界里的自我"所需的容受能力，乃植根于非常早期的生命经验。

这个关于促进成长与阻挠成长的学习方式的问题，将克莱茵对于求知本能的看法与比昂的主张连结起来。比昂主张每个个体都有个潜意识渴望，想要追寻真实经验以了解自我，他相信人基本上是追寻真相的。真实经验在他看来就是心智的食粮（food for the mind），而欺骗的经验则是毒药。就某些方面来说，克莱茵所说的"求知本能"的正面与负面，看起来和比昂论述的 K 与 -K 很类似。克莱茵追溯了存在于生命初期的"知识的获得"与"施虐"和"焦虑"之间密切的关联；她主张求知本能最初，乃是由孩子对探索身边世界本质的急切渴望所致，这里所谓的身边世界，在生命的早期阶段，就是母亲的身体内部；当婴孩感到挫折与匮乏的时候，这种探索的渴望即在潜意识幻想中，由负向的冲动，也许是嫉羡的冲动所启动，而想要破坏、控制，或是通过排除所害怕的竞争者来占有；她认为主要的刺激是受焦虑驱使的窥视好奇心。依克莱茵的观点，婴孩在稍后才开始怀有近似渴望知识的好奇心，而非强迫性地"要知道关于"事情的好奇心；这个渴望是想要去了解自我与他人，去探索在母亲心中的自我；这样的探索乃是通过投射的过程而发生，其目的在于了解而非否定；个体可将探索的发现再内摄，并且用来作为自我认识及进一步了解外在世界的素材。第一种探究会严重地抵触真正的学习，它会促成将知识视为是可"拥有"的东西的心态，且通常是为了野心、敌对、竞争与自私的目的而占有。如我们在赛门的案例子中所见，这种学习方式带有许多隐藏的危险，因为它会搅动因欺瞒而产生的恐惧，并且，举例来说，因害怕其内在能力不及其得到的外在肯定，而在成功之际引发危机。

＊ ＊ ＊

几个简短的案例传达出清楚辨识以下二者的重要性，一是实际发生中的学习能力如何，二是此学习能力对人格的确切功能，而这些都和其潜在的动机与目标有关。这些案例各有其独特性，但是它们并不专属于特定年龄层，它们可以代表此处讨论的几种学习方式中可辨识的方面，不论所描述的小孩或青年们所处的真正发展阶段为何。

2岁半的苏珊，一直辛苦努力地忍受弟弟洛伊的存在。气质上，相对于洛伊轻松随和的性情，苏姗显得脆弱与神经质。在洛伊出生后，她与妈妈的关系即变得不稳定，甚至是狂暴的，她明显地变得与爱读书的爸爸更亲近，而爸爸也乐见女儿表现出早熟的智力与对他的喜爱。这一天，苏珊很难忍住不让自己去介入或阻碍洛伊想做的任何事情，她不断地用优越的表现，特别是手的灵巧度，来抢洛伊的风头。洛伊对姐姐轻蔑的评语不为所动，依然故我地自行其是。看着苏珊一再破坏洛伊要将不同形状的积木放入适当洞口的尝试，妈妈越看越恼火，于是严厉地警告说：如果苏珊继续这样子，下午茶就没有果冻可吃。苏珊略微颓丧了一会儿，就马上转向爸爸，问可不可以"玩学校的游戏"。她坐在假想的书桌前，爸爸一边问她一些问题。以一位偶尔在旁的观察员的观点看，对如此年幼的小孩来说，这些问题的知识水平高得惊人，如："总理的名字是什么？""英国国旗是什么图样？"等。苏珊完美地回答了大部分的问题，令爸爸极为欣慰。不过当她答错时，她则变得极度懊丧，并且吵闹地挑战爸爸的正直。

这个简单的事件经过，非常清楚地描述了苏珊需要获得智能技巧，好帮助她对抗被迷人的弟弟取代的感觉；她寻求实际的知识来强化她的自信，使她能在潜意识幻想中，赢得爸爸对这个聪明小女儿的青睐，而这样做，也许可以说服她自己相信：当爸爸最喜爱的知识伙伴，比起拥有妈妈对"小婴儿"需求的注意要好得多。她靠着"贪婪地搜集事实信息"来缓和她对曾经拥有的那个特别位置的渴望，也就是当妈妈唯一的小孩；对于聪明的爸爸的示好虽然可能暂时有效，最终只是一层薄薄的保护膜，用来保护她受伤且遭取代的自我的痛苦感受。这里有个可被看出的危机，即她的父母可能会从苏珊的"大女孩自我"中得到乐趣及智性上的满足，如此一来，苏珊的"婴儿自我"将会被忽略，而不是被了解，而被了解可以帮助苏珊把这些婴孩的感觉整合，自己是一个"真实（true）"的人，而不是一个"表演（performing）"者（如我们在第五章尼克的例子中所见的）。

* * *

心智表现（mental performance）经常被误认等同于心理健康（mental health），隐藏在认知功能下的绝望感受，往往会在社会与教育情境的喝彩声中受到忽视。两位成就优异的少女被转介来做心理治疗：桑德拉聪明能干，但是厌食且不说话；克莱尔赢得了剑桥的奖学金，但是经常陷入一阵阵的哭泣与难以理解的痛苦中。这两位既聪明又苦恼的女孩在大约5岁时，都经历了重大的失落之苦；桑德拉的父母在当时分居，而克莱尔的弟弟死于脑膜炎。两对父母亲都描述他们的女儿在当时是何等乖巧，且对她们现在竟然如此痛苦感到震惊。不意外地，很快我们就发现，桑德拉和克莱尔都在学业成就中寻求庇护，借此躲避令人难以忍受的悲伤。两位都各自设法通过智能成就来"处理好自己的悲恸",以免让父母承受更多的痛苦。她们潜意识里的愤怒、罪恶感与狂热,乃至"胜利",都在为社会所容许的竞争与成就范畴中"受到照顾"。而其代价便是牺牲人格整合的机会,亦即将她们当时所不能忍受的自我人格方面,整合至其人格中。她们各自都感到自己必须将这些危险的干扰性情绪抛开,并归咎于他处(两个案例恰巧都归咎给麻烦又顽强的弟妹)。

* * *

在描述"自负地封闭于某种心态中"和"能与所有平凡人类的存在建立关联"这两者的差别时,乔治·艾略特捕捉到本章所讨论的不同心智状态之间的对比:

> 处在所谓高度教养,但不可享受的状态,只能说这是个局促不安的命运吧:在生命的伟大场景中躬逢其盛,却永不能从瘦小、饥饿、颤抖的自我中解放出来,永远不能迷恋于我们看见的荣耀,永远不能让我们的意识在狂喜中化成思绪的鲜活、激情的热忱及行动的能量,而要永远博学而无趣、野心又胆小、认真谨慎却目光短浅。(Middlemarch, p.314)

能促进人格成长的学习方式,会使人以热情、诚恳的态度来体验生命,即使过程是痛苦的。这种学习鼓励改变,因为改变激发成长,并且支持一个人为自己思考,从而成为更真挚的自己。

追寻这种学习经验的容受能力可能时强时弱,或是偶尔才发生。此容受能力根源于生命最早期的占主导的认同模式的本质,但是它在日后也对内在动机与社会期许之间的复杂关系相当敏感。如前述的几个案例所示,"博学而无趣、野心又胆小"的学习模式与能激发抱负与更多努力的学习模式，可能会不停地转换。

第八章

家　庭

> 精神分析的经验显示了，性格深受个人所偏好的学习模式影响，而个人所偏好的学习模式又深受养育他的家庭模式及家庭组织的状态影响。
>
> ——唐纳德·梅尔泽

前一章中，相当多的重点放在母婴关系的本质，以它作为特定思考与学习能力的原型，或是无法达成此经验的原型。随着孩子的成长，最早由母亲提供的涵容将会延伸到父母亲、家庭、学校、同伴关系、广阔的生活圈，最终扩及专业与工作领域。现在，我们可以用类似于讨论母亲和婴儿有关议题的方式，来审视"家庭团体"发挥功能的方式，亦即：团体如何促进或阻碍其个别成员的成长？

在此，"家庭"是一个宽泛的范围，意指养育孩子的滋养性团体或团体群。家庭可能是两人的团体，如单亲与一个小孩，也可能包含孩子与新的父母、半血缘或无血缘手足的多重关系。问题在于要如何描述团体（不论是复杂或单纯的团体）成员们的主要联结方式。我们将尝试依家庭如何阻碍或促进其成员的情绪成长，来描绘各种可能的家庭形态的特征。所关切的问题永远是团体的组成是否能涵容与支持，或者是否压抑了发展的潜能以及孩子朝向分离的努力。当然，人们在广泛的社会与政治情势中受启发或压制的状态，也与每个家庭的发展有密切的关系：包括种族、阶层、经济、健康、居住环境、孤立、工作、朋友、学校等种种问题。对于要在家庭成员间相互纠缠且不断改变的关系中，使家庭功能保持平衡，这些问题扮演了重要角色；然而，不论外在环境的压力为何，面对及处理压力的方式大幅取决于家庭内部功能运作的方式。举例来说，不论外在环境为何，一个家庭可以让自己偏执于痛苦与逆境，也可反之，让自己专注于愉快感、希望及幸福的提升上，这一切端视家庭本身的运作倾向。

本章后段将引介一个特殊的观念框架，它为精神分析观点下家庭生活的复杂性提供了新的线索，且有别于社会学观点。其重点将放在内部动力上，因为此动力不仅说明了家庭关系的质量，也对此质量有决定性影响。这些动力乃源自担任主要亲职责任的个人或多人所表现的主要情绪功能。这些功能包括："产生爱；散播恨；提升希望；种下绝望；涵容压抑的痛苦；散发被迫害的焦虑；思考；制造谎言与困惑"（Harris and Meltzer, 1986, p.154）。

这些情绪分类项目并不完备，但是它们确实提供了一个有用的思考模式，并且涵盖了广泛的家庭文化，而家庭文化是每个孩子在努力长大的过程中都要面对的。不用进入各个情绪分类项目的详细内容，仍可以和前面已描述过的各种学习方式进行联结。关键议题将和那些已经讨论过的议题极为类似。这些议题主要关系到：成人与婴儿心智状态之间的关系、可获得涵容的程度、从早年就已经开始的认同过程的种类。如前所述，变迁是一个恒常存在的因子，任何对这些生命过程的概要性叙述，都必须将此纳入考虑。

对于家庭动力的概述，可以为情绪功能与学习模式提供一组更特定的联结。个体一出生即进入了家庭制度中。由于以下的讨论主要是关于双亲家庭，也许必须强调的是，不论亲生父母在小孩诞生时是否都在场，双亲在孩子受孕时确实是在一起的。不论实际事件的复杂度是如何，母亲仍会持续地与存在于婴儿的血缘与生命中的"父亲元素"维持内在（如果没有外在的话）关联。

在传统的情境里，孩子诞生时，原为夫妻关系中的主要动力元素（虽然此关系本身已受到夫妻各自内在父母形象的影响），在此刻成为外在现实的一部分。于是这个组织在此时已是其他多重关系的复合体，包括母亲与她的内在与外在家庭、父亲与他的内在与外在家庭。这是个相当简单的陈述，然而就一个家庭的形成与成熟过程来说，孩子的诞生必须被视为一个特殊事件，它标志了一种动力的开始，此动力将为这家庭的未来，带来持续且特定的关系模式。随着诞生（或事实上也许从受孕开始），三角关系即已存在，它可能已经是某个内在三角关系或者是夫妻间共有的潜意识幻想的一部分。现在它成为一个可见的三角关系，而不只是内在的，于是为这个初尝为人父母的喜悦与联结，带来了诸多可能发生的问题：例如排挤、边缘化、嫉妒与竞争等问题。因此可说在无限收获的同时，也有一种失落感。

从夫妻过渡到家庭所带来的改变，可能会启动父母互动之间不曾经验过的在关系联结上的竞争方面。孩子的诞生不仅可引发父母心中有关照顾、奉献、保护、深爱的种种感觉，也会激发相当童稚、可能是敌意与依赖的感觉。身强体壮的成人和软弱无助的婴孩之间所存在的明显不对称，在感觉上可能比外表所显现的更复杂些。因为婴儿除了具有真实的无助感外，其情绪状态也给成人带来了巨大冲击；而母亲除了成熟敏锐的反应之外，也有其他被激起的不确定和矛盾感。母亲早期复杂的反应可能因而被唤起，这些反应乃深植于她和自己母亲的关系。对这些情绪她可能有相当强烈的感受，以致有时也觉得自己像个无助的婴儿。[1]

随着时间的进展，这些互动的特殊方面，包括父母之间以及亲子之间的互动，皆可能有特别的影响。例如，婴儿的情绪与行为，在父母之间所唤起的焦虑程度并不相同。母亲们各有不同的能力，以涵容焦虑与压力，并觉察自己的需要与婴儿的需要之间的异同处；同样地，父亲们也各有其能力以涵容婴儿的心智状态，他们对强烈的母婴关系的接受能力也将首次受到检验。即使只是短暂的，对于被这新的"原始配偶"遗漏在外而产生的愤恨，无论这只是一种感受或真为如此，都很可能再度引发被排挤的感觉。父母各自对此情境的反应，将深受其原生家庭过去的动力、目前正在进行的动力以及未来将会发生的动力所影响；这些动力的根源都是在早年的家庭生活中建立起来的。

一个早年关系中未解决的困难，有可能要在一些时日、甚至数年之后，通常是在受到某种再发的压力冲击之下，才会在家庭中显现出来。下面的例子我们看到的是进入青春期而产生的压力。威里斯一家对其14岁的独子——安德鲁——的暴力行为，越来越感到困扰。这一家前来讨论他们对于安德鲁对妈妈过度攻击行为的担心。他们的婚姻关系也存在着冲突，此冲突因为母子间的对立敌视以及父子间特别的亲密联结而强化了。

原来威里斯太太怀孕与生下这个孩子的时候，她的自我形象与自信极度地低落。有两个主要的因素加深了她的痛苦：她与先生的性关系长期以来带给她肉体的痛苦，此外，在她怀孕不久之前，她曾动手术拿掉了一个罕见囊肿（类表皮囊肿*），这种囊肿含有一些毛发、腺体和指甲，这些令她感到恶心。当孩子生下的时候，她觉得这小孩既恐怖又完美，她无法容许自己相信这个儿子真的是一个普通、正常、可爱的小男孩，而不是那个她以为自己会生下的怪物。她希望将"好婴儿"给她的先生"保管"，而且她确实让孩子的父亲承担大部分照顾安德鲁的责任，她则将"坏小孩"留给自己"看管"。并不令人意外的是，婴儿和母亲的关系变得非常麻烦，不断地受到破坏，这种破坏似乎源自威里斯太太对自己"坏的"与"嫌恶"部分的恐惧，因为她无法将这恐惧与她对小孩的感觉分开来。

---

* dermatoid cyst，应是指"畸胎瘤（teratoma）"。——译者注

第八章 家庭

　　源自威里斯太太的焦虑与婚姻问题的"怪物／圣人"分裂状态，在日后男孩的真实人格与行为上所表现出来的程度相当惊人，也成为治疗工作的焦点。安德鲁的发展所经历的过程，不仅与家庭的困难相呼应，也是这些困难的部分成因，特别是妈妈对于拥有畸形儿的恐惧，这个"畸形"现在是以安德鲁的混乱、捣乱行为来呈现的（见第二章）。

　　这个痛苦且很戏剧化的例子，呈现出一种极端的"动力"，此动力在比较寻常的家庭互动中，是很容易辨识出来的。也就是说，一个家庭成员如何体验自己、有何行为举止，与其他家庭成员、双亲或整个家庭的内在状态息息相关。有时候我们会发现一个人所表现出的特定人格特质，从很早开始就多少经由潜意识过程，与团体（家庭）勾结，并被其指派和决定。

　　家庭本身在某个层次上，可能清楚地感受到这些"指派角色"在发威，并为之所困扰，却可能不知道它们来自何处。事实上，在治疗中我们常发现家庭中所呈现出来的角色，经常以各种方式被当作症状来呈现，尤其是当角色存在于孩子身上的时候。换句话说，他被视为是家中的"问题"而被带来治疗，希望可以将问题移除或治愈，例如：成就不理想的孩子、有恐惧症的青少年、啼哭不止的婴儿等等。两极化以及过度简化的说法也很常见："她是个安静的绵羊，他是个吵闹的捣蛋鬼""他表现出色，她一点都不努力"。这些观感通常描述了家人对孩子人格所抱持的固定看法，但这些最终可能代表了隐藏在家庭关系组织中的差异与分歧，因为个体的功能和与团体的功能是无法简单地分割的。通过精神分析工作，我们已经理清有关家庭的以下方面：个体的困难面如何在家庭团体中找到表达的方式，以及家庭团体的困难面如何在个体成员上找到呈现的方式；通过将家庭本身视为某种精神整体，则潜藏于这些角色扮演与归因的复杂纠结下的潜意识过程，可能变得较为清楚。

　　我们已经知道在生命的最早期，在焦虑的心智状态下，一个人会以极端的方式来体验自己与他人（最早是哺乳的母亲），不是极好就是极坏。在早年的心智状态中，分裂（splitting）被认为是必要的，为的是要保有整体性，或保有自我与他人的统整感；也就是说，任何一方的某些方面，不论原因为何，若是无法被接受，则必须要将其放置于意识可觉察的范围之外。同样地，在家庭中，通过将好品质归诸一位家庭成员，将坏品质归因于另一位成员，便可能维持个体的、婚姻关系的或整个团体的统整感。譬如，为了要体验自己是包容与负责的，父母亲或团体可能必须将自己暴愤怒与失职的念头从自身分离开来，投射到某个家庭成员身上，此人于是成为所谓的问题人物。在某些案例中，许多指责不论多么令人不悦且具有潜在的破坏性，仍可能相当直接而蓄意。然而常常发生的是，某个小孩体现了特定的父母特质，以及（或是）家庭中尚未表面化的冲突，而这些仅在暗地里且通常是潜意识地通过那个不幸的孩子呈现出来。爱德华·阿尔比（Edward Albee）的剧作《谁怕弗吉尼亚·伍尔夫?》*（Who's Afraid of Virginia Woolf）所探讨的便是这个过程。在剧中夫妻俩的不满、愤恨、苦楚与能力不足都从自身分裂，并投射到一个甚至根本就不存在的孩子身上。如果在治疗情境中看到这些分裂，可以使潜在的焦虑（不管是关于分离、失败、敌意、恐惧或甚至是疯狂），都能在相对安全的情况下得到表达和理解，个体识别了自己的投射并自己为之负责，这些投射被个体安放于适当的位置，而不再被寄宿于其他团体或个体中。²

　　无可避免地，良性或恶性的归因或多或少，总会不断在家庭中产生，且多是基于这几类的潜意识认同。任何家庭排解这一切的方法，自然是极度地复杂。但一般而言，当父母的投射越持续与强烈，孩子越有接收这些投射的危险，并且内摄性认同父母眼中的他，而牺牲了自己真正的自我认同。同样地，父母若是蒙受孩子持续不间断的指控，例如

---

* 又译作《灵欲春宵》。——译者注

"忽视"或"不称职",则会开始认同于这些指控,便会对自己作为父母的能力丧失了信心,甚至开始表现出无知与无能的言行。

* * *

这些过程可以用相当立即且短暂的方式运作,经常通过暂时性的焦虑、挑战、试验和其他各种方式来呈现。但是它们也会以较长期且具破坏性的方式来运作,相关的个体将受限于他们被指称的人格特质,因而严重地影响并扭曲他们的发展。例如契尔腾一家,契尔腾太太和儿子彼得的关系相当亲密、充满关爱,然而他的粗暴与反叛行为却使他与父亲争战不休,他在学校的表现太差更是争议焦点。彼得表面上虽然好战,却因为自己老是成为批评的靶子而感到颓丧,因此很快丧失了所有自尊。契尔腾太太在意识上并不认同父子间的紧张关系,并为此感到苦恼,但又同时显得从中获得了某些满足。她那想与丈夫议论,但却感到挫折的渴望,借由反叛的儿子获得了满足;甚至通过丈夫,她与自己父亲在过去未了的宿怨得以平息。因为契尔腾太太在她所选择的丈夫身上,发现他在许多重要方面与自己的父亲很类似,而她与丈夫冷漠敌视的关系已持续多年。她对这两个男人都无法公开挑衅。去处理真正的问题所在,也就是婚姻关系,则令人在潜意识里觉得会面临爆炸式的危险。

从迪恩家的案例,可以看到这些机制不仅能够跨代,也能在同代间运作。在这个家庭中,玛丽被视为是迷人、成功、受欢迎、心地善良的孩子;而克理斯多夫则是那个难相处、孤僻、脾气坏、成就低的孩子。这些在早年即已在暗中建立的对比,随时间逐渐受到强化:所有好的特质都授予了出众的玛丽;所有的坏特质则归诸失败的克理斯多夫。这样的过程对两个孩子都有害,因为两人人格的另一面都不曾被认识,致使玛丽无法承认自己的不足,克理斯多夫无法看见自己的优点。

由契尔腾与迪恩两个家庭的案例可见，在潜意识中维系家庭紧张的平衡状态的是分裂与投射的机制，当此机制失效时，问题就出现了。不仅具破坏性的感觉与冲动，就连正向的，甚至是夸大的好特质，也会被分配到家庭个别的成员身上，而使这些特质过度或不足地在个体身上表现出来。在这些例子中，投射性认同的功能显然主要是用来防御，并隐藏双亲自身未能克服的焦虑、需求与受压抑的感觉。经年累月，这些孩子对自己的体验是一种复杂的组合：包括父母看待他们的方式；每个孩子自己的性向、冲动与焦虑，及其不同的童年情境等。

家庭的内在问题如何成为个人的内在问题，而个人的内在问题又如何在家庭中表现出来？我们可以通过玛丽与克理斯多夫的家庭背景与早年经验，对此加以追寻探讨。玛丽与克理斯多夫的双亲在大战发生时才刚结婚。他们的母亲迪恩太太有一个悲惨的童年，而且已习惯于顺从母亲强加于己的情绪剥夺，因为她的母亲或许也受害于自己极不愉快的过去，而变得有些善妒并具有暴力倾向。迪恩太太曾决心要努力不让自己的孩子重蹈覆辙；她的先生也经历了经济与亲情皆匮乏的童年，但并未因此被吓到，他成为一个领奖学金的孩子，并且很早就停止对家庭亲情与同伴友谊的期待，借此补偿了无法从"本质善良，但是过分忙碌"的父母身上得到的关注。

克理斯多夫是他们的第一个小孩，而且是在德军空袭时诞生；当时迪恩先生已从军作战去了，新婚妻子则孤单地与小婴儿一起留在遭炮弹空袭的伦敦市区；战争近尾声时，第二个小孩玛丽诞生了。在母亲分娩时，克理斯多夫被送往一处陌生的育婴之家。10天后回家时，他仿佛变成了一团裹满嫉妒、怒火的风暴，永不原谅妹妹的出生，也不原谅父母亲，尤其是妈妈，因为她背叛了他。他的怒火持续燃烧未有稍减，直到父母亲无力控制他持续的恐吓与不良行为，绝望之下，纵使家庭经济拮据，也只得在他7岁时将他送到寄宿学校。他们相信英国的教育机构能提供他所需要的教养环境。他们对于涵容与约束之间、理解领会的家庭结构与压抑的家庭结构之间的关系所知甚少，更未察觉到在学校放假期间他对妹妹越来越凶猛的攻击。稍后他们发现，她已经被恐吓到不敢吭声，不仅屈服于他的胁迫，并受到克理斯多夫和他在本地帮派的同伙的支配。就父母所知，玛丽是快乐的，表现卓越，受朋友喜爱；她的哥哥则是不快乐的、孤僻的、麻烦的，而且一无是处。两个孩子都和会欺凌别人的人结婚了，且两人的婚姻都失败了。

这段陈述呈现出一些有趣的元素。克理斯多夫的问题不是在妹妹出生时开始的。妈妈曾对玛丽述说哥哥一出生就是个难带的婴儿，而她在战火摧残的伦敦，在既无经验也无支持的情况下，独自一人照顾这个第一胎，她感到非常无力。她回想过去即使当他还是个小男孩时，他也不曾寻求任何情绪接触，从来不想被拥抱或爱抚，似乎也不曾想念过她；在妈妈的眼中，他总是"极度地独立"。和一开始似乎就是完美婴儿的玛丽相较，真是天壤之别。"他是陌生的小家伙，但我第一眼看见你，就觉得与你非常贴近"，玛丽说母亲曾这样告诉过她。

在迪恩家，尽管父母相当勇敢地与困境斗争，父母的困境依然在他们对待两个孩子的两极化态度中表达出来。基于情势与情绪上的理由，两人都不曾有机会去解决自己的困难，这些困难则以讽刺夸张的版本，在日后呈现于克理斯多夫与玛丽的生命中。命运从生命开始的片刻起便左右着人生，挫折、生气、攻击、虐待和害怕的感觉，在某种程度上，将不可避免地出现在每个孩子的养育过程。家庭中，如果父母或其中一方，既不能忍受焦虑与恐惧的精神痛苦，也无法忍受这些情绪的表达方式（也就是生气），那么婴儿或小孩可能得自行与他的情绪苦斗，而且这些情绪可能不仅未能被缓和，更糟的是，假使父母的愤怒与不胜任感又被推回到受惊的孩子心里，这些情绪还会被强化（见第四章）。

在此困境中，孩子有许多选择：切断与人的关系，发展出假性独立，因为太害怕而无法去寻找他所需要的反应，也害怕找不到；或是尝试更激烈方式的投射，如同用头去撞一堵感觉上的心理砖墙；或是分裂他的感觉，好的感觉放在一个关系中，坏的感觉放在别的地方。后者的过程，就像在家中"纯真善良"的小孩，到了学校就变成"恐怖分子"，或是一个小孩保有"好孩子"的形象，让另一个孩子被牺牲成为"坏孩子"，一如玛丽与克理斯多夫的例子。当大人（不论是双亲之一或是日后的老师）无法涵容并缓和孩子持续朝他投射的不悦与破坏感时，孩子往往会相信此人已经成为攻击冲动的化身。这个小孩会因此内化这个迫害性和罪恶的人物，感觉这个人不断地挑战与威胁自己任何善意或好的感觉。之后这个小孩可能又会试图强迫他人怀抱此人物，或迫使他人感受被迫与此人物在一起的感觉，借此设法摆脱这个人物。这是欺凌冲动的来源之一。[3]

视家庭中内在父母与外在父母的品质，上述各种分裂与投射也可通过其他过程来取得平衡，在这些过程中，父母亲涵容孩子的心智状态、消化其痛苦、缓和其难受感觉的能力，得到延续。不论家庭处于发展过程的哪个阶段，父母亲的功能仍保有早期心智状态中会思考的母亲的特点：这是一种特殊能力，是潜意识以及意识上的容受能力（receptiveness），需要的是对自己的婴儿期感觉有所节制和认识的能力，以及依照个别孩子的生命脉络来与他建立关系的能力（见第三章）。

父母亲若能维持代与代之间的界线，并且可以涵容对方以及孩子对自己的依赖与需求，他们彼此之间便能发展出联合能力（joint capacities），以帮助孩子发展出同样的力量。通过内化这种成人父母的功能，孩子们也能够找到"成为自己"的自由，不会过度遭到他人的期望与焦虑的侵犯。如此他们才有可能拥有自己的经验，并从中学习，而不是成为他人投射出来的思想与感觉的接收者，因为投射出来的思想与感觉会干扰"成长"的过程。父母的涵容与节制的能力，将可使心智与情绪状态通过具有沟通功能的投射呈现出来，避免过度危害的投射，而造成如上述家庭所面临的生活困境。

在探讨能支撑与帮助家庭成员情绪成长与发展的家庭种类时，着重的是家庭的能力、特质与功能，而不是刻板印象中的角色；从这点来看，即使单亲也可能在自我中包含并且结合各种人格特质——韧性、力量与正直等——而营造运作良好的双亲家庭所具有的家庭气氛。这些能力的结合（不论是由双亲共同提供或是由单亲所拥有），对于促进最可能符合内在与外在需求的情绪上或认知上的学习过程，最有帮助。如前面所见，这种学习乃根源于单亲或双亲能够产生爱、给予希望、涵容痛苦，并且根源于能够"思考"的家庭文化。不论双亲是否确实存在，这种文化为孩子提供了父母亲内在功能中因结合而产生的创造能力。

从表面看来，这种显然能促进孩子发展的家庭，或许很难和所谓的"娃娃屋家庭（the doll's house family）"区别开来。以讽刺夸张的方式来说，后者的父母可能过度重视尊重、安全与顺从的目标。这些目标，经常起因于"内在"尚未准备好扛起真正做父母亲的责任前，就开始观察与模仿父母的角色。也许所有父母多少都会关心社会地位、成就等外在压力，但是真正的问题出现在：当这些议题成为唯一受到关切的事情时，或是当它们受到关切这一事实被否认时。这两种情况中的父母，都可能对孩子的真正性格相当盲目。要容忍孩子可能在事实上与其殷切期盼的模样有某种程度的差异，永远是困难的；对于孩子的需求与期望保持敏锐的基础，在于承担失落与分离的成熟能力，而不在于幼稚地模仿"当父母"的模样。

过于重视社会地位与成就的家庭，通常会在经济与社会方面获得可观的成功，但是小孩可能会因此付出无形的个人代价。例如，他们可能得面对适应家庭风气的强大压力：要做得好、表现好、有成就、不要惹麻烦等；家庭中可能持续存在着将挫折视同灾难，把小失败视为大不幸的潜藏危机。适当地活在"客观世界（the World of Circumstances）"中对这种家庭中的孩子来说，并非一项容易的选择，除非他们找到外在支持来帮助他们突破束缚、获得自由，并且尝试以他们自己的方式，而不是以父母的方式来做事。

其他任何广泛且较负向的情绪功能（种下沮丧、传播愤恨、扩散焦虑、制造谎言与困惑），很可能成为上述以分裂与投射为主要模式的家庭文化的基础。在诸多可能存在的"结构性"分裂种类中，其中几种简述如下：刻板的性别角色分裂，可能导致某一家庭由父权或母权主导，父母各自鼓励孩子在不利于另一方的状态下，与父权或母权联盟，或对其屈服。又或许，分裂发生在两代之间，例如教养孩子的基础系建立在批评与排斥自己的父母为人父母的作为上。在这种情况下，父母的教养方式倾向于依据一般养育子女的想法而为，而不是依据对个别孩子特殊的需要与焦虑的理解而定。

分裂也有可能发生于家庭与外在世界之间；因为乖僻、受迫害或不满，而使家庭与邻居或社区对立，因而产生分裂，此时便会弥漫着一股掠夺的、拾人残秽、占便宜及耀武扬威的气氛。这种家庭经常对他人的动机深深怀疑，特别是对所谓的专业照顾者，不论是社会福利单位或是提供教育者皆然。对这群人来说，思考、计划、教养及涵容痛苦等内摄性功能，往往只有最低限度。这种家庭的运作特征是以投射模式挑拨愤恨、播下绝望种子，其结果是在思考前就先行动。这种行动主要发生在家庭与外在世界之间，但是也可能成为家庭生活中难以驾驭的问题。此时，处在社会权势等级下方的人便会受到他上面之人的迫害。

这些不幸案例所面对的议题通常不在于父母意识上的意图，而在于其潜意识中的内在容受力（internal capacity）的脆弱性；即使是"最善意"的父母可能仍然会痛苦与惊愕地发现，其子女若不是在重演父母自己的历史或隐藏的自我，就是通过某种神秘难解但又可辨认的方式，与父母自己的经验模式链接，因而受苦。而这些模式似乎是无可避免或无法改变的。

以上虽是总括性的描述，但也传递了这些广泛的家庭文化，在限制而非培养孩子的创造潜能，使他定型于这种存在状态时，所施加的力量。家庭还有许多议题要面对：有些家庭对于"邻居会说什么"的关切远胜于原则问题，或是阻碍了对愉快或痛苦的敏锐、有效表达；有些家庭"你高兴就好，我无所谓"的态度，又与想私下较劲和关切的做法表里不一，而孩子都看在眼里；有些家庭则以明显固执且坚不可摧的优越感，总是自以为是的态度，来掩饰弥漫于家中对"无能"的恐惧感；有些家庭则是无法从经济或生理上的挫折复原，而长期处于被打击与被欺凌的状态。

多数家庭偶尔会以上述的一种或所有的方式运作。但是此处所强调的是由哈里斯与梅尔泽所描述的主要潜在模式，而不是暂时性的表征。每一种家庭态度都见证了一种共通的困境，即在整合好与坏的各种不同经验，以及在忍受与消化这些方面，使诚实与整合的能力能在过程中充实团体内外的关系时，都会面对的困境。困难的家庭情境在某种程度上会压抑但是未必会决定孩子的发展；因为，在环境支持下，孩子自身的韧性（resilience）与资质（disposition）有时可以找到一种方式来保存存在于自我中的能力，通过这样的能力帮助他度过家庭的逆境，而且能在必要时让自己从恶劣的家庭影响中脱离，而不需强烈地排斥困境。

比较幸运的人，其家庭中的父母有能力承认并且平衡家中所存在的建设性和破坏性力量，借此延续希望，使孩子能在其可承受的范围内受苦，并了解某种程度的焦虑对于成长是必要的；孩子们将可因此而发展出勇气、自信以及对自己与父母的尊重，并从这些能力中衍生出"活力"，以及对知识、真理与理解的渴望。

注 释

1. 于附录中描述的原版俄狄浦斯神话，极为清晰地呈现出家庭内在动力的本质，此动力（如果没有被修饰的话）一代传一代，反复上演。

2. 进一步理清这些过程，见 Graham, R. (1998) "In the Heat of the Moment: Psychoanalytic work with families", in Anderson, R. and Dartington, A. (eds), *Facing it Out: Clinical perspectives on adolescent disturbance*, London: Duckworth.

3. 进一步理清这些过程，见 Waddell, M. (1998) *The Scapegoat*, in Anderson, R. and Dartington, op. cit.

第九章

青春期及青少年早期

> 天晓得，那些不谙世故的焦躁
> 终究也有消逝的时候……
>
> ——普希金（Pushkin）

除了在母亲子宫的孕育期外，身体在青春期变化的速度比在生命其他阶段都来得快，如此剧烈的身体变化自然也会引发心理上的剧变。潜伏期晚期（10～11岁）与青春期早期（12～13岁）心智状态的分界相当错综复杂，而且此分界与生理变化之间，不必然像一般所认知的那样具有密切关系。青春期的生理变化通常发生得比情绪变化早，特别是女孩子，许多女孩在10岁，甚至9岁就开始出现月经及第二性征了。传统上，人们觉得生理与心理的变化是同时发生的。但现在，人们开始区分因身体变化而展开的青春期，以及因心理和情绪在心智状态中的变化，而在心理上呈现出的生命阶段过渡期。生理上有能力可以怀孕生小孩，和心理上是否准备好要交男朋友，是完全不同的两回事。因此，尽管统计上及按时间顺序来看，青春期一般都是界定在12～15岁之间；然而，去了解心理—性变化（psycho-sexual change）的"精神"层面（"psychic" part）是否在整个人格发展进程上有其定位，或者根本找不到此心理—性变化，这是截然不同的事。因为这是关于心智状态，也是关于发展阶段的问题。

要能明确地或大致地将青春期（puberty）与青少年期（adolescence）区分开来就更困难了。在本质上这两者是不可分的，因为青少年期的本质与进程正是环绕着青春期的剧变而生。青少年期可以狭义地定义为，孩子在面对重大的身体、情绪变化时所进行的复杂调适。要进行这项调适，孩子必须在经历过潜伏期时会有的态度与心智功能的骚动之后，去寻找一个新的"存在于世界中的我"的观感，而这份观感通常得来不易。为了成就这份关系（我与外在世界的关系），可采取的方式相当多元，包括各种行为、防御与适应模式，以及从"循规蹈矩""装大人""好"孩子，到"流氓""药物滥用""自杀倾向""坏"孩子等形形色色的样貌。这样的混乱过程可能需要好几年甚至好几十年才能渐渐安定下来。这时青少年面临的精神议题对他们而言是相当苛刻的，因为他们必须：协调成人结构与婴儿结构的关系；从家庭生活过渡到在世界中的生活；寻找并建立自己的认同，特别是性方面的认同；简单来说，就是处理分离、失落、选择、独立的能力，也许还包含对外在世界生活的幻灭。

本章重点在于青春期的真实生理变化，及青少年对此变化产生的情绪反应。青少年在精神和情绪上对生命有一种特别的态度，这通常在十几岁时具体呈现，但当然并不只局限于这年龄。在第一章我曾提过，青少年的心智状态也会出现在8岁、18岁或80岁的人身上。要从孩童过渡到成熟，这中间的精神或心理阶段，并不必然只能发生在传统定义上的"青春"期。

过去青少年被描述成是"一群快乐或不快乐的人，卡在'正要脱离（unsettling）'潜伏期与'正要安顿（settling）'的成人生活的之间"（Meltzer，1973，p.51）。顺利通过青少年期对个人的生命周期有何意义？它的功能是什么？在心理社会化的成熟过程中，它的角色和使命又是什么？

概括来说，青少年期如今被视为个人发展过程中一个非常重要的阶段，重要的人格方面在这个关键时期开始塑形，并且在最后整合成一个较协调、稳定的自我感。将青少年期视作重新建构人格的一个必要阶段，是对这个既混乱又刺激的时期一种新的认识与见解。这个观点主要源自克莱茵的工作，因为她始终对于个人呈现在外的精神症状和潜藏的情绪及智能，具有同等的兴趣。在弗洛伊德之前，青少年期之所以重要，纯粹是因为它被视为个人性生活的开始。当弗洛伊德声称他发现了婴儿期性欲之后，就某方面而言青少年期的重要性便降低了。在弗洛伊德的经典论著《性学三论》（*Three Essays on Sexuality*, 1905）中，青少年期被定义为具有某些特别变化的时期，这些变化涉及了再运行（re-working）婴儿期的性欲冲动，使这些原始的性欲冲动有机会整合成更亲密和深情的性关系。弗洛伊德认为这个整合过程包含了三个因素：明确性别认同；找到性伴侣；结合性欲的两个主要成分，即肉体感官（sensual）与精神情绪（tender）。在精神分析发展的这个早期阶段，人们很少提及整体人格的情绪发展，但对孩童很早期的发展阶段相当重视，一般将阶段（口腔期、肛门期、性蕾期）的完成界定在5岁左右。安娜·弗洛伊德（Anna Freud, 1958）曾说，青少年期是一个"被忽略的阶段"，"在精神分析的世界中像个'养子'般"（p.255）。

不过现在普遍的认知是，就性格及人格成长而言，青少年期所面对的挑战及其解决之道是促成个人未来生活模式的核心力量。尽管在青少年早期爆发的各种压力与副作用可能已经喧闹了多年，但这些表征通常在青春期才开始变得明显而极端。当潜伏期的孩子在性征上开始成熟，他的反应、潜意识幻想、思考、激昂的冲动欲望，便陷入一种未能解决的或看似无法解决的冲突的漩涡中。此时身体上、生理上及内分泌的变化正在发生。性荷尔蒙及成长荷尔蒙的增加，不只导致性器官的成熟、第二性征出现，同时也大幅增加性欲及攻击欲（尽管这部分个体的差异很大），而且会伴随强烈的幻想。前述的身体变化涉及在原本熟悉的自我身上所发生的重大改变，包括体型、气味、肌肉和体重的改变。月经开始了，精液开始产生，体毛及胡须出现，声音也开始改变，生殖器的兴奋感经常持续。冲突以新的面貌浮现，譬如意识上的思考与随身体新的感官变化而生的潜意识冲动，两者间产生冲突。这冲突部分是情绪性的，部分是生理变化所致。

个体是否觉得有能力处理这种混乱，这些问题是否能被加以思考，取决于几项，包括：个体在婴儿期的冲动与感觉受到初始涵容的质量；个体在潜伏阶段达到的稳定程度；以及个体当时必须面对的内在与外在压力有多少。个体多半会认为冲突会使自己"超出负荷"，因此必须排除，或得从意识可觉察的层次驱逐出去。违抗行为（delinquent behavior）被当成是宣泄压力的方式，而根据统计，这种违抗行为发生的高峰期是在14岁。个体常认为违抗行为可以纾解攻击冲动及性冲动所引发的精神紧张。此外，这类行为经常引来惩罚，即使只是短暂性的，这也能用来减缓内在潜意识的罪恶感。违抗行为也挑战了外在权威的界限，无论外在权威是真正的父母亲，或是代表父母亲的人，比如老师、警察；但同时也挑战了内在父母的形象，对个体而言，内在父母在感觉上可能常比他们所代表的真正人物更为严厉、更具批判性。如我们于第五章所见，有时候内在父母拥有骇人的巨大力量，夸张程度与外在现实不成比例，但却真实地呈现了内在现实（internal reality）中潜意识恐惧的剧烈程度，那个恐惧与潜意识幻想中的破坏力有关，姑且不论那是愿望中或行为上的破坏。这些象征超我的人物可能需要得到个体的让步，因此个体常期待通过外在行为的处罚，来释放内在情境的压力。

欧内斯特·琼斯（Earnest Jones，1922）在他的经典论文《关于青少年的一些问题》（*Some Problems of Adolescence*）中，描述在青春期：

> 会发生一种朝向婴儿期方向进行的退化现象……个体重活生命最初5年的发展过程，虽然这次层面不同……这个退化现象预告个体将在生命的第二个10年中，重现并扩展其生命最初5年的发展过程。

换句话说，早期的冲突，特别是那些婴儿期及俄狄浦斯期的挣扎，需要（在新的生殖驱力情境下）重新被修通，这将考验早期的涵容及内化品质。

早期俄狄浦斯感觉特有的性与攻击驱力再度浮现，唤醒了潜伏期的孩子一直尝试着想要处理或防御的冲动及欲望。而这和婴儿期最大的不同在于，随着青春期性器官的成熟，这些欲望可以真的付诸实现了。男孩希望让他的母亲怀孕，女孩希望怀一个父亲的小孩，不再只是停留在潜意识幻想的层面，而是可以往更令人惊骇的真实面发展，也就是说他们现在已经可以在生理上实践幻想了。另外，孩子身体的成长不仅对他自己来说是个威胁，对他的父母来说也是一个新的威胁。此时，孩子面临一个危险的情境：他可以真的将他的生殖欲望和破坏感觉付诸行动；而不是像过去那样只能在意识或潜意识的幻想中满足爱欲与恨的冲动。

身体能力的本身可能会引发相当多的焦虑，使得分裂（splitting）与压抑（repression）机制以新的姿态重现。在青少年早期，性焦虑会很自然地驱使年轻的少男少女偏好和同性别的朋友在一起，潜在的俄狄浦斯恐惧和可能存在的危险，也会大幅强化这种偏好同性朋友的倾向。在这个时期常见的同性相吸及互相探索（mutual exploration）的现象通常是为了寻求安心，而不能作为未来性倾向的指标。另外，在青少年早期会想脱离父母亲，甚至对父母亲怀有敌意的现象有许多起因，其中重要的一项是孩子的潜意识恐惧，他们害怕若持续与父母亲保持亲密，会让父母和孩子为了寻求"俄狄浦斯慰藉（Oedipal comfort）"而靠得太近。

从乔和安妮（第六章）的恐惧及困境中，我们可以推论出这种潜在危险情境的存在。他们两人都是接近青春期的年龄，都呈现着焦虑，这焦虑若在当时没有被注意，不能得到了解，它在稍后可能会以更混乱的力量爆发出来。这两个孩子对死亡的恐惧似乎和他们潜意识幻想中的谋杀欲望，以及分离焦虑和被抛弃焦虑有关。乔没有能力面对这些感觉，甚至无法察觉他有这些感觉，暗示了他需要将某些情绪上的冲突完全排除在意识之外，特别是他对父亲的谋杀冲动。在潜伏期中，乔以越来越强迫性的防御机制来努力推开这些焦虑。这些原本就很强烈的欲望及恐惧，到了青春期会因为生理的变化而变得更为强烈，像乔这样的孩子这时会发现，假如没有得到帮助或支持的话，他必须自己去面对这些无法处理的情绪。乔会害怕死亡，以及害怕自己会被关进一个像是棺材的东西里，这可以诠释为焦虑的证据，而这焦虑背后的潜意识幻想是他想进入、占有他最想要的，也就是他的母亲，这又引发了罪恶感以及会被惩罚的焦虑。他非常害怕一旦到了棺材里头就会被关起来，当作死去了一样。乔的梦非常准确地呈现了他自己所感受到的心智状态，以及别人对他的感受。

同样，安妮的自残困境暗示她内在有强烈的焦虑，但这并不是关于她所说的恐惧（怕她的父母趁她不在的时候离异，以此来排挤她、抛弃她），而是关于一个她自己还没意识到的愿望，就是她潜意识里想要父母分开。安妮对于被排挤在父母配偶之外的原始恐惧与愤怒，可能在她心中激起一种特别强烈的需求，想要替代且霸占母亲的位置。从她描述愤怒的方式里，以及想借由死亡实现她不该想要对别人做出的事的冲动中，可以看出她的破坏行为以及想克服此行为的努力程度。她最主要的忧虑和失去母亲有关，这份忧虑很可能也和想挤掉母亲取而代之的愿望有关。这种愿望带来恐惧及焦虑，焦虑自己的愿望——拆散父母亲和想离开他们——说不定真的实现了。

随着孩子的成长，这种这个年龄中很正常的分离焦虑，会自然地再度引发这些早期的恐惧。这些恐惧如果在早期没有受到充分的涵容及了解，现在只能以非常极端的方式来抑制。如我们所见，乔和安妮都具有这类的潜在冲动，但是他们表达内在焦虑的方式及使用的防御策略却很不一样。安妮的内在焦虑，在表面上很成功且适应良好的潜伏期阶段，突然创伤性地爆发了。乔则是在一个缓慢的过程中，逐渐耗损他对自己的信心及他与别人的关系，让他失去了原本活泼而聪明的自我。这两个例子都显示出，早期未能被涵容的焦虑，即使通过潜伏期阶段典型的防御机制，如僵硬的分裂、投射和压抑，也无法有效地予以处理。

从乔和安妮这种深受未解决的俄狄浦斯问题所苦的孩子身上，很容易看出这种原始感觉的复苏，受到了青春期早期身体改变的强化，因而使得孩子必须采取更极端的心理防御手段。然而即使早年的生命过程相当稳定，青春期的改变发生时，仍会令人觉得青少年人格也发生了重大变化，而这也往往使得孩子和周遭的人不免感到惊慌失措。这些混乱现象测试了早期内化经验的质量，也测试了孩子涵容自身情绪的能力。此外，随着荷尔蒙的变化，以及来自社会、家庭的压力强弱变化，混乱的程度也会有很明显的不同。因为当内在架构受到如此严重的冲击时，外在环境能不能提供支持，或者是否进一步地阻挠，就会变得非常重要。这时候，同伴团体、学校生活或家庭生活的凝聚力与和谐的程度，对个体所需的宽广的涵容架构是否能够存在，将具有重大影响，只有在这样的涵容架构中，青少年才有机会面对并思考这些令他困惑和烦恼的驱力。由此看来，青少年期可以是一个顺从或反叛的时期，这个阶段是一个过程，而非状态。

一般说来，这个过程所代表的是，青少年在面对随身体变化而被激发出来的精神痛苦、困惑与冲突等问题时，所会使用的诸多处理方式。由于人们大多倾向于将痛苦驱离，而不是加以涵容，所以青少年常会将内在的冲突行动化，通过行动来表达，而没想到要试着加以解决。的确，"行动化"如其字面所显示的意义，指的是以行动代替思考，以降低内在冲突。青少年常倚赖以极端的投射而非内摄机制作为行动的模式，也在行动与思考之间持续不断地拉扯，这都是青少年面对问题时典型的处理模式。

青少年所呈现出来诸如此类的行为，是由各式各样无法思考的过程形成的，目的是要将无法思考的焦虑内容排除在外，或暂时搁置，好让自己不用面对所处的真实情境，也不用和内在真正的感觉接触。他们通过采取各种防御机制来保护自己，使自己不会感觉到自身心智状态太过混乱、混淆、分裂，这样便能避免面对自己的内在冲突。因此青少年倾向于冲动地行动，而不是加以思考；偏好与团体一起行动，甚至加入帮派，而不愿冒险成为单独一人；常以生理的不适取代精神痛苦，也就是将问题躯体化；以极端的，非好即坏（即"分裂"）的态度，来感受世界、自己及他人；以嗑药、喝酒、滥用成瘾药物等行为，试图让自己真的变得没有心智（mindless）。另外一种较不易察觉的焦虑逃避形式是变得"假成熟（pseudo-mature）"，因此只是看起来有心智（mindful），也就是说他获取知识的动机是为了自我保护，而不是因为热爱知识（见第七章）。在青少年这个年龄层，有不少人以聪明才智作为防御机制，来避免真正的思考，或借此避开亲密关系及遭受现实情绪困扰的风险。

　　以投射机制来排除令人不舒服的感觉，是青少年的特征。这个将属于自己的特质归给别人的潜意识过程，意味着若将"坏的"特质投射到别人身上，那个人就可以成为问题所在，如果把好的特质投射到别人身上，那么自己所喜爱的、好的特质都在那个人身上，而不在自己身上。后者这种将有活力的、有想象力的特质从自己身上剥除，只留下愚笨的、平庸的特质给自己的经验，可能会成为自我怀疑、忧郁以及缺乏自信的基础。

　　然而，这个年龄层所感受到的忧郁、孤单、觉得自己受困、有异于他人的倾向之所以很高，部分原因很有可能在于投射失败。其实，尽管这是个痛苦且迷惘的阶段，他们仍该去探索、发问与尝试，但却没有这么做。而那些退缩、孤立的青少年虽然比较不会引起别人的注意，也可能正陷在某种内在僵局（internal impasse）之中。这种内在僵局，经常和没有能力进行投射再内摄这种前后摆荡的过程有关，而在任何年龄，此过程是建立自我感（sense of the self）的必要历程，对不稳定的青少年早期则更是如此。

因此就某方面而言，青少年期的投射倾向若调适得当，便可以相当正向地缓和内在冲突。因为假如自我的投射与再内摄的过程中，含有某种程度的弹性与流动性的话，青少年就能将自我探索进行到相当的程度；这是由于他们能在这时候从他人身上看见部分的自我，然后决定要拥有或抛弃那个部分的自我。投射机制，只要不是太极端，是可以在这个阶段通过对自我的好奇产生，或是在焦虑中产生，使个体得以借此去探索并接触自己在情绪上的可能性，也就是那些还未被整合到个体的自我认知中的种种情绪变化。青少年在穿着打扮、音乐喜好及对事物的品位上会经常改变，在刚进入十来岁的年纪时尤其如此。这种多变的现象精确地展现了青少年在这个自我探索过程中的不确定感，那是一种必须暂时"成为"他人，好了解自己是否适合"成为那样的人"的需求。

一般而言，如果一切都发展顺利，那么青少年期被期待的发展过程会具有的特征，可以用生命奋斗过程中一个基本的方面来概述，也就是从以自私、自恋为主的心智状态，朝向真诚地关心他人的感受及经验来发展，换言之即是进入更具"客体关系"的心智状态。如我们于第一章所见，乔治·艾略特以活泼的方式将这个发展描述为：从倾向于将世界当成"一个乳房，能哺育我们至高无上的自我"的体验，到有能力去认知到他人是具有独立自我中心的个体，了解到从个体中"投射出来的光与影必然有所不同"。用术语来说，青少年期可以被视为是一个很不情愿的阶段，此时孩子面临新的偏执—分裂状态，一个他无论多么不情愿，也得去努力重建在早期处于"抑郁心理位置"时就已达成的情绪状态。青少年有一个典型的行为，也就是企图躲避解决抑郁性焦虑这项复杂且痛苦的任务，从此行为上我们便可看出他们有多么不情愿去面对这个问题。事实上对任何年龄而言，这都不是一件容易的事，因为"修通（working through）"意味着要再次和罪疚感接触，要为已经损伤的部分承担起责任，要再度面对失落的恐惧，且再度对别人怀有感谢与敏锐的情绪。尽管如此，个体必须在经历这样的过程后，才能感受到一个具有力量、连贯而凝聚的内在自我的存在。

　　青少年早期是一段必须经历无可避免的混乱、面临令人困惑的认同问题的关键时期。在此强调的是"关键"，因为混乱和困惑是青少年必须经历的重要历程。而青少年在经历这种程度的心理崩解与混乱时所承受的压力，也是导致他们经常表现出各式各样行为及情绪问题，而让身边的人为他们忧虑的原因。对许多人而言，要区分哪些是青春期困惑的"正常"具体表现，哪些会戏剧化地或不知不觉地变成"病态"的表现，并不容易。

　　那些会引起旁人注意的态度及行为，通常是一种"拒绝"面对真正在内心发生的状况以避免感受到内在痛苦的尝试，贝塔·寇普立（Beta Copley）（1993）将此称为"无法经验的焦躁（the agitation of inexperience）"。这种逃避的倾向经常被用来作为一种防御，以对抗困惑与痛苦感觉所带来的全面冲击，它也被当作一种脆弱的保护壳，让人格中容易受伤的部分得到暂时的庇护。（"我不知道我为何要割伤自己，"一个15岁的青少年说，"也许我只是无法面对那曲调吧，我是说，我自己内在的曲调。"）但是这样的保护壳很容易裂开或破碎，而使它破裂的力量有可能来自外在环境，例如丧亲、友谊或关系的决裂、身体健康不佳、考试的压力、离开家，甚至是成功的冲击（当个体认为成功得之不当时）；也可能来自内在状态：埋藏许久的冲动突然爆发出来、令人苦恼且无法摆脱的想法、无法理解的迷恋、反常的欲望、攻击感、疏离感、绝望感。在青少年期，这些外在及内在的元素经常被混为一谈。在危机与情绪的混乱中经常会看到的现象是，原本可以勉强运作的防御系统失效了；原本在潜伏期可以为人格中的麻烦因子提供暂时性掩护的保护机制，现在已经不足以应对了。许多青少年到最后才发现，原来家庭和学校生活所给予的涵容架构，虽然是一种束缚，但它所提供的安全感远胜过他们当时在家庭或学校中所感受到的狂乱感，但是这些觉悟往往发生得太迟。

各种防御方式除了坏的一面，也有好的一面，只不过好的一面经常让人难以想象得到。举例来说，嗑药或喝酒呈现的可能是一种对持续处于无心智状态的偏好，在这种状态中个体几乎没有能力去接触那个能适当地"思考"的自我，那个思考自我有能力可以约束自己，并且能理解自己所作所为的意义何在。然而这些危险行为，正如我们之前所说，也有可能包含了某种程度上的自我探索。这些行为不管看起来有多危险，都对青少年在探索自我的不同层面的过程中很有帮助，就和前面看过的某些具有投射倾向的例子一样。主要的问题在于，所出现的行为是否"过度"和"不足"。换句话说，怎样的自我探索会变成滥用或成瘾；自我关怀和自我约束在何时会变成强迫性（obsessionality）；受虐狂到什么程度会变成自残？（一个像流浪儿般的少女，手臂上露出密密麻麻吓人的割腕痕迹，在第一次见面评估时，她以这样的话作为开场白："我无法忍受精神上的痛苦。"）支持性团体又在什么时候变成破坏性的帮派组织，使个体人格消融在破坏性大于建设性的帮派价值中？个体要从典型的青少年期混战中退缩到什么程度，才要担忧他无聊、倦怠和冷淡的表现？对性别认同的焦虑在何时会强烈到变成对同性恋的恐惧及憎恨？原本是为了形象而施行的轻微控制饮食，又在何时变成了严重的进食障碍？认真工作的倾向到什么程度会变成失去享乐的能力？什么时候情感的奔放狂热会变成躁狂症，或是情感的拘谨会严重到变成抑郁症？在这些例子中，一般青少年会经历的正常历程和病态之间，可能只有一线之隔。对青少年自己以及对关心青少年福祉的人来说，如何辨别这两者的分野都是个问题。

很清楚地，在"性"的发展与"性格"形成的这个时间点上，它们与青少年所尝试的各种认同之间，有着各种复杂难解的相互关联。在青春期，青少年会尝试突破在潜伏期时对性欲的压抑，他们现在开始想要拥有性能力。起初，这样的尝试感觉像是一股无法阻挡的冲动，也会让孩子感到惊慌。而这样的性潜能可能会导致性焦虑，并以各种不同的方式表达出来，如所谓"雄性炫耀（phallic swagger）"的典型行为；或是无所不知的假成熟（pseudo-maturity）的模式；或是从亲密感的威胁中完全退缩逃开。这样的退缩会强化潜伏期所具有的谨慎、不敢冒险的特性，这种行为已近乎是强迫性格。这时会产生分裂，但青春期的分裂是发生在自我之内，这时的分裂不像早期那样，通过将整个内在世界外化并行动化那般地有结构且有先后顺序。早期存有的确定感（不管有多不牢固），在这时候会解构成在什么是好与坏、成人的与童稚的、男性的与女性的等价值观上的混乱。

由此而产生的持续性且混乱的自我分裂，如前面所见，具有偏执—分裂心智状态的特征：在分裂的状态下，不只对他人的体验是极端的爱或恨（而且这种爱与恨的感觉，彼此不能调和，不能同时拥有，要爱就全部都爱，要恨就全部都恨，是非常强烈的感情），同时对自己的感觉也是两极化的。十来岁的青少年可能在这一刻是合作的，下一刻却变得倔强不听话，并且无法轻易地承认那个做事的，跟那个无法履行任务的是同一个人，也就是自己。这一切都在有父母的场景中（parental setting）发生，但是他们已不再像过去那样觉得父母是支持性的。如此会产生过度分裂，而这会使原本家庭生活中的安全界限受到威胁。潜伏期或许从来就不是像字面上所暗示的那般平稳，而是非常不稳定的，小小年轻人会想要依附一个团体性的次文化，其中的同伴关系对他们来说变得非常重要。在这充满压力及改变的阶段，青少年团体经常会具有极度重要的支持功能。随着家庭的联结开始变淡、社交生活开始延伸、不确定感及困惑感与日俱增，寻求朋友的陪伴可以让青少年和自己人格的不同方面维持某种关系。他或许无法在一时之间将这些不同方面的自我，这些隐约认得却又陌生到令人害怕的感觉、恐惧与冲动，整合到他原本所熟悉的童年自我之中。

团体成员的组成通常是有弹性的且经常改变，而团体中不同的个人又可代表彼此人格中的不同方面，或许是长处，或许是缺失，是个体想认同的或想排拒的部分。当青少年能在团体中寻得这些自我的不同方面时，便可以和这些自我方面保持联系，就好像这些方面似乎附属于他，但又不会对他造成过度困扰。团体于是成为一个安全的地方，让人格的不同方面得以借由别人扮演出来，特别是那些基于某些理由，个体无法认识那是属于已知自我（the known-self）的部分，或是会强化已知自我的部分。在有利的情况下，团体生活让这些年轻人能以社交方式了解到自己是怎么样的人。那种谈论彼此感觉、反应和活动的永无止息的热情聊天（特别是用电话聊天），为他们提供了试试看、实验看看不同版本的自己的可能性，同时也能试探别人对这些版本的反应。因此，他们会对此产生无穷的兴趣，并经常用不可或缺的幽默感作为堡垒，以免太过严肃地看待自己。

当感觉变得特别强烈时，青少年团体成员彼此间会产生具有部落性质的热情和依附，对成人或其他团体则显得有敌意或疏离。通常为人父母的会很难理解或包容这种负面态度；然而，这种强烈的、波动的、时而变化无常、时而信任不疑的关系，往往是要从仍然存在或合宜的家庭亲密感中逃脱的唯一途径。对青少年来说，这时要建立大人那种两人亲密关系是过早了。而团体所提供的是一个涵容的空间，让青少年可以去努力解决这些关于认同的深层问题。个体的痛苦与焦虑感可以在团体成员的日常欢乐与危机中得到掩饰。于是对成人来说往往是个麻烦的青少年团体生活，对这些迷惘的年轻人来说却像是天堂，不仅具有挑战性，同时也提供了一个喘息的空间，让他们在其中能将这些分裂的、相异的感觉在单一的自我里整合起来，而这只有在自我的认同感变得越来越凝聚成形时，才可能发生。如果青少年所属的同伴团体有足够的弹性，立意也很良善，便可以帮助这些发展中的人格，度过风风雨雨的青少年期。

但是假如团体不是良善的，那么团体便可能具有凶恶的、类似帮派的特质，并结合起成员间较负面且具破坏性的人格，使成员一起成为犯罪活动的伙伴。其实所有的团体偶尔都会对成员施加压力，让他们去做平时一个人不会做的事。但是这一点与"因为团体其他成员似乎代表了自己人格中较懦弱或邪恶的方面而与他人合谋"是两回事；和"自己受到胁迫后也想复制出恐惧和胁迫的气氛，因而与他人合谋"的状况也不相同。这就像小婴儿在感受到自己没有受到涵容时，便以勃然大怒、大哭大闹的方式让别人感受到他因为需求没有得到满足，又愤又恨、气急败坏一样；青少年也以自己的版本面对和婴儿期一样的挣扎，因此出现一样的行为。这种帮派心态倡导在团体中表达破坏性的感觉与态度，无法将它们约束在个体层面。

通过这些在青少年早期形成的团体或帮派的动力，我们可清楚地看到思想的约束效果和行为的宣泄意义之间的关系。确实，想法与行为上的差异在青少年期首度出现，而且在这个早期阶段特别明显，因为青少年在此时对青春期的情绪反应非常生涩、无法预期且毫无经验。但是只要内在或外在压力太大，迫使个体只是行动化而不愿思考、只想寻求不正当的性满足而不愿赋予忠诚与承诺、只想逃避而不愿肩负责任、只想认同内在的婴儿状态而不想寻求可以涵容此状态的成熟亲职位置时，这种思想与行为发生落差的现象也会在人生中的任何一个时期出现。

* * *

14岁的女孩克里丝汀所面临的矛盾与难题，能帮助我们了解这个年龄层所要面对与处理的典型冲突。克里丝汀在来自社会福利机构、学校和母亲（父亲在她还是个小婴儿时就离开了）的压力下被转介来做评估，因为她一直在偷东西，偷的都是家里的东西，也就是母亲和祖母的东西：结婚戒指、耳环、手表，以及最近一次的一大笔钱。克里丝汀拿这些钱去买成人的性感衣物，然后穿着这些招摇的衣服，一副在邀请别人来一探究竟的模样。

第一次在等候室等待会谈时，克里丝汀和6个看起来几乎一个样、难以分辨谁是谁的朋友坐在一起，她们都穿着最新流行的名牌黑色牛仔裤及靴子。被叫到的时候她害羞地笑了，有点不情愿地走到回廊。"我到哪儿，我的朋友就到哪儿。"这是克里丝汀进到会谈室时所说的第一句话，她的第二句话是说，她会来这儿纯粹是因为有人担心需要找警察来解决这件事。她说她再也不会偷窃了，所以现在一点问题都没有了。带着胜利的气势，她再度笑了起来。

接下来发生的事情让我们清楚地看到，通过偷窃行为被行动化的，正是青少年早期各项典型议题的组合。克里丝汀描述自己被指控是母亲跟交往3年的男友保罗吵架的肇因。保罗最近无预警地搬入了她们家，两人争吵的原因和克里丝汀在家里的习惯有关，尤其是她喜欢穿着暴露地在屋子里闲晃，母亲对此很有意见。克里丝汀认为："这完全没道理！我想她是在嫉妒我，因为她就像个又胖又老的臭皮囊。"（她母亲那时34岁，打扮整洁端庄。）克里丝汀说她计划要搬出去，自己找个公寓，自己装修，并且想生个小孩。但是这时她突然热泪盈眶地说要实现这个计划，她需要妈妈的支持，"我无法独自办到这一切"。仿佛她忽然发现自己的计划在执行面与情绪面是多么不切实际。

她的母亲在会谈时则时而哭泣着说："我会失去我的女儿，我的小女孩！"时而愤怒地说女儿是多么没有规矩、多么喜怒无常。保罗搬进来之后，俄狄浦斯议题或许首度赤裸裸地在家里呈现出来。家庭里的每个成员面对这新的情境，在适应上都出现了困难，也无法理解到底是怎么回事，为什么会发生。对克里丝汀来说情况尤其困难，因为她害怕长大、害怕分离、害怕成为一个女人、害怕要找工作、找伴侣。对于自己必须在忽然间立即远离童年、放弃多年来专属于己的母女关系，她显然非常地担忧。除了家庭的涵容功能受到了威胁外，她所属的具有松散涵容功能的同伴团体也面临了改变，因为那些陪她一起候诊的朋友大她1岁，而她们就要毕业离开学校了。

克里丝汀并不觉得**她**自己是个问题（"我不知道他们在挑剔什么"），而认为是母亲的不快乐和保罗的愤怒使她成为众矢之的："这个情况如果持续下去，我们不得不把你赶出去。"她声称保罗曾这样对她说。

这些选择性的片段与评述是从一次50分钟的会谈里摘录出来的。表面上这好像是和一个相当可爱但受到困扰的青少年之间一次很寻常的讨论。不过，这次会谈内容呈现出许多属于这年龄的问题、烦恼、反应和防御方式。这其中包含了以嫉妒、排拒感和竞争感为中心，而再度被唤起的俄狄浦斯焦虑，且是以清楚呈现出来的症状——"不良行为"（delinquency）为焦点；这场对话和对于分离的忧虑相关，也诠释了这个"只有女孩"的团体中的纠结状态，虽然这个团体可能成为一个不良行为制造厂，但是也供给成员彼此所需的支持架构。这次会谈鲜明地标示出婴儿期态度和成人态度之间的摆荡，并指出将同一个人（母亲）分裂成好与坏的极端，还揭露了典型不切实际的幻想（"我想要买一层自己的公寓，自己装潢，然后生个小孩"），也强调了关于"性"的焦虑，及诸如此类的问题。

最引人注意的是克里丝汀在母亲的男友搬入后不久就开始偷窃。在青春期，偷窃是最常见的"行动化"模式，这个模式具有诸多意义，它可能意味着孩子想要重拾他觉得自己失去的，在上述例子中，克里丝汀失去的是母女关系；也有可能是具侵略性的，在原始的嫉羡与愤怒下，想要从别人身上盗取他人所珍惜的东西；或是觉得自己所珍爱的东西（比如说克里丝汀的母亲）遭人剥夺了，使自己因而变得贫困、匮乏。以克里丝汀的例子来说，她对保罗的态度可能和她内在的罪恶感及想要被惩罚的愿望有关。换句话说，偷窃行为是否是一种抗议？或是一种声明，借以表达她有权拥有的某种东西被偷走了（譬如结婚戒指所象征的承诺，是她目前感觉到自己欠缺的）？或者她对自己是否有吸引力感到焦虑（被偷的都是女性的东西，如戒指、项链、皮包、衣服、手表）？她是否也对母亲展开了嫉妒性的攻击，通过炫耀自己性的诱惑力，将想要让母亲和她的伴侣分开的欲望行动化？不论原因为何，这里清楚地呈现出一种普遍性的焦虑，那是对于改变和长大、对于失去她目前所依赖的关系的焦虑。

克里丝汀担心自己会被这新成形的家赶出去，担心要离开学校的保护（尽管事实上她还有一年才毕业）。她告诉治疗师从军对她来说似乎是一个不错的选择，因为军队是一个紧密、有纪律的组织，而且"随时都有趣事可做"。显然她将军队这潜在的结构理想化了，就好像她理想化了另外一个选择——也就是拥有自己的公寓和家庭——一样。或许在后者计划中的潜意识意念是，通过将自己的小婴儿（即她的自我）托付给妈妈，她可以持续地让自己婴儿期的需要得到满足。她要母亲继续是自己的母亲，而不是保罗的性伴侣；于是她出于竞争心态开始打扮起自己（运动外套里不穿内衣）。克里丝汀害怕遭到拒绝，可是越害怕，越想避免遭到拒绝的行为方式却恰巧容易诱发拒绝（"我们把你送去管教"）。她既独立（"我要离开家，拥有自己的公寓"），同时又像个孩子般依赖（"我要妈妈支持我，在家里帮我带小孩"）。

在青少年早期，克里丝汀试着调适许多被唤醒的内在问题（但并非有意识地），包括与被遗弃、排挤、分离、被凌驾以及被贬为次要等议题相关的情绪和焦虑。她无法涵容目前困境所隐含的意义与威胁，也无法忍受这些威胁所勾起的关于往事的回忆。她缺少一个能轻易了解她、辨识出她情绪的家庭环境，此时也没有能力将她的苦恼以能被理解的方式表达出来。她无法体会家里除了她的苦恼之外，或许还有其他更重要的情绪问题。她会担心自己日益明显的女性独立的需要，以及对建立安全异性关系的需要，无法再指望与依靠母亲继续提供情感支持。克里丝汀感到很匮乏，对于这种爱的资源的不确定感，再加上她的不安全感，导致她窃取那些象征承诺与女性特质的物品——即，她所担心的情感匮乏的有形代表物（concrete representations）。

在此青少年早期，青少年面临他们所处的困境时，会有形形色色、变化万千的反应，但是这些排除精神痛苦（或相较之下更少见地主动寻求出口）的种种策略上的细节，并非本章所要讨论的主题。本章的重点是描绘出一般青少年所处的情境，以及在人格发展的进程中，青少年期所扮演的功能。在克里丝汀的案例中，她所面临的是这个年龄的青少年会面对的典型困境；当个体占主导的心智状态选择以"行动化"代替"思考"，并且引发出婴儿期的反应而非成人反应时，同样的困境也可能出现在后续的任何一个生命阶段。因为青少年期确实是一个过程，而且不论发生在哪个阶段，这过程的结果会在根本上影响到个体在未来的能力，也就是罗莎林德（Rosalind）在《皆大欢喜》（*As You Like It*）中所描述的，投入"生命中一切事物"的能力。

第十章

青少年中期：一个临床案例

> 就本质及象征意义而言，身份认同即是人与人相似处消失的起点。
>
> ——华莱士·史蒂文斯（Wallace Stevens）

本章将进一步探讨一个人在青少年期的中期到晚期可能采取的各种认同，及不同认同的本质与含义。本章的重点在于投射过程，下一章则会探讨认同的内摄过程。在此，我们借用赛门这个案例，他在性格发展过程中的治疗记录，或许能帮助我们理清克莱茵学派所说的认同和最近的学习理论（指在增进自我了解的过程中，不同种类的学习所扮演的角色）之间的关系。这些议题的核心在于一个已为大家所熟悉，而且很重要的分野（就青少年的议题而言，或许更应该说是冲突，而非分野），也就是对成长及发展有帮助的认同，以及相对于此，会妨碍发展、让个体逃避焦虑而不是去面对焦虑的认同。

这个阶段和早期一样，其中心问题在于一个人的人格是如何架构而成。此问题首先取决于母婴之间的原始关系（the primary relationship），其次取决于会影响早期人格结构、帮助或阻碍个体实现其创造潜力的各种内在和外在因素。弗洛伊德（1933）对人格结构问题有过很清楚的描述：

> 假如我们把水晶丢到地上，水晶会碎掉，但它不是毫无章法地碎掉，它会顺着裂痕碎成一片一片，而这些碎片之间的界线虽然平时看不见，却早已存在于水晶的结构中。(p.59)

弗洛伊德的裂痕面说法提供了一个思维方式，帮助我们去了解通常只有在青春期或青少年晚期才会清楚呈现的潜在力量是如何运作的。在此我们所关心的是，如何去阐释这些以早期认同为主的潜在力量及其诸多方面。如我们于第七章所说，某一种形式的认同之所以会凌驾于其他认同之上，和个体还是婴儿时的气质（temperament）、性情（disposition，譬如忍受挫折的能力），及当时所处的环境因子之间复杂的关系有关。在生命最早期的发展阶段，对婴儿来说最亲密的环境因子便是母亲的心智状态。我们知道婴儿对于自己的心智状态是否得到支持与了解的经验，对他有很重大的影响，而这个经验不只和母亲的人格特质相关，也和婴儿想要沟通的内容及他的表达强度有关。

早期经验对人格可能产生的影响，通常会在个体进入青少年期时表现得特别明显。从下面这份关于18岁赛门的治疗过程记录中，我们可以看到他从早期以来试图过着一个不全属于自己身份认同的生活，结果对他的人格造成了什么影响，记录中也描绘了赛门逐渐找到他真实身份认同的发展过程。其实赛门并没有出现严重的混乱现象，也没有明显的发展问题，反倒是在青少年期典型的不确定感与冲突中撕扯着自己，无法弄清楚自己究竟是谁，尽管他于外在有显著的成就，却无法超越自己内在的问题来帮助自己对"存在于世界中的自己"产生安全感。虽然以年纪来看赛门几乎是个大人了，但是其问题本质仍属于青少年中期。而我们在此讨论赛门的案例是因为赛门遭遇的困难，能帮助我们以详细的临床术语来了解在这个困难的年纪会有的一般发展过程，还有这个过程的复杂性以及可能的解决之道。

赛门一直在寻寻觅觅。他带着强烈的热望与勇气，去探索、尝试着要了解自己的内在,而这是一般跟他同年龄的青少年,宁可不去看也不想知道的。赛门来自一个不快乐的中低收入家庭,他们的家在一个苏格兰小镇。他说他母亲工作过度,常显得忧郁,过度担心家中状况,他父亲则是一个很疏远的父亲,有时还很残酷,像暴君一样。他的学业成绩很好,这让他很小的时候就得以通过到外地求学,离开家庭和社区,这或许是一种防御方式,让他可以不用面对家庭的痛苦。他选择到英格兰南部上大学,并在选修心理学学位时主动寻求心理治疗。他的志向比起同年龄的孩子,显得深刻(poignant)而不寻常。他希望自己可以做研究,了解发展停滞的前置因子(predisposing factor)。(他有一个弟弟有自闭症,而赛门自己对于和自闭症相关的发展理论、精神分析理论则显得过度热衷,好像沉陷在其中。)

他担心自己会有抑郁症,担心自己在情绪上很疏离。他经常对性感到困惑与恐慌,甚至会无端地生起气来,尤其是对在智能上比他优秀的男孩更是如此,他总觉得他们虽然很聪明,却有精英统治的倾向,而且会以口语虐待别人。他也觉得自己的学业成就和他的情绪发展恰好成反比。我们在第七章曾提过的"蜗牛梦",就是赛门在第一次治疗时带来的梦。在梦中,他因为感受到雌雄同体的蜗牛要将他吞噬的性威胁而逃离现场,躲到投影机后方那个平常是教授站的位置。这样一来他就抛弃了一年级生的自我(first-year-student-self),钻入了对长者的认同。这种去假装成年长资深、聪明人物的不恰当倾向,正是赛门用来规避他的青少年自我(adolescent self)中那些他觉得存在危险与威胁的经验的典型模式。

在治疗过程中,赛门发现他开始可以放弃这个有点装骗的人格,开始与自己的小小孩自我(small-child-self)接触,过去这个小小孩自我很害怕亲密关系,从来不知道该如何从外在或内在找到与父母联结的方法。弟妹们的接连出生(先是一对双胞胎,接着是自闭症的弟弟,然后是妹妹),似乎把他对父母的所有热情和依赖感阻断。他带着抗拒开始试着从躲在投影机背后的位置走出来,去迎战那股想要跳过青少年期挣扎的冲动,正是这股冲动使他面临了封锁真正的自我并去认同一个学来的自我的危机。最初治疗师难得在他身上瞥见的大方、幽默、慷慨特质,在治疗过程中变得越来越显著,使他原本冰冷的自我变得温暖起来。

就人格结构来说,赛门在青少年期遭遇的困境可能是起因于(但并非基于)下面这种倾向,也就是他在生命早期就和他外在真正的父母失去接触,只和他内在扭曲的父母形象联结,因而活在一种防御性质的模仿之中,进而去认同那些有竞争性、优越、聪明的人。这一倾向让赛门付出的代价是,他无法将日常生活中来自父母的照顾、关怀的能力加以内摄、消化,无法忍受自己是一个什么都不懂的小孩,于是赛门成为一个什么都懂的假大人。比昂(1962b)指出当早期的需求与欲望得不到满足时,究竟该去逃避这个挫折或是去寻找资源来忍受它,是小婴儿所面临的最关键的两难困境(pp.111-112)。到目前为止,整体来说,赛门是试着逃避。无论如何,到了青少年中期至晚期,这种外在自我的版本和内在对自身能力的怀疑与恐惧,两者之间的不对等关系就成为赛门的焦虑持续升高的起因。

在此,我们将讨论重点放在"未收回的投射(unretrieved projections)",以及赛门如何在治疗中慢慢将自己投射出去的部分收摄回来,如何解放自己好去成为真实的自己,使他的人格变得更丰富而有深度。人人在任何年龄都要面对的一个问题是如何在稳定状态中同时保有弹性,而这对青少年来说尤其困难。内在的客体关系需要的是稳定性,但身份的认同必须能够自由地改变,特别是对内在或外在父母亲的认同。也就是说一个人若要能持续发展,内在任务(psychic work)就必须要能持续地运作。在蜗牛梦之后的几个月,赛门倾向于退缩到某种特定智能活动的现象越来越明显,他以这种倾向来防御自己的生殖器欲望(genital desire),这种欲望原本让他可以去面对内在未解决的冲突,特别是性倾向的问题。那项智能活动就是"贪婪地将一切事实与技巧都吸收进来",就像口腔欲望特有的能力一样，急着想要将知识与经验狼吞虎咽地攫取进来，但稍后又反刍出来，而不是在心灵上消化、代谢这些知识与经验。

赛门和内在父母关系的两极化，也就是他对"母性"与"父性"特质上的不对等（经常是很夸张、刻板的）态度，很清楚地呈现在他对治疗师的移情之中。在幻想里，赛门有时会认为治疗师是愚蠢不聪明的，有时她所呈现出的母性能力也会遭到忽视。在赛门的心里，她又经常像个聪明的、有男性智能特质（意味着残酷及专横暴虐）的理论家；但在其他时候，赛门又会拿她和克莱茵、比昂、汉娜·西格尔这一类经常在他梦中出现的大师级分析师做比较，把她真实而平凡的特质驱逐到阴暗的（"懦弱的""自讨苦吃的"）角落。

就某些重要层面而言，赛门在学业上的一连串成就对他来说是一种负担。这些成就让赛门和真实的自我相隔更为遥远，也暗示了在青少年期经常在成功之夕而不是在失败之际会出现的特有困境，譬如在考试通过、赢得奖学金或工作受雇时会面临的危机，因为害怕自己内在能力的缺乏会威胁到外在角色的安全。赛门甚至"知道"比昂的"思考理论（theory of thinking）"。但矛盾的是，他在早期所使用的模式却是与真心想学习的"K 连接（K link）"相反的"-K 模式（-K mode）"。

比昂将追求知识的类型分成两种（见第七章），认为这是发展上很重要的一个点：对知识与理解的渴求（K），以及相反地，因为想要寻求控制、胜利、施展权力、否认自己的渺小等防御性欲望而引发的侵略性好奇心（-K）。赛门接下来的治疗内容，示范了比昂的这个观点。

下面这个梦清楚地呈现出赛门心智运作的典型模式。在现实世界中看到他的治疗师和一位男同事在街上说话之后，他梦到：

> 他在往常的时间抵达，但是治疗师却无法会见他，因为她在屋子的另一个房间和先生、孩子在一起。他在治疗室等着，一边顺着比昂的理论想出了一种"格栅"系统（a "grid"

system),而且这可以用来描述济慈所说的"语言的成就(The Language of Achievement)"。他认为这种格栅所架构的是一种文学论述的抽象呈现,而这对他的治疗师来说太复杂难懂。

这个梦很清楚地指出赛门的知识在此的作用,是用来对抗忧郁和遭排除感的防御方式,他察觉到自己不能独占母亲,因为她已经有一个丈夫,而且这对父母还在忙着照顾另一个小孩。为了避免面对这种嫉妒和需要的痛苦情绪,他转而对智能过度看重,而且充满竞争与轻蔑的心态。他运用心智来掌控情绪,而不是去体验情绪,这体现了在炫耀庞大知识背后假成熟的本质。确实,这个梦为他真正的问题提出了一个聪明的批注:假使他真的了解济慈所说的"成功的男人(Man of Achievement)"的意义,或许他就不会陷入他所处的困境中了。因为济慈所说的"语言的成就"指的是莎士比亚这样的天才,济慈(1817)提到这点时,他在谈论的是"负极能力(Negative Capability)",也就是能"处在神秘、不确定、怀疑的状态下,而不会急躁地想要探询事实与理由"的能力(*Letters*,p.43)。[1]

在梦中,赛门意欲在智力上赢过他的治疗师(同时也象征着他妈妈),以此来否认他对她的需要。格栅系统指的是比昂理论中特别隐晦难懂的部分,而济慈的《书信集》则是赛门认为治疗师可能熟悉的主题。换言之,他试图侵入她的心智世界,以自己优越的理解力来占领她的心智世界。所以这个梦并不是要表达而是想夸耀他所有具备的知识。

他在面对俄狄浦斯情结时遭遇的困难,也和最初的蜗牛梦一样清楚地在这个梦中呈现出来,这些困难使他无法建立持久的亲密关系。他试图以智能成就来克服内在深层焦虑的倾向,也在日后的梦境以及治疗过程中反复出现,在这些梦和治疗过程中,同样的冲突反复显现,而且有些是在相当久之后做的梦。赛门最后得到一流大学的学位,同时获得一笔奖学金让他做研究。然而,他的内在并没有任何重大改变来搭配这份外在的成就,这倒也不让人意外。譬如,他毕业后不久所做的一个梦中,出现一对以口交的方式紧黏在一起的恐怖蜘蛛(看起来像是持续性交中的双亲的象征[2]),赛门看到这一幕时感到非常焦虑,于是逃到同性恋的思维中去寻求安慰。(必须特别指出,在此讨论的焦点不是将同性恋视为病态,而是专注于赛门内在关系的本质,专注于他对于性别认同的焦虑,因为这在青少年的年龄层相当常见,并且讨论这些困惑对整体认同可能产生的冲击。)尽管赛门并未将在青少年期常见的同性恋焦虑付诸实现,但这些焦虑一直在赛门的内心世界徘徊不去,同样地,他心中对男女性别元素相当僵化与两极的印象,也依然维持着同样刻板与分离的状态。结果,这让他缺乏建立温暖、有爱的外在关系的能力,也使他丧失了自己能完整生活的感觉。

有好长一段时间,尽管他的外在表现跟以前一样成功,赛门却一直有点忧郁、孤僻,他不容许自己的内在关系有任何弹性,而这则使得他的外在关系持续受挫。就亲密关系而言,即使同性恋幻想让赛门感到不安,但是相较于真正的异性恋经验可能会有的危险,他宁愿选择同性恋。至此,他仍然无法以任何创造性的组合,将父母的形象安置于内心,并去认同他们,也无法去联想到父母其实具有他那孩童般的自我所渴望的能力,而不是一味地认为他已经比父母更优越了。此外弟妹的连续出生,似乎让他感觉到自己所亟需的父母关心受到了剥夺,他们的出世也一再地给他带来打击,因为他们是父母间性关系的痛苦证据。为了保护自己免于面对这令人不舒服的内在真实,他继续认同权威的知识精英,而且经常带着令人讨厌的独裁态度。他完全不想触碰自己温煦、慈爱的一面,因为他常在所鄙视的女性人物身上看到这些方面。

较后期的治疗记录,将呈现出赛门从他到目前为止的半个人生中苏醒的过程,使我们看到他如何进入一个完整、丰富的自我感受之中,一如他在几个情境里所描述的"敢去飞""蜕了一层皮"似的。这一过程似乎应用了他真正的性格力量以及强大的心意,这和他早期的自大态度迥然不同。这个转变对他的性、工作和人际关系具有相当重大的意义。这个改变或许和治疗师的领悟有关，因为她察觉到自己的响应有时太过于投入赛门假性的思考自我（pseudo-thinking self），未能与他的情绪自我（feeling-self）联结，她的响应方式对他没有帮助。在赛门获得奖学金后不久的连续治疗会谈中，他的梦境清楚地指出赛门建立链接的主要模式是想贪婪地吸收一切知识。更重要的是他的治疗师发现自己响应的方式是在强化这个模式，而不是去了解与修正它。病人跟治疗师共同陷入一种模式，即使用精神分析理论的知识来防御感觉，而不是去体验感觉。

其中一次的治疗内容显示出，在治疗师与病人的关系中存在着错误的思考模式，即 $-K$ 模式。赛门因为焦虑地想要防御和对抗痛苦，而以诉诸理性的方式牺牲了可以真正投入体验的机会，也因而阻断了真诚学习的可能性。这个时候，赛门的内在产生了深层的焦虑，他担心治疗师是否有能力可以支持与包容他这些更具破坏力的冲动与态度。或许是在对这些焦虑做出反应，他梦到：

> 由于他的治疗师犯了一个"技术上"的错误，揭露了关于她自己的私人信息，使得他必须被转介给一位精神分析师治疗，而这位精神分析师非常有名。和这位分析师第一次晤谈时他便提出抗议，说他想忠于原来的治疗师，但是在她的坚持之下，他不得不转换治疗师。

他忧伤地承认在梦的最后出现的"在她坚持之下"所代表的含义，因为那句话描述了他自己固执不变的一面，而这可由他当下不安的旁白中印证："我想这就是我的人际关系模式——用尽别人，继续前进。"

在这之后随即是圣诞假期，假期后的第一次晤谈中，赛门描述了在2周前最后那次晤谈当晚所做的梦。在这次假期过后的晤谈时段，他并没有用分离的痛苦来开场,却一开始就强烈驳斥治疗师在前次会谈中所做的一项诠释。他说,他并未如治疗师所说的那样,觉得治疗师可能会在放假期间把他忘了,但是他觉得自己完全"被丢下",好像就要"瓦解"了。停顿一会儿之后,他继续说他很担心自己的皮肤,因为他的皮肤好像突然间长满了疹子。接着,他说了下面这个梦:

> 他在一个海滨度假胜地,那里充满了因为空气污染或中毒而突变的巨大蚂蚁。他来到一个类似围墙的结构前,蚂蚁要他在沙质路面上挖一个边长15厘米的正方形。当他看着路面时,那片边长15厘米的正方形忽然抽搐了一下,就陷了下去(赛门把那个动作比喻为对肌肉缺乏控制力的小孩要用铁锤把木桩打进洞里的动作)。那正方形土块突然往上升高,突破了路面,这让赛门可以往下看见里面的状况。他看到里面有许多父母和孩子们被蚂蚁团团包围,蚂蚁对他们又咬又叮,在他们身上爬来爬去。他们被蚂蚁注入蚁酸时都痛苦得大叫,但其中有一个长得很像他的治疗师的女性似乎对蚂蚁的叮咬具有免疫力,因为她好像完全不受影响。赛门说:"我们得把她偷到实验室里,找出她为什么可以免疫,好取得疫苗。"

这个梦境让赛门想起自己在圣诞假期前不久的一个想法:假如他陷在亚马逊丛林中就要饿死了,但身边只有母亲,他会吃掉她吗?在这次治疗中,治疗师谈到这个想法和他一直谈论的"被丢下"、他的皮肤"长疹子"以及他的梦境内容之间可能有的关联。她说这次晤谈刚开始时,他似乎想到了埃斯特·比克(Esther Bick)的理论(她知道他很熟悉她的著作)。或许他在套用比克的"次级皮肤"理论将自己的经验理论化,以此来防御因为假期而分离的痛苦?同时,虽然并不明显,但他是否也想通过在心理上不理会治疗师说的关于母性涵容(maternal containment）的诠释，来显示自己比治疗师更优越？若是如此，那么他或许是在更加拉远自己与真实的分离经验的距离，让自己与自己在乎这次分离的事实更疏远。治疗师接着将这个可能性和他的梦境联结在一起：感觉像是个非常小的孩子在一个险恶的环境中，因为假期的开始（围墙的分离界线）而惊慌害怕、觉得自己遭到遗弃，这给赛门的感受是自己的内在世界完全暴露在危险当中。他感到自己遭到恶毒的、咬人的、刺人的、口语虐待的攻击，在潜意识里，他在"著名分析师"的梦中把这些攻击的根源指向治疗师。不过，他还是保留最初他对治疗师好的内在特质的印象，所谓"好的"是指她对这些破坏性攻击具有免疫力。然而，他跟这个人物的救命特质唯一的联结方式，却是要把她送去进行科学实验，找出她的秘密。在他属于实验室的那部分聪明脑袋里，他想要机械式地进行此事，然后通过疫苗的注射，把那些秘密放进自己的身体里，而这一过程似乎等同于一种假内摄（pseudo-introjection）。他就能借此将治疗师的免疫精华注射到自己体内。感觉上，赛门认为治疗师／女人的免疫力是在历经痛苦的迫害攻击且存活下来的过程中获得的。

　　这番对赛门学习方式的讽刺图像，强调出他要将治疗师／一个人的特质内摄进来时所遭遇的困难，因为只有在精神上而非肉体上内摄，治疗师的能力才有可能成为他真正的力量来源，在他的内在正常运作。他真正的困境在于要如何在自己内在世界"亚马逊丛林"的威胁中存活下来，而不需要以狼吞虎咽的方式吞噬他的治疗师，或侵入性地去认同她被自己偷窃的特质。他又是如何让自己去经验、去面对分离与失落带来的痛苦呢？为了不想受苦，他让自己成为一个伪治疗师，选择注射疫苗来躲避痛苦。

　　赛门在下次治疗时间带着一股因嫉妒而产生的愤怒而来，他认为治疗师上次的诠释虽然聪明却也很技术性，并且激动地用言语攻击她。他愤怒地描述她是如何"毫不费力地"抹除了他想寻求解药的单纯渴望，还说他以为自己能够"偷走"无痛的解药，而不愿去体验自己经验中真实的痛苦。带着一丝轻蔑的态度和一点绝望的口气，他说尽管自己大量地阅读过许多精神分析理论，对"投射、内摄认同、内在客体这些花哨的概念"其实一点也不懂。这时他的治疗师了解到在上次治疗中，她陷入他的智识化系统里多深。而这所导致的结果是，她不只强化了他在对抗自己渺小、被抛弃的感觉时所采取的防御体系，也强化了为抵御她自己的感受性而升起的防御系统，以对抗他在对她感到失望、觉得治疗师无足轻重时，对她释放的心智毒素。也许是治疗师运用自己观点的倾向，让赛门将她和父亲联想在一起，而这和赛门需要从母亲身上得到的特质完全相反，使赛门更难去抛弃他对亲密关系的两极化观点。

回想起来，在"著名的精神分析师"梦境里出现的技术上"错误"，指的就是这种会参与赛门投射系统的倾向，而使得赛门必须"前进"去找另一个有名的精神分析师。他在过去接收到的观念是为了求生存，他必须吃掉自己的母亲（"用尽别人，继续前进"）。在这次治疗中，他的治疗师很容易就变得跟那些令人畏惧的教授一样。实际上，她在给他一番关于精神分析理论的"说教"时，所做的是在保护自己，以免受到赛门的否认与敌意攻击，也就是说她和赛门一样，依靠知识体系的运作来逃避当下情境所带来的痛苦感觉。这种想要防御性地退却到理论中的诱惑，加倍强化了病人的问题，使个案无法得到思想的粮食，却激起他的嫉妒感。可理解的是嫉妒激起了更多强烈的口语攻击，破坏病人和治疗师之间亲密关系的联结，也破坏赛门对这个提供力量与洞识的好资源的信任感。

对这几次会谈的了解，使治疗工作迎来了转折点。在这之前，要削弱赛门这种习惯性"吞并模式（incorporative mode）"的吸引力一直很困难，在这个模式中，任何他认为的好东西都会被他"吞噬""接收"过来当作是自己的。现在，赛门似乎比较可能去认同与感激他人独特的价值，不再去把那些价值当作是可以立即占有的东西，而是他可以吸收、内化的真诚特质，让那些价值成为他能深爱与信任的根源。后来的这个内摄过程通常很难描述，因为它是逐渐发生的，而且几乎都是在不知不觉中发生的（见十一章），但是从赛门的梦中，和其他在他的生活中逐渐变得明显的改变，清楚地显示赛门的内在开始产生变化。

赛门在治疗过程最后所做的几个梦中，有一个梦说明了他过去与现在的心智状态间的转变。

> 他回到家时发现邮差在门口留下一个大袋子。他开始打开袋子，发现里面有些奇怪的零碎物品，让他联想到某些非常先进的技术性知识，而且和他过去自大全能的心智状态有关。他继续探索，发现这些零碎变成了铁道，还有桥梁、隧道等等。他忽然明白袋子里装的是一组火车，他觉得那跟他在大约3～7岁之间有过的那一组类似。

赛门叙述这个梦的方式令人印象深刻。他对玩这组火车的回忆里，在描述火车是怎样穿过桥下进入隧道的细节中，有一股强烈的俄狄浦斯味道。仿佛他的内在世界／袋子现在所涵容的不再是那些片段、零散的专业技术与知识的碎片，而是真诚的母亲与父亲，他现在可以忍受母亲和父亲是配偶关系，而且能以一种他在孩提时面对这种处境时不可能做到的方式，来内化父母的形象。

他还有其他许多梦境逐渐地导向下面这最后一个梦，每个梦都以不同的方式呈现出赛门正在从投射性认同中走出来，过程中显示出赛门对自己的感觉越来越完整。他说他觉得自己不再只是活在"角色（role）"之中，而可以感觉到自己真的拥有能和他的外在成就匹配的内在特质。他不再只是像个成功的学生，而是觉得自己会成功。另一个治疗后期的梦境显示出他似乎做了一个"决定"，也就是要放弃他的投射性自我（projective self），去扶持一个更为真诚的自我：

他沿着最初从家乡小镇到大都市去的那条路出发。（在途中，他有了一连串重要的经验，就这样在梦中，解除了几年前他走在那段最初旅程时的心智状态。）他经过一家鞋店，里面展示着暇步士（Hush Puppies）*的鞋，他想到那是教授会穿的品牌。就在那时候突然大停电，赛门闪过一个念头，觉得自己可以摸黑偷一双鞋来穿，没有人会知道。不过他决定不要这么做。这时电力恢复、灯又亮了，赛门发现他对那些鞋的想法完全错误，这些鞋并不如他所想的那么具有吸引力，现在它们看起来很不一样，有些"寒酸"、虚伪。下一家店是一个地下室，卖唱片、卡带、光盘（这是他在梦中与现实世界经常拜访的流行文化世界，这个世界代表了他的投射模式，在其中，他认同了一群不动脑的群体，缺乏个体性或能持久的特质），他再度过而不入。接下来，他偶然看见他的弟弟在浴缸里和他的同事在一起（赛门相信那个同事是一个同性恋），他轻轻地将弟弟抱出浴缸。

梦中的弟弟／自我，以突出的方式描绘出困惑与折磨着赛门的同性恋欲望的幻想情境。这个梦表达出赛门放弃各种困惑、投射与诱惑的可能性，但要由什么来取代还不清楚。同一星期的另一个梦中，对于自己可能就要离开他的研究职位，而且治疗很快就要结束，赛门有些沮丧：

他发现自己是一个4岁大的男孩，坐在厨房餐桌旁。他的一位教授走了进来，一副爸爸刚下班回到家的模样，以慈爱、不具性爱意味的父亲姿态，温暖地对他又搔又抱地招呼着。

---

* 一个美国的鞋履品牌。——译者注

这个梦让赛门更深刻地感受到一股深层的悲伤，感受到一股对于往日关系质量的失落感与责任感（而不再像从前那样只会责备父母）。他也开始思考父亲真正的亲职能力，想起在这之前，父亲所拥有的那些遭他断然否认的温柔、关怀和钟爱的情感。如我们所见，过去他倾向于认同一个较为暴躁、冷酷、偶尔具有情色意味的男性形象，其结果是认同产生问题，使他的青少年期非常不快乐。他认出那些高高在上、言词挑剔的教授，事实上代表了他自己的某些方面，是当他觉得受到威胁、忽略时，会去认同的人格形象。当他越来越有自信心，他这一面的爱恨关系的力量便开始淡化。

在赛门走出投射性认同的过程中，很重要的一个因素是对于治疗的结束及研究的完成，能够发自内心真诚地哀悼。过去在面临分离时，他会以各种方式保护自己免于焦虑，比如采取防御性的自大全能，并否认痛苦；或是产生同性恋幻想；或是以刻板的方式分离他内在的男性与女性形象。现在，他可以描述内在这种强烈的哀伤，描述要离开一个真实且温暖的关系所感受到的痛苦，以及"思念"和渴望的经验。他有一种想要对他人慷慨、温暖地付出的欲望。他说他的志向是要成为一个能够真诚帮助别人的人，而不是个成功的人。"离开"所意味的不再是"利用完了、继续向前"，而是一种带着一丝期待的强烈失落感。他似乎不再将学习方式作为对抗忧郁之苦与俄狄浦斯冲突的防御武器，他也比较可以运用心智来体验情绪，而不是一味地去控制情绪。从俄狄浦斯的角度来看，赛门似乎发生了改变，这在他对治疗师的关系中特别清楚。对于他亲近的人所具备的男性／女性、阳刚／阴柔的特质，他不再像在蜗牛与蜘蛛的梦中所呈现的那样混淆，他也不再需要将这两种特质隔离开来，相反地，这两种特质现在可以彼此共存，就像一对拥有亲密关系的配偶，彼此关爱。

他的日常生活开始出现爱、关心、感谢、依赖、共同合作这些能力，他的梦境也随之较少像过去那样，出现成为著名精神分析师的情节，而比较容易出现去探视住院的祖母，或是为母亲买盆栽这样的活动。他展现出一种仁爱、可以嬉闹、能享受平凡事物的气质，与此相呼应似的，他的身体也变得饱满，终于能和他的脑袋成等比了。赛门的人格越来越整合、完整，使他越来越有自信，他第一次真心诚意地表示想要拥有亲密关系。有一次他不带半点浮夸的意味，突然说他觉得自己有时候能对别人产生正向的影响。他开始了解到自己是可爱的、能不"费力"就让人感觉友善，而且已经开始从"丑小鸭"蜕变成长，虽然还不是无所畏惧，但至少更坚定了。虽然遭遇到许多困难，但他开始察觉到自己的改变。他的自我认同有了新的疆界，不过这个新的疆界自然也还"未经尝试"。他说在某个阶段他开始相信事情能有好的结局。然而，一想到要开展未来的人生，他就感到害怕，而且担心他人生中真正有趣的部分，并不在往后的日子里，而是在将他带至目前状态的一切错综复杂、难以预料的事物中。

赛门有勇气让自己经历这些痛苦的挣扎，让自己变得"真实"，而他结束治疗也是为了让自己迎向未来的生活。对他来说，要做到这一点，他需要的是削减内在的攻击冲动（这攻击冲动多半呈现在他运用心智的方式上），还需要一种可以将内在各种已分裂的元素整合起来的能力，不管那是呈现在对治疗师的移情关系中或是真实生活中。过去，由于他的投射倾向恰好适用于他所深受吸引的知识领域，这个投射倾向的僵化现象因而受到强化，现在他已变得比较真实，他可以放下这种僵化的投射倾向，而能对父母的个体及配偶形象所具备的真实与分化的功能，产生不同的认同。这项改变是很重要很根本的改变。他变得更有能力和他人、和自己内在不同的部分形成真诚的关系。这项改变标示出"从相似至认同（resemblance to identity）"的转换。最后他看来终于有可能从混乱的青少年期，过渡到比较真诚的、有爱的成人自我。欧内斯特·琼斯（Ernest Jones，1922）说我们可以发现在青少年时期，"爱人的能力将因渴望被爱而增强"（p.39）。赛门的改变似乎正是基于此。

通过描述赛门在治疗中的各个方面，我们有机会去追踪某一特定治疗过程的演化发展，与个人于内在持续成长发展的能力，这两者之间的一致性。作为情绪发展较慢的人，赛门发现，要从青少年早期的困惑迈向成熟的心智状态，非常困难。他最后能够跨过这门槛，最主要的关键在于他能修通他和治疗师的关系，另外，也和他能够忍受外在世界也有结束的时候有关。这些事件中的某些经验使他开始能从内在走出局限、疲惫的心智状态，同时对于能促进而不是阻碍他发展的好特质变得较有接受性。这当中特别值得一提的，是赛门和治疗师关系的改变。这些改变让我们注意到的是，涵容者——不管这是父母还是治疗师——能持续保有弹性，让青少年拥有能成为自己的自由，对青少年来说是很重要的。

过去，基于需求与不确定感，赛门以真实的自我为代价，生活在僵化的投射模式中。但是逐渐地，他否认自己人格中好的或坏的方面的倾向，越来越少见。过去他一直把那些他还未能承认是属于自己的特质，归给他所塑造的他人形象。但现在，他开始有能力去摄入他在情感上感到亲近的人所具有的真实能力，使自己的内在世界得以受惠。当他这么做时，尽管距离真正发生的日子可能还有一段时间，他至少开始可以想象，有一天他可以发展出真诚的亲密关系。在寻找更真实的自我感的过程中，赛门开始找到一个对"存在于世界中的自己"更真实的评价，这正是济慈所描述的过程（1818）：

> 在我看来，拥有知识的高感觉（high Sensations），和不具知识的高感觉，两者之间的差异在于，后者中，我们就像是没有翅膀、双肩赤裸、心中充满恐惧的生物，坠落到万丈深渊又被炸上来；而前者，是我们的肩长了翅膀，毫不畏惧地穿越了与后者相同的领域与空间。（*Letters*，p.92）

注 释

1. 比昂（1970）曾对"负极能力"（Negative Capacity）下过批注（pp.125-129）。"负极能力"指的是一种开放性、接受性，但是济慈可能有特别原因要把它的含义延伸得更远。斯蒂芬·库特（Stephen Coote）曾写道（1995）："……济慈之所以选择'负极'这个词，几乎可以确定是源自他所做的化学演讲，在他的演讲稿中，'负极'所指的不是拒绝、减少或是消除，而是具有共振的接受强度（sympathetic receptive intensity）。这就像济慈曾为了好友贝利（Bailey），将伟大心灵的活动比喻为催化剂，因此对他的兄弟们而言，他可能暗指真正诗人的'负极能力'就像是电的负极：负极是消极的，但是它的接受力却和正极相当。"（p.115）济慈也明白"权威的巴特勒主教（Butler）认为即使一个人对宗教的本质及证据存有极大的怀疑与不确定，他仍可以拥有宗教信仰。"

2. 克莱茵（1929）认为处于偏执—分裂心理位置时，对于父母性交的观感会是惊吓的，甚至是恐怖的连体形象。这个幻想形象是经由将婴儿口腔、肛门、生殖器的欲望，投射到父母破坏性性交的想法上而产生，感觉这种性交是持续不断的、如野兽般的，就像莎士比亚所说的"双背怪兽"（p.213）。这种原始的"联合客体（combined object）"和后来在抑郁心理位置所感知到的非常不同，后者所感知到的是具有创造性结合的双亲关系。后者这种良性的"联合客体"，是赛门开始可以联结、欣赏，且视为自己内在世界中具创造力的人物。

第十一章

青少年晚期：小说中的人物

> 某些书，就像某些艺术创作，会让人产生强烈的情感，激发成长，不管你愿不愿意。
>
> ——比昂（W. Bion）

不管结局是好是坏，整个青少年阶段，投射倾向都比内摄来得明显。年轻人在尝试着要追寻、要发现"我是谁"、要更清楚地界定何谓存在于世界中的我之际所产生的焦虑，往往会激起极端的防御性分裂及投射；但是在这段自我探索、自我界定的路途上，其他为增进对自己的了解所可以采取的更稳健、更具探索性的方式，同时也在发展。这些方式涉及了不那么强烈与极端的投射，也包括珍视并摄入有助于发展自我的心理与情绪能力。由于从青少年过渡到成人期是成长的一个关键阶段，在此我们要更详细地探讨内摄过程的本质——这些过程对赛门来说，是他之所以能够改变不可或缺的要素。

内摄过程的本质就是能放弃对外在人物的依赖与依附，且能将这些人物的特质加载心中，成为激发、鼓舞人格独立成长的资源。这过程，如我们所见，包含了对——那些正要放手让它去或觉得已经失去的——客体进行哀悼的能力。经过这个过程的强化之后，个体或许会觉得要往前走下去是可能的。这过程需要时间。艾略特在《米德尔马契》中有一段关于多萝西娅内在转变的细腻描述，或许与此过程颇为接近：

那新的、真实的未来，充满无尽的琐碎事情，取代了她原本的想象与憧憬，她的想法逐渐转变，脱离少女时代的幻梦，那就像是手表的时针，悄悄地在时间中往前递移。

我们很熟悉以下弗洛伊德的观点：青少年期成就的核心来自能成功地使性别认同明朗化、找到性伴侣并且将肉体的性及精神的性结合在一起（见第九章）。青少年一直以来所挣扎的，就是要发展出能拥有亲密关系的内在能力。对某些人来说，可能需要许多年、经历不同的尝试后才能发展出亲密的能力。而且，在这阶段发展出来的配对，不论外表看起来如何，其实可能和他们的心智状态是否已从青少年过渡到成人期无关，也可能和我们刚刚提过拥有亲密关系的内在能力没有关系。这种配对的组成元素可能恰恰相反：是一种在要面对进入成年期会产生的焦虑时，所导致的防御性结合。

如我们先前所提，青少年最主要的课题之一是建立起一个属于自己的心智，这个心智根植于但又不同于其所认同的来源及模式，也就是家庭或更宽广的学校和社会环境。孩子在青少年晚期对于分离的挣扎，和在青少年早期所面对的分离挣扎有所不同，而这个挣扎对他要成为独立个体来说是很重要的过程。通常在这时期的青少年，会开始从令人耽溺的复杂团体生活，及多层次且持续变化的人际关系脱离出来，这个错综复杂的过程是他与父母及家庭分离过程的一部分。不同于过去，他将要面对更极端的分离，也就是要离开家庭及学校，要比过去更独立。这是充满希望与期待的时刻，但对许多人来说，这同时也充满哀伤与痛苦，有些人甚至因为没办法适应而崩溃。

如我们在接下来的年龄层（指成年人）所见，这个挑战会成功或失败，取决于个体在过去是如何协调爱与失落的经验，确实这些经验可追溯到生命之初。这个协调过程的本质，和父母亲能否放手让孩子发展，并且在孩子摸索过程中给予帮忙的程度，息息相关。离家所带来的痛

第十一章 青少年晚期：小说中的人物

苦，强烈考验着青少年的心。在此分离过程，青少年会自发地想在家庭之外寻找一份亲密的伴侣关系。青少年有没有能力建立深入且持续的关系，和一连串复杂的内在过程有关，这些过程在青少年期几乎毫无例外地，除了带来好处之外也会带来问题；而问题的中心在于一个人经验失落的能力有多少，由于童年已经一去不复返，而进入成人的世界又势在必行，这个失落便显得特别严苛。

要成为自己（现在到永远），需要的是能舍弃心目中对自我、他人以及关系的理想或贬抑版本，而选择真实世界里的模样；也需要重新调整梦想、选择与希望（不管那是出自自己的决定或是被迫不得不如此）；也要能容忍机会的流失，以及人生道路的错失。年轻人在要往前跨出的同时又要松手让过去流走，痛苦的冲突于是产生。其实一个人在生命的每个阶段都会遭遇到这样的困难，但是在重要的转折点时，譬如第一次上学、终于从职场退休、在退休后展开余生时，这些困难会显得更难以招架与妥协。这类型的失落考验了一个人哀悼、感到自责、承担责任、体验罪恶感及保持感恩心态的能力。所有这些能力在根本上都与一个人爱的能力有关，也和他在投射及内摄过程所达成的平衡本质密切相关，而这个平衡是在生命早期就建立起来的。

要细论病人在分析治疗过程中所发生的内摄过程，可能要写上一整本书。事实上，要能详细描述性格急遽发展与成长的那一段的过程，的确是需要一本书的长度。19世纪小说的内容分布正是很好的例证。在小说叙述的过程，最常被描述到的就是青少年晚期的历程，也就是人物如何逐渐地发展出拥有亲密关系的内在能力。"结婚"这种外在事件象征着跨入成人世界的开始，也宣告了在对抗传统所赋予的角色并建立自我空间的青少年晚期挣扎，已经结束。因此婚姻事件表现的是在故事中，角色因为彼此之间的冲撞而发展出来的内在能力的体现。许多19世纪小说都以人物从最初对婚姻的观念（通常是受文化影响的、契约式的），过渡到最后拥有结婚能力的过程，来描述内在能力的转变。

这个转变是受到个体由原本的分裂投射倾向逐渐转变至内摄倾向所影响，或是受到在这两种倾向间逐渐重新取得平衡的过程，以及该过程中会发生的问题的影响。

我们会通过简·奥斯汀（Jane Austen）所写的《爱玛》（*Emma*），并简略地通过夏洛蒂·勃朗特（Charlotte Bronte）所写的《简·爱》（*Jane Eyre*），来探索这些内在发展的本质。这些内在发展正是青少年晚期的特征，但并不只出现在这个时期。这些小说中的婚姻制度，自然是建立在与当代婚姻相当不同的社会文化基础上。尽管如此，当代人物仍呈现出现代青少年晚期也存在的发展动力，只是以比较不明显的传统形式来展现。这种动力的目标是想遇见或辨识出真正的伴侣，并且发展出能够允诺维持终身关系的能力。

结婚的能力（the capacity for marriage）不应该和婚姻的契约关系相混淆。在19世纪的小说中，人们和现实生活一样会找对象结婚，但并不是所有结婚的人都具有在此所描述的"结婚的内在能力"，但他们也不具有**不**结婚的能力。契约式婚姻的功能要不是用来防御分离、失落与亲密关系，就是用来使未获解决的俄狄浦斯问题能永远存在。简·奥斯汀的小说，巧妙又痛苦地描绘出许多不好的婚姻，这样的结合全然不同于那种核心的发展，后者需要主角越来越深入自己的生命与爱之中。

每本书所描述的生命的令人赞叹之处，就是故事人物所展开的漫长内在探索之旅（odyssey）*的本质，主角们在旅程中受苦、忍耐、经受着自我欺骗，最重要的或许是面对了失落的经验，并从中存活下来。在《爱玛》中，主角爱玛曾宣称："我好像注定要这样瞎了眼，我以前就跟

---

* Odyssey 亦为《奥德赛》，为希腊盲诗人荷马所著，叙述希腊英雄奥德赛，在希腊大军攻陷特洛伊城后（即有名的"木马屠城记"），返回家乡的长途旅程。希腊人因触犯天神，旅途中充满致命的危险，唯有奥德赛经历10年的旅程，度过种种灾难、挑战与诱惑，他迷失在自己的旅途，经历生死，在历险中成长，最终回到家乡；而他的妻子在这10年中，坚贞不移。当奥德赛返回家乡，他扮演一位老乞丐，秘密联络旧日心腹及爱子，一举成功歼灭想霸占他王位夺取他王后的敌人，正式坐回他的王座之上。《奥德赛》被视为自我追寻的神话原型。——译者注

第十一章 青少年晚期：小说中的人物

个傻瓜一样。"爱玛是如何发展出能从自己所犯的错及失误中学习的能力？为什么有些人可以拥抱成长的可能性，有些人却采取规避的态度，而选择较不麻烦的顺从，或去强化自己的防御堡垒？这些叙述式小说探索了年轻女孩如何进入成人世界，那不只是作者个人年轻时受局限的青春世界，也是所有当代年轻人迈向成熟的过程普遍会有的挣扎。不管我们是否熟悉故事的内容，其中所描绘的心灵困境却是不说自明的。

书一开始就如此描写爱玛·伍德豪斯（Emma Woodhouse）：

> 她漂亮、聪明、富裕，有一个舒服的家，性情愉快，全世界最好的祝福似乎都集中到她身上，而她就这样生活在一个几乎没有痛苦的世界里近乎21年之久。（p.37）

在书的第一章，结婚的主题马上就出现了。确实，书的开始、中段及结束，都环绕着婚姻的主题。爱玛在不同的婚姻结合中所扮演的角色，鲜明地描绘出爱玛内在的转变过程：从孩子般自大全能的状态，经过防御性的操纵过程（典型的投射模式），到拥有某种程度的自我认知，以及较成熟的感恩及谦卑态度（这是内摄模式的特征）。转变过程中主要的关键是爱玛和奈特利先生之间关系的变化，在这段关系中，爱玛这位首席媒人（arch-matchmaker）在奈特利身上，找到了"对手（match）"，也是她的"造就者（maker）"。[1] 发现奈特利和她是"匹配"的、是她自己正在内化的特质的具体呈现，这个迂回的发现过程使整本书的发展充满魅力与教诲意义。读者从一开始就能毫无疑问地看出，奈特利（一位地主，是当地最绅士与合宜的候选人）是适合爱玛的男人，但是爱玛却像瞎了眼一样花了很长的时间，才终于能够舍弃她的投射与自恋式防御，终于"看见"在别人眼里再清楚不过的事实。

在书的第一页就出现了威斯特先生与泰勒小姐的婚礼。泰勒小姐自爱玛母亲16年前过世后，便担任她的家庭教师至今。"失去泰勒小姐让她第一次尝到哀伤的滋味。在这位挚友的婚礼当天,爱玛第一次耽溺在忧伤思绪之中。"(p.37)不过爱玛的性情很快就让她从忧伤中跳脱。去经验自己是创造这场婚礼的人,而不要去经验所谓的**反转俄狄浦斯情结**(Oedipal reverse),这让她免于处于太长或太剧烈的伤痛之中。

"你忘了我还有一件值得高兴的事呢!"爱玛说:"而且不是一件小事,我在4年前就为他们配了对。当大家都说威斯特先生不可能再婚时,它却真的发生了,证明我是对的,这就足以让我感到安慰了。"

奈特利先生对她摇摇头。爱玛的父亲则温柔地回答说:"喔,亲爱的,但愿你不要再撮合别人、做什么预言了,因为你说的话都会应验。"[爱玛的父亲,伍德豪斯先生"一生体弱多病"(p.38),是典型煞风景的人,他反对任何对生命与关系的赞颂,因此特别反对婚姻。]

"爸爸,我跟你保证,我不会给自己配对,可是我一定要帮别人配对,因为那是世界上最有趣的事了,尤其是在这次的大成功之后!"……

"我不知道你说的'成功'是什么意思,"奈特利先生说,"成功需要的是努力……你有什么功劳呢?你有什么好得意的呢?你只是恰巧猜对了,就这样而已。"(pp.43-44)

这段相当清高的对话存在着许多暗示,从中我们立刻就能看出爱玛配对的举动,事实上是一种防御手段,用来对抗自己对于亲密关系的欲求,但同时又可以去尝试看看亲密关系是怎样的一种感觉。她给自己强加上要留在家里照顾有如孩子般父亲的义务,在这义务的保护下,她可以永远这样扮演假大人的角色("从很久以前就是家中的女主人"),让自己不会暴露在想要依赖他人的风险中。她习惯"做她想做的事;虽

第十一章 青少年晚期：小说中的人物

说相当尊重泰勒小姐的意见，但还是以自己的意见为准"（p.37）。

爱玛完全没有想到要去追求一个**自己**可能会在乎的男人，却忙着在想象和现实中注意别人的举止，但她主要是在替她的朋友海丽特·史密斯（Harriet Smith）注意，因为这样她就可以耽溺在配对的念头里，却不用冒险投入自己的感情。爱玛有一种能量，令人感到刺激，也会引发旁人的兴趣，就如同奈特利所描述的："想到爱玛时会让人感到焦虑及好奇。我好奇她会变成怎样的人？"读者也受到感染想知道爱玛将会有什么遭遇（"这时，爱玛脑中闪过一个巧妙的、栩栩如生的猜疑……"）。小说花了许多篇幅来描述爱玛的配对过程，或去假想谁与谁是适当的配对，而她鲜少允许自己进入复杂的关系中。爱玛对于配对沉迷，可以解读成她在保护自己免受爱与失落经验的伤害，而她无法放弃照顾父亲的那份忠诚或许是基于焦虑，担心自己会暴露在因为全然不同的亲密关系而产生的情绪纠葛之中。故事的主轴描述的是对亲密关系的可能投射，所会产生的极端复杂的纠结与解开纠结的过程，在此所要面对的亲密关系并无法在一开始就以直接或立即的方式达成。问题是，是什么让爱玛最后终于能够摄入，并且学会欣赏奈特利所呈现的能力与特质？是什么让爱玛愿意冒险去投入自己真实的情感，而不是去"处理"别人的情感？

起初，海丽特完全符合了爱玛的防御目的，既是她所亟需的同伴，也是她投射的工具。爱玛没有能力辨别出自己想象中所感兴趣的依附对象究竟是谁，这显示出在她在能辨认或准备好为自己寻找一个终身伴侣之前，她在潜意识里否认了一般青少年对幻想与试验的需求。一段关于爱玛艺术才华的描述，精彩地指出青少年多变的兴趣与热情，以及爱玛对于被他人称颂的自恋满足：

> 许多她初试的作品都被陈列出来了。极小幅的画像、半身像、全身像、铅笔画、蜡笔画、水彩画，她都一一试过。她总是

什么都想做……她弹琴唱歌，能以各种风格作画，但是她一直缺乏持续力……关于自己身为艺术家或音乐家的技能，她并不欺瞒自己，但也不愿让别人把她名过其实的成就信以为真……画像总是能取悦大家；伍德豪斯小姐的表现一定是一流的。（p.72）

然而，她所画的约翰·奈特利先生的画像，却无法取悦奈特利本人*。"我生气地把它收了起来，而且发誓永远不再给任何人画像"（p.73）。

这段文字描绘了投射模式中较为主动的方面，通过这个我们已经熟悉的投射过程，个体（尤其在青少年期）可以将自己内在的方面投射至他人身上，再与这些方面做联结（不管是接受或排斥这些方面），以此来探索"我是谁"。对爱玛而言，这议题更为复杂，因为她不是自己去实验那些可能性，而是推出了海丽特，以无比的困惑、自我欺骗、错误的认知，将海丽特推上舞台，持续地强加了许多失望以及不必要的困扰。起初，海丽特是如此顺从，爱玛或多或少可以随心所欲地从海丽特身上诱发出自己想要的东西。爱玛十足是个投射者；但是如我们所见，她知道、也不拒绝自己同时也是别人投射的对象，有时甚至被投射超过了自己所能。奈特利则扮演了爱玛的真实和幻想能力之间的试金石，始终保有判断力、责任感、道德感、无私的、正直的心，是一个真正的绅士，真正的骑士。"事实上，奈特利先生是少数能看出爱玛的缺失的人之一，而且是唯一会对她据实以告的人"（p.42）。他看出爱玛永远不会愿意去做需要勤勉与耐心的事，也不肯去深入了解事物。故事告诉我们奈特利的举止非常优雅高尚，对简·奥斯汀来说，良好的举止往往是一个人道德品质的真实指针。

当爱玛声称自己成功地撮合了泰勒小姐的婚姻，奈特利却质疑她时，他实际上是在表达对她诚实的、深切的关心，尝试鼓励爱玛去思考

---

* 小说中描述，奈特利对此画像的评论是：只是太漂亮了……比本人好看……但严格说来，那也是一种错误。——译者注

她行为背后的意义及可能的后果。他清楚地感受到爱玛有个问题，也就是感觉不到她还有什么**要**学习的："有海丽特呈现出如此令人愉悦的劣势时，爱玛如何能想象她还有什么要学习的？"奈特利能在正常拜访时间之外自由地进入爱玛家中，说明了就某种程度来说，奈特利一直存在于她的家里（心里）。罗纳德·布莱斯（Ronald Blythe）对这聪明的双线索有所描述，从这两条线索中，读者"通过爱玛的眼睛来观看，但又必须通过奈特利的标准来判断"。（1966, p.14）正是这种双线索让读者得以追溯爱玛内在的自我与他人关系的演变过程，并能看到爱玛的自恋投射模式逐渐减少，开始有能力去真实地感知自己及外在世界。奈特利和爱玛之间的关系，和比昂说的"涵容者／被涵容者（container/contained）"有许多共通之处。如我们所见，这关系的原型就是母亲与婴儿的关系，而分析师与被分析者之间的关系是这个原型的模拟。婴儿能不能思考与学习，其先决条件是看是否有一个外在的心智，可以将他所投射的沟通内容和排泄物内摄进来，不论那内容是带着爱意或恨意。如此，他就可以将他的感觉投注在另一个人格中，这个人格被认为具有足够复原力可以包容各种不同的感觉。我们可以在青少年晚期清楚地看到，当自我能以可促进思考与了解的方式受到内摄，借此满足对自我（也就是投射性认同）被内摄的好奇时，正常的发展就能发生。假如这个满足好奇的过程能发生在外在世界的人物身上，就也能逐渐地发生在内在世界的人物身上。

　　有了奈特利作为爱玛的涵容客体，爱玛固执的投射模式开始逐渐削减至"正常"的比例，她的内摄能力也逐渐增加。奈特利对爱玛影响力的逐渐增加，让读者体验到在良好的内在人物影响下的心智成长过程。起初，爱玛对奈特利的告诫往往不予理会。她声称奈特利只是在开玩笑，借以躲避自己的忧虑不安："奈特利喜欢对我鸡蛋里挑骨头，就像在开我玩笑，你知道，这不过是玩笑罢了。我们对彼此总是爱说什么就说什么。"（p.42）但是就算将这些合理化，也进行了自我调适，她的心里还是感到困扰。"爱玛没有回答，并且试着让自己看起来很愉快，好像并不介意，但是她其实觉得很不舒服，而且很希望他赶快走开。"* 爱玛情绪上的盲点是这样绝对，她对于自己错误的主张是这样坚持，这让她要到许久之后才终于在惊恐中认清自己自我欺骗的程度。这认清意味着她内在某些部分已运作一段时间了，那是她几乎没有察觉的部分，而最后在害怕自己会失去情感上的核心的恐惧下，她的内在几乎崩溃。决定性的关键是在前往巴克斯山的野餐途中，她对年老的贝兹小姐表现出的残酷怠慢，让她非常自责而想要有所弥补。奈特利怒斥了她，她便转向自己的父亲去寻求安慰，这使她必须看清父亲（作为内在形象）在情感上的不足，以及他（作为外在形象）对**她**的依赖。过去，她看不到父亲的不足，这让她对自己有一种假成熟的感觉，产生一种人为的满足，因为那是建立在理想化及否认的基础上。读者现在可以观察到爱玛自己也逐渐察觉到自己内在的转变了，而此转变是读者老早就看到的。她发现自己内心情感的真相。这痛苦的自我了解过程里，没有什么值得沉湎，随之而来的是剧烈的羞耻感、椎心的自责及责任感，一种在灾难性变化下的混乱所产生的不确定感。

> 那天接下来的时光以及接下来的一晚，几乎不够她思考。她对刚才几小时发生在她身上的混乱感到困惑不已。每一个片刻都带来新的讶异；而每一个讶异对她来说都是一个羞辱。要如何理解这些呢！要如何理解她向来所做的自我欺骗，还这样地生活了那么久！她的脑袋、她的心，是这样愚蠢、无知！

---

* 这段话引述《爱玛》原文第八章。爱玛鼓吹海丽特拒绝马丁的求婚，因为马丁出身农家，爱玛认为海丽特和颇受敬重的牧师埃尔顿先生才是完美的搭配，且想方设法要撮合他俩，不知埃尔顿先生原来中意的人是她自己。而在此，奈特利诚实地表达和爱玛不一样的看法，认为马丁先生是一个有内涵、诚实且温和的人，且表达爱玛这样给海丽特灌输想法、增加海丽特的虚荣心不是一件好事。——译者注

第十一章 青少年晚期：小说中的人物

她试着静坐不动，试着四处走动，试着待在自己的房间，试着到灌木林走走。每一个地方，每一个姿势，都让她感觉到自己是这样虚弱。原来她被别人欺骗到这种令人心痛的程度，她欺骗自己的程度更令人感到羞愧；她是这样悲惨，而这一天可能只是不幸的开始。

她首要的任务是去了解自己的心，全盘地了解。为此，她利用了照顾父亲所需时间之外的每个空闲，运用了脑海不自主地心不在焉的每一刻……

她带着不可容忍的自负，以为自己知道每个人内心的感觉；带着不可原谅的傲慢，想要安排别人的命运。结果证明她完全错了，而且她并非毫无作为，而是种下了祸害。她害了海丽特，害了自己，而最让她担忧的是她也害了奈特利。(pp.401-402)

然而，不管爱玛最害怕的事是否会发生，也就是她会因为奈特利爱上海丽特而失去他，爱玛在情绪上仍有力量让自己可以继续走下去：

当事情的发展成这样（而这一切都是她自己的作为所致），她无法克制自己不吃惊、不发出长叹，或停止在房间来回踱步几秒钟，而此时唯一能为她带来一丝安慰、让她镇定的是她想要改变自己行为的决心，以及她对自己的期许：不论她的心灵和乐趣有多么低下，下一个冬天和从今以后的每个冬天，她都会比以前更加理性、更了解自己，好让她对已经逝去的不会有太多遗憾。(p.411)

在让爱玛得以"更了解自己"的关系中，还有另一种难以察觉的改变悄悄发生着。当一个人可以从另一个人的内在能力中学习且因而成长，对方也同样会深受影响。"那些能信任我们的人，才能教育我们。"[2]

就像分析师可以从病人身上学习、父母可以从子女身上学习，奈特利也从爱玛的身上得到学习，也有了成长。这个变化虽然细微，却很重要。早先奈特利对爱玛的观察是："当她母亲过世，她便失去了唯一有能力可以应对她的人。"很明显地，奈特利在此扮演的是父辈的角色，然而当他嫉妒但又无私地认定爱玛对弗朗克·丘吉尔（Frank Churchill）这个让他害怕的竞争者怀有感情时，他才明白他对爱玛的爱不单纯是父辈的爱，而是根植于欲望的爱，他想要她成为自己的妻子。换句话说，他发现自己内在有可以结婚的能力了，而这是在本书一开始，他所欠缺的能力。他突然发现自己真实的这一面，他不再怀有之前爱玛宣称自己永不结婚时，那种无私的兴趣（"我好奇爱玛会成为怎样的人"），而是对爱玛的情欲渴望，到最后他动人地轻描淡写："假如我爱你少一点，或许就能多说一点。"（p.417）

爱玛以为自己失去了奈特利，这让她察觉到自己对奈特利真正的情感。在嫉妒之火被点燃后，她才发现自己对奈特利投注的不只是对一个父辈的感情，尽管这对她也很重要，但在不知不觉中她燃起了对希望与重新开始的渴求，而这些情感能力通过婚姻的念头呈现了出来。"这个念头像箭一般地贯穿了她的心：奈特利的结婚对象只能是自己，不能是别人！"（p.398）此外，她那难以察觉的内在发展，使爱玛尽管相信自己已经失去所爱的人，却仍能独自对未来保有希望。读者因而得以感受到爱玛的内在发展，是如何在她所深情依附的人的内在能力变化下，得到启发与激励，而这都在她对一切发展一无所知的情况下发生。逐渐地，爱玛从一厢情愿的幻想中，朝拥有成长及改变能力的方向发展。

书中最后关于爱玛内在状态的描述，明确地指出性格转换的重要性。其中最重要的是对自己的认识、真诚，这些能力正是内在结婚能力的基础，也就是在内在具备为人父母的能力、道德标准以及对性欲望的渴求。对爱玛来说，要能指认出具有这些特质的人对她有何意义，她必须能从一个虚荣的、自我中心的、迷人的青少年女孩，长成一个年轻女性，开始有能力采取更具成人意味的自我认同。这种成人心智状态的特征是谦卑、感恩、懂得关怀他人，这些感觉使成熟的亲密关系有机会产生，即使自己还没能察觉。爱玛便是如此：

> 她还能盼望什么？除了让自己成长到足以与他匹配之外，什么也不期盼了，因为他的用意及判断能力一直以来都远超过她。除了从自己过去愚蠢的教训中学到在未来要更谦卑、更谨慎周到之外，什么也不期盼了。(p.456)

关于爱玛和奈特利未来人格发展上的可能性，以及两人关系的发展仍是未知数，小说最后，关于她是否能够真正脱离家庭而独立这问题，也没有答案。至少，小说结尾时，她还没有离开自己的原生家庭，和丈夫到别处建立新的家庭。因为她结婚的条件是她仍和父亲住在一起，由奈特利加入他们。爱玛的成长之途，仍有很多需要克服。

小说中的主要人物，在身体及心灵上对于和原生家庭分离的中心问题，并没有得到令人信服的内在解决，这在小说《简·爱》中也是如此。夏洛蒂·勃朗特以诗一般的美妙语言描绘出对于"生命的真实知识"勇敢追求的过程。书中对女主角简·爱的孩童时代、少女时代，以及从青少年期蜕变到成人期的过程，有非常细腻的道德上、心理上的探察。夏洛蒂描述出在追寻真理的过程，主角历经痛苦的磨难并努力寻求解决。书中另一位主角，同时也是简·爱所爱的人，罗彻斯特先生（Mr. Rochester）经常会被拿来和奈特利做比较，因为他也很温柔、有力，而且他在故事的主要关系里，带有俄狄浦斯的弦外之音。这个俄狄浦斯方面，在简·爱对她那具拜伦式英雄风范的"主人"*所存有的性与情欲的依附中，特别明显，这个方面也和两人最终的婚姻关系本质有重要

---

* 简·爱是罗彻斯特聘雇的家庭教师，寄住在罗彻斯特家中。——译者注

关联。

简·爱决定要离开罗彻斯特以及桑费尔德（Thornfield Hall，罗彻斯特先生的家）的那一天，内心无比煎熬，因为她发现一个惊人的秘密，就是罗彻斯特先生已经结过婚，而他的太太贝尔莎（Bertha）是个疯子，被锁在三楼的一个房间里。而这同一天的稍早，她才刚答应罗彻斯特要嫁给他。简·爱所承受的巨大痛苦与精神折磨，深沉、强烈到几乎让人无法承受。要离开的当晚，她陷入片刻的浅梦中，梦到早期创伤的经验，就是她被关在老家盖茨黑德（Gateshead）的"红屋"里。那时她还是个孩子，她的惊恐和被抛弃感，还有生命中所有好的东西都会消失的失落感，让她几乎发狂。从文字描述中显而易见的是，这段早期记忆具有重大的俄狄浦斯含义。这时她在半梦半醒之中，听到了像是来自月亮的白色人形发出声音："逃离诱惑吧，我的女儿。"简·爱回答："妈妈，我会的。"这个段落以及在此之前的内容，暗示了简·爱若想拥有能建立起真诚亲密关系的能力（在此指的是与罗彻斯特建立亲密关系），她必须先解开她自己内在的结，她必须先放弃属于婴儿期／青少年期对爱情的幻想。她自己和她所爱的人，还有许多关于自己的部分要学。简·爱必须通过放弃来体验失落所带来的冲击，必须认知到自己对他人[约翰·里佛斯（St. John Rivers）]需求的屈从，所产生的是依附关系，而不是去获得与他人建立平等、互惠关系的能力。

罗彻斯特的火灾意外，烧伤的视力和残废的手，象征他已是不同于以往的男人。在大火中，他失去了"邪恶"（"左"手）*的自己，这使他开始能有需求及依赖，并且摒弃骄傲的自大全能性格。如简·爱所说，在此之前，除了作为一个给予者和保护者外，他鄙视所有的角色。如今他承认自己如何"开始体验自责、后悔以及对我的造就者（Maker）顺从的期望"（p.495）。在经历失落、痛苦与悲伤之后，罗彻斯特的思考

---

* sinister，同时意指左边及邪恶、不吉利。——译者注

开始转向内在，让他的**心灵**之眼看得比他未失明之前更为清楚。他经验到羞辱、无价值感、感恩，以及目前深深的喜悦。

在本书的最后，夏洛蒂想让简·爱和罗彻斯特在各自遭受痛苦的经验后，能发展出可以结婚的内在能力，让他们最后有机会发展到结婚阶段。就跟爱玛一样，结婚的能力似乎深植于所爱的人于心中的**内在**存在里，此内在客体必须能忍受**外在**客体会有缺失、缺席或出错的可能。然而简·爱和罗彻斯特的婚姻却是一种特殊的关系。他们居住的环境非常隐遁，一眼望去，几乎无法在一片树林之中认出他们的家，"它残败的壁垣是这样的深绿……寂静的犹如平日无人的教堂；滴落在林叶上的雨声是附近唯一的声音。'这里会有生物吗？'我问道"（p.479）。两人几乎是一种共生关系：

> 没有一个女人能像我这样，如此接近自己的配偶：已然是他骨中骨，肉中肉。我对我的爱德华从不感到厌烦，他对我也一样，就像我们个别胸中心的跳动一样，一刻也不厌倦。因此我们总是形影不离。对我们来说，和对方在一起的感觉就好像独处时那样自由，也像与朋友在一起时那样欢乐。我们整天谈个不停：和彼此交谈就是让想法听得见、变得栩栩如生。我完全信任他，他对我也全然信任。我们的性情如此契合，成就了完美的合音。[3]（p.500）

《简·爱》及《爱玛》的结尾跟大多数19世纪的小说一样，尤其是乔治·艾略特的作品，留给读者许多疑虑。进入成人世界的内在旅程所具备的层次，似乎比小说故事找到一个结局，也就是具有潜在结婚能力的状态，更为深远。乔治·艾略特在生命晚期说，她从来没有对她的小说结局满意过，她想表达的或许是类型小说的危机。小说可以观察、描述成长的过程，这过程通常需要有个结局，但又不能真的有结局。她也可能是察觉到了另一个不同的议题，那就是对彼此承诺的配偶关系，所代表的只是一个重新出发的港口。这个港口同时标示出已经走过的里程，和有待走完的旅程。或许这些婚姻结合的不完美，所代表的不是终点的抵达，而是持续发展的潜能。在这两本及其他许多小说的结局中呈现出的不安，点出了这些问题：个体是否（或如何）在伴侣关系中持续成长；他们如何达成或维持心灵的独立自主；他们要如何去体验和容忍所选对象的真实面貌，相对于自己所想象的对方的面貌。这段有待走完的旅程很可能会持续引发它特有的失落感，无论是有意识的或无意识的，也必然会带来益处。结婚或伴侣关系的外在形式及结婚所需的内在能力，这两者间的区别——也就是其原始关系架构的基础——会深切地影响到婚后生活的本质；但这又是另外一个故事了。

这两本小说所描述的发展，是建立在内摄与投射过程间微妙的平衡状态上。当较为婴儿期、较僵化的投射，能够被接收并转换成可忍受且有意义的内容，这样的经验越来越多后，个体就能慢慢地成熟。若真能如此，那么不只是投射内容本身，连用来转化投射的能力也能成为人格的一部分；如此一来，个人便有可能从投射性认同中走出来，而这正是建立成人的自我认同及亲密关系的基础。

在这些故事中所见的主要情绪发展，代表了呈现在许多戏剧、小说中的一个过程，通过19世纪伟大的小说具体而细微地呈现出来。[4] 本章所探讨的情绪发展，理清了一种特定的关系建立方式，也就是后来所谓的内摄模式或内摄性认同。但是那"某种东西"究竟是什么，却经常在对此过程的理论探讨中遭到忽略，或说得不够清楚。比昂认为学习是一种以内摄为基础的能力，因此他所提议的学习过程远比克莱茵所说，将"能支持与保护自我"的好经验内化的过程来得复杂。在比昂的看法里，以及在所提及的小说人物的实践中，学习的基础在于能**拥有**情绪经验的能力，而且这些情绪经验是有意义的，并能进一步成为深入思考和更高层次抽象观念的基础。这样的经验往往发生在当下的片刻，也就是没有受到其他顾虑的过度干扰,譬如"着眼于未来""对过去有情感依附",或是太实时"觉察到后果",或是"对所熟悉的束缚"怀旧不已等思绪。

梅尔泽(Meltzer,1978,1994)指出,比昂所说的临床上个案暂时失去"记忆与欲望"的现象与此内在状态有关,即,比昂察觉到的一种情况:对过去的意识或对未来的盼望,会干扰或融入当下的经验(p.463)。因此,能够真诚地投入当下的情绪经验是一项难得的成就,在应对成长与发展过程中的冲突及扰乱时,这项成就是必不可少的。也是出于上述原因,这项成就也经常很难达成。

在我们所讨论的两本小说中,决定性的发展步骤之所以能够进行,是因为经历强烈的情绪经验后,这些经验迫使有能力忍受这些情绪冲击的主角们去"思考";而"思考"的基础是让他们能够"拥有"他们的经验。这些过程的发生,和身边是否有一个也以类似的方式被迫去"思考"、承受与学习的潜在伴侣相关。因为主角能够真诚地进入情绪经验,从中学习得到改变,从而使得他们原本平凡、有限制及缺陷的角色,变得如英雄般伟大。他们之所以能成为英雄,不是因为他们具有理想化的、十全十美的外表或品德,而是因为他们愿意在情绪经验的痛苦中挣扎,从而成为自己。

梅尔泽(1978,1994)指出在病人的病史中,我们可以看到类似的证据:

> 他们在发展过程中经常因为不好的、痛苦的经验,比如说断奶经验、弟妹的出生、目睹父母性交(the primal scene)、所爱客体死亡等,而心碎。但是那些伟大的人,比如济慈,却是因为接受与吸收了同样的痛苦而有所"成就"。同样,我们也看到患者因为"好"经验而受伤,因为这些好经验引燃了夸大狂,或是相反地激起了令他们难以承受的受恩惠感与亏欠感。弗洛伊德所写的《精神分析中的性格形态》(*Character Types*

Met Within Analysis）就点出了这样的例子。（pp.466-467）

近来以比昂角度出发的精神分析论点，比弗洛伊德或克莱茵学派的论点，更能贴切地符合人类发展的图像。因为性格（character）的养成，是一个人如何可以在发展过程中学会为自己负责、建立自己的人格，以及最后能够通过好经验及坏经验得到学习的能力。

这些小说通过与那些几乎无法产生发展的过程的鲜明对比，来描述性格成长所需的条件。而整个发展过程的关键在于，处于抑郁心理位置时所要面对的核心挑战，也就是能对他人真正的品格予以真实的评价，并接受他所发现的事实；能忍受失去外在的客体，但同时在面临客体缺席、对客体有怀疑与不确定感、失去信任、甚至在害怕会被所爱的人背叛之时，都还能在心目中保留客体存在的感觉。而其中的关键元素，不在于"好"或"坏"，而在于不论经验是好是坏，仍可以与这些经验产生联结并赋予意义的各种能力。

《爱玛》及《简·爱》两本小说的内容囊括了本书所要阐述的几个主要的发展主题，以及一些专属于青少年晚期的发展主题。一个人在变动以及失落的痛苦经验中，内在精神能维持到什么程度，人格也只能成长到相同的范围。此外，还要能够建立起认同，即对具有思考能力的内在客体的认同，对它能够产生爱与依附，而最后这内在客体能独立运作，并和它原本的外在起源及所代表的人物不再相干。心灵要能有所改变和生存，倚靠的是年轻的自我，能在家庭或生活的亲密关系发展过程中得到涵容与指引，或是靠艺术家将内在世界以象征的形式传达给读者，或是通过治疗师与患者一起工作的情境中某些相同过程来达成。每种形式都必然会唤醒最早的婴儿期经验。青少年晚期便是因为心理上萌发的自我意识，饱受挣扎。青少年寻求亲密关系的建立，有可能只是为了要防御因为分离和迈向成人世界所带来的焦虑。视个体对亲密关系所具备的内在能力而定，这样的关系可能会使人格和未分离的自我更紧密结合，也可能会让人格得到释放，去追寻自己的潜力。爱玛与简·爱日后的人生会变得怎么样，我们并不知道。她们的选择与对婚姻的承诺，并不能保证什么。但是这样的选择与承诺是建立在诚实与整合的基础上，这多少让读者对她们的未来怀抱希望。

注　释

1. 托尼·坦纳（Tony Tanner，1986）所著《简·奥斯汀》（Jane Austen, London：Macmillan, p.176）。坦纳所强调的是认同的问题："爱玛帮别人做媒（matchmaker），结果，她遇见了自己的'对手'（match），以及就某种角度来说，她的'造就者'（译注：maker 有上帝与创造者之意）。这两个词必须适当地加以分开来看，这样爱玛才能成为最适当的爱玛。"

2. 这也是乔治·艾略特（George Eliot）在《丹尼尔的半生缘》（*Daniel Deronda*）书中所描述的，格温德伦（Gwendolen）是怎样地对丹尼尔产生影响，书中所描述的细腻过程，与此类似。[原著是 *Daniel Deronda*, London：Blackwood；(repr. Harmondsworth, Penguin, 1967)，p.485]

3. 若想延伸阅读，可参考布朗姆（Blum, M.）所著：《内在世界的探索：从两本小说谈起》（*An exploration of the inner world as expressed in two novels*）(unpublished M.A. Dissertation, City University)。

4. 另外，有两个小说人物，也是历经这同样过程相当典型的人物，那就是乔治·艾略特（George Eliot）在《米德尔马契》（*Middlemarch*）中的"多萝西娅（Dorothea）"，以及《丹尼尔的半生缘》（*Daniel Deronda*）中的"格温德伦（Gwendolen）"。

第十二章

成 人 世 界

> 尊贵的气质、宽大的胸襟、热切的善意，改变了我们观看世界的方式：我们开始再次看到事物更宏观、安静的部分，而且相信我们的人格也能够被完整地看见与评断。
>
> ——乔治·艾略特

"长大后我想要做'大人'（a 'dult'）"，这是一个6岁小孩对自己生命的企图的描述。对潜伏期孩子来说，相对于由他自己界定与组织的世界，存在着一个独特而绝对重要的"世界"，也就是"成人世界"。对7岁或甚至于11岁的孩子来说，根本无法想象成人本身仍然在为身为"大人"的意义挣扎着，而且许多人终其一生仍然继续进行"长大"的过程。事实上这个持续的进行是必要的，因为相信"成熟已经达成"可能是严重的婴儿期妄想。什么是"成人认同（adult identify）"？我们如何定义"成熟"？比昂（Bion，1961）指出我们不应该"轻易地假设盒子上的标示适切地描述了盒子里的内容物"（p.37）。有些人表面看起来像是长大了（不论是因为年过21岁、付着房贷、穿着白外套或细条纹西装，或是抚养了小孩），这可能与他隐藏在社会认可外表下的婴孩状态无关。虚假所带来的负担经常是巨大的，许多人可能与女诗人玛格丽特·阿特伍德（Margaret Atwood）有同感：作为一个成年人，她在"伪装"。

这么多年来，精神分析师为成熟下了许多定义：弗洛伊德以工作与爱的能力来思考这个问题；克莱茵认为成熟是越来越能够处于"抑郁心理位置"的状态；比昂则认为成熟是人格能够持续发展。正如同许多浪漫的诗中充满着如何成为一个诗人的想法，比昂（1970）也将他自己身为精神分析师的岁月，视为一个学习如何成为精神分析师的过程。他关心的是如何帮助个体能持续努力去"从知道何谓真实（reality）到成为真实（real）"（pp.26-40）。

当我们讨论成人（adulthood）与成熟（maturity）的概念时，用"心智状态（states of mind）"而不是"发展阶段（stages of development）"来加以思考是最适当不过了。因为我们再次发现做区分的必要性，这些区分和对婴儿期的讨论所提到的类似，事实上也类似于所有后续的发展阶段。成熟与未成熟之间的不同不在于年龄，而是在于个人承受强烈情绪的能力，以及在发现具有思考与反思能力的外在与内在人物并和其建立关系后，能对精神痛楚思考与反思的程度。

与上述情况相对的反应是：采取各种策略以避免去经验会引起痛苦的事情。这些策略和其他方法比起来，似乎令人兴奋并且难以抗拒。从许多方面来说，我们比较容易从"什么是不成熟"来界定"成熟"；很难找到一种方法来表达愤怒与喜悦、行动与思想、热烈与平静之间对立的复杂性，而这些复杂性是要能全然投入经验之中所需能力的基础。智慧似乎与生活和感受更有关联，而不是知识的获得；重点不在于相信自己已经超越了婴孩期的冲动与渴望，而是知道并且了解那些尚未发展的自我方面，并且能察觉到这些方面的潜在影响，特别是它们的破坏性。济慈在《塑造灵魂》（*Soul-Making*）的诗中强调，生命的经验在于知觉到"这个世界充满着悲惨、令人心碎、痛苦、疾病与压迫"，却还能容忍（*Letters*, p.95）；灵魂的塑造建立在能够参与内在冲突的能力上，此冲突从胎儿期的探索就开始了。在写给他哥哥与嫂嫂的信中，他提到由各种"情境"所构成的世界中，"心（Heart）"是"心智借以吸取认同的奶头"（*Letters*, p.259），此处对于"学习关于事物的种种"以及"从经验中学习"之间的分别，做出了非常清楚的阐述。

虽然为了使内文清楚，贯穿本书的许多脉络大致依时间顺序来论述，在这些脉络之间已经形成了一个图像，它是由各种不同的心智状态所构成的，不论是婴儿期、潜伏期、青少年期或成人期，不管是哪个年纪，这些心智状态总是在彼此之间不断转换摆荡着。在成人期，所有这些不同的发展脉络仍然是存在的，虽然有些可能被隐藏起来，其他的脉络则成为人格的主要部分，甚至被用来描述"某人就是这样"。克莱茵非常清楚地叙述了所谓的"成人世界"是如何被婴儿状态渗透着。问题不在于如何去除那些婴儿状态，而是如何在人格当中加以调整，以降低它们对自己和他人的潜在破坏力。在成人状态不可或缺的是，能辨识与整合自我的其他方面，而不会过度影响精神平衡的能力；能够整合各种方面，而不是通过去除它们，并将之投射至别处来否认它们。如克莱茵（1959）所说的："我们（在某些心智状态中）倾向于将我们自己的情绪与想法归诸他人（或说，放进他们里面）；明显地，这个投射是友善的或是敌意的，将取决于我们的平衡程度或者被迫害的程度"（p.252）。

至少在有些时候，成熟的成人状态不能依靠否认、忽视婴儿期的冲动，或行动化来达成，而是通过辨识这些冲动真正的样子，并且适当地加以处置来达成；不是依靠摒弃那爱玩、爱冒险的甚至具有暴烈面的自我，而是通过为它们找到某种平衡与整合点。这是人格成长一路发展过来所要执行的工作，但是就像每个早先阶段，成人期也具有该阶段的特性，其中很重要的部分是要参与工作、社区及整个社会所组成的外在世界，承担起迄今少有机会尝试的责任感与自由。人生来到这个阶段，特别容易将"身份（status）"错认为"认同（identity）"，虽然这个问题可能一直都存在着。慎思的成人仍然得与熟悉的青少年期必经任务奋斗，去试图"从模仿过渡到认同"；但是人世的**情势**却让这个年纪的人难以完成这项任务。在一个以阶级、身份为中心，在"只知道价格,却对价值一无所知"(Wilde,1891)的社会中,存在着一种要求个体顺从社会精神特质的残酷且持续不断的压力,但是这样的顺从可能得牺牲个体性,如此一来拥有个体自我人格的成就感将迅速遭到诋毁;个体自我人格的竞争者和敌人是社会文化"人格"(the culture of "personalities")。

玛莎·哈里斯特别注意到个人与组织以及社群之间彼此关系的复杂性。她写下这段格言般的话:"没有这些要人顺从和欺骗的鼓励,一个人想要成为自己就已经够困难的了"(1981,1987,p.327);她描述了人在下述情况所面对的压力,"身为社会性动物,人依赖社会,又对它有责任义务;身为发展中的个体,他通过内摄自己在世界中的经验来成长心智,被迫去思考,使他在所需要的重要客体缺席时,仍能够维持住他与客体的内在关系(p.322)"。

成人阶段的冲突挣扎本质,取决于从生命一开始就持续发展的参与(engagement)或防御的模式;这些模式现在受到严酷的考验,而且其根深蒂固的程度,使得想采取不同方式来运作的可能性更难实现,如果个体经历过早期创伤与挫折,则尤其困难。有些人可能会一再地以不同形式,反复经验与重复着早期的问题;有些人可能会否认问题的存在;有些人则可能有能力去认识那些问题,将它们整合到人格当中,然后继续走下去。

成长这件事的问题与陷阱,在7岁大的凯萝的故事中有非常美的描述。妈妈被凯萝问到"妈妈,我如何长大?",妈妈要女儿自己去想想看:

> 从前有个小女孩想要长大,但是不知道该怎么做。她尝试穿高跟鞋,但是行不通,因为她从台阶上跌了下来;她试着多吃一点,但是行不通,那只是让她肚子痛;她尝试化妆,那也行不通。
>
> 后来,她见到祖母,就问她:

"我要如何长大?"

"你有没有试过等待呢?"祖母问她。

"没有",小女孩回答。

她开始等待、不停地等待,等到她长大的时候,她却想要变回小孩,因为小时候,你可以拥有所有美好的事物。

凯萝的故事在轻松简洁的字句中,传达了许多重要且复杂的洞察,她意识或潜意识里知道模仿成人世界并不构成"长大",或许她熟知某些因为这样的错觉而受苦的成年人,这些成年人以为看起来像大人就等于是大人。她描述了一种投射式的认同(穿上别人的鞋),以及"黏着式"或说"次级皮肤式"的认同:想要通过拥抱或黏着到某种东西上(化妆),来感觉心理被涵容。凯萝知道成长不能强求,即使"多吃一点"也没办法。"发展"根据其情况,以它自己的方式来发生,而且过程肯定是不平坦的。允许孩子在适合自己的能力范畴内发展,而不是去适应他人所期待的要求,对于成人的抱负和克制能力而言是一个令人不舒服的考验。这表示父母和孩子双方都必须耐心等待长大的过程;就如凯萝所正确指出的,要找到自己的成长方法,并且鼓励别人找到他们自己的,需要时间(时间的长短因人而异)。

凯萝也认识到想回避成人责任的冲动随时可能出现,她暗示了当大人是困难的,追求美好事物的诱惑力依然强烈。也许假装长大,"装扮"起来模仿成人的生活是"不错的";将世界区分为好的与坏的也是"不错的";去相信父母对一切都有答案;或者当父母不称职时,相信自己是孤儿;相信自己是国王与王后失散已久的王子或公主;或者相信自己能够心想事成;或者相信坏行为未必会有坏的后果,因为总有人会让事情转变好。"不错的"事物不只是甜点和生日宴会而已,还有包括受到关注与宽恕。凯萝直觉地知道这些"孩子气"的事情,其实不同于获得自尊,不同于去展开一段能真正自我宽恕的艰苦道路所要面对的困难：它和需要不断地去面对"现实中的黑暗梦境"很不同。¹ "装扮"、白日梦、幻想或娱乐，都是孩子世界中所渴望甚至是需要的部分，这些能帮助他们在暂时属于他们和将属于他们的文化之间协商出一个地方；它们是童年时期必须不断测试内在与外在现实的过程中不可或缺的一环。凯萝其实是在评论两个不同时间点的差异：一是，当这些举动适当地表达出孩子世界里的关系（不管是幻想或真实的）；二是，当它们不恰当地持续存留在本来应该是成人的世界里。

也许少数孩子幸运地和凯萝一样，有一个会思考的母亲，她可以协助其女儿思考；或是有一个慈祥的祖母，提供给孩子其经验所累积的智慧。对于那些在孩童时期缺乏机会去辨识与承受自己"还是个小孩、还不是大人"的孩子来说（哪怕只有那么一点经验都好），要适度地转变成大人将会更加困难。因为，拥有成人的自我认同，涉及区别"角色"与"功能"的能力；只在"角色"中长大，可在凯萝所描述的投射与模仿的模式中看到，这种方式是成人生活中"此后永远幸福快乐"的图像，它渲染了任何年龄层的浪漫幻想。但是，直觉上凯萝知道更多，在她的故事中提示了这样的认识，即允许成长需要时间，不要过早跃进成为表面上看起来像成人的样子；这可能和一种学习的能力有关：也就是认识到"学习"是关于"成人功能的内化"，而且认识到这些功能是沉重的，但也是令人渴望的。这种感受的真实性具有一种特殊的美感。

关于普遍的心智状态，如果暂且不考虑事情发生的先后顺序（chronology）并从超心理学（metapsychological）的视角思考的话，有可能辨识出存在于成人心智中的婴孩结构，以及存在于婴孩心智中的成人结构——即使只是短暂的；此二者间的主要区别，和"偏执—分裂"与"抑郁"两个心理位置的区别类似。克莱茵将成熟界定为：越来越能留在"抑郁心理位置"中，她所强调的是婴孩结构退让给更宽容与整合的心智态度的重要性。"婴孩状态（the infantile states）"主要是个体在面临强烈的内在能量冲突时，被寻求保护以免精神崩溃的强烈需求所驱动。

相反,"抑郁心理位置"如我们所知,涉及一种能够真正地去体验他人如同"他人"的能力,并且认识到"他人"是具有独立需求与不同选择的个体;能够承受哀悼的痛苦,而且可以关心(在他的感觉上)曾经导致焦虑的贪婪与无理的要求而对他人所造成的破坏。它涉及作为一个成人所需担负的责任、权利与义务;它也涉及能够为被照顾而感激,能够谅解与修复;最终也许还包括能够认同亲职性的思虑(parental concern),这包含了对于必须担负的特殊责任的准备——不论是不是要在现实中面对一个婴儿;它涉及从自恋的参考架构(a narcissistic frame of mind)移转到可以适当地将他人纳入考虑的架构,这样的移转至少在某些时刻有能力与机会将具备"良性内在资源(benign inner resources)"功能的人物纳入心智结构中。

* * *

下面由一位年轻妈妈所陈述的例子,生动地描述了一种情境,在其中我们可以格外清楚地看到"婴孩状态"与"成人机能"之间的不断转换:

> 我正开车回家,载着卡尔(2岁)与露西(14个月);我们一整天都和朋友们在卢顿(英国城市)度过,在离家15分钟的距离,他们开始争吵,几秒钟之后就已经吵得火热,他们互打、叫喊,并吵着要我介入。我感受到自己越来越疲惫,越来越愤怒,然后完全失去控制。我用力踩刹车,开始拍打方向盘,并对他们吼叫,要他们滚蛋、闭嘴、不要惹我;接下来是一阵可怕而令人震惊的沉默,然后有人开始碰碰我,卡尔说:"没事的,妈妈,没事的。"这句话将我快速地拉回到成人和母亲的状态。当时我感到如此自责,因为我变成了小孩,并且强迫他们

做父母来照顾我。²

卡尔在危机时所发挥的内在能力，也可以在甚至更小的孩子身上观察到。一个婴儿可以等待被喂食，让压力沉重的妈妈可以喘口气；另一个婴儿可能因为挫折而尖叫，后来则可能因为恐惧而尖叫；还有一种婴儿则是退缩到自己的世界中，试图在他自己的身体感官寻找安慰，或是在外在物体上寻求感官上的依附。但是在这个例子中，我们格外清楚地看到小小的卡尔是如何能够暂时地鼓励他受到惊扰的妈妈——通过振奋人心的再保证（reassurance），这些话语曾经许多次清楚地支撑过他自己。

18个月大的彼得展现了类似成熟的照顾与关怀母亲的能力，在感受到妈妈的困难时，可以按捺自己的需要，而不去打扰她，并且提供给妈妈细心的关注。这次，因为白天妈妈要上班，彼得整天由阿姨照顾，今天她妈妈反常地晚回家，在大约最后一个小时的时候，彼得开始焦虑了起来，并且对任何声响热切期待着，以为可能是妈妈回来了。当妈妈回家时，她显然很苦恼，而且有点激动；后来才知道，原来妈妈刚刚与一位长久以来一直欺负她的邻居有一番争吵。

通常当妈妈回家时，彼得是很黏人的，但是此刻，当妈妈在挂外套的时候，彼得虽然紧跟着她不离视线，然而他却安静地坐在地板上，聆听妈妈和阿姨诉说刚才的事情。妈妈注意到彼得的安静状态，就拿起一本书像是要念给他听，但是她随即因为刚才的事情而分神，然后继续激动地讲话。她告诉她妹妹那一天自己本应该留在家里，因为她仍然伤风得厉害。此时彼得站了起来，他去取来他的医药包，并且将它交给妈妈。当妈妈拿着这个小小的塑料盒子的时候，彼得取出听诊器，先将它放上自己的耳朵，然后他作势要妈妈自己戴上它。妈妈戴上听诊器做出要听彼得胸部的样子，但是彼得坚决地摇头并且指着妈妈的胸部。妈妈了解到彼得试图照顾她的心意，她会心地笑了，并慈爱地将彼得拥入怀中。

彼得与卡尔在面对困难处境时对挫折、照顾、鼓舞的容受能力是一种认同的结果，这是成人认同的核心部分，它来自先前提到的"内摄性认同"，也就是一种内在的、良性与支持的父母形象。这当然是弗洛伊德的观点，而且被广为阐释。俄狄浦斯过程的工作任务，不论我们认定它开始于哪个年龄，乃是和放弃对外在父母的欲力依附（libidinal attachment）有关——不论是爱或恨的依附；将他们纳入内在世界中，并且于内在认同他们，在那个位置上，父母亲被体验为混合的形象，具有爱与鼓舞、看管与批评的功能。两者孰占上风，将视父母被孩子体验为迫害的程度，以及父母真正的能力而定。我们必须再次留意：俄狄浦斯情结的核心，在于通过"放弃（relinquishment）"来培养成长的能力。能够感到"分离感"（成人心智状态中很基本的一种感觉），其前提是能承受失落的经验或对失落的恐惧，能够因失落而感到痛苦，而不致觉得是一种灾难。这些失落的经验被视为痛苦的还是灾难的，乃取决于生命早期如何经验与承受分离与失落，以及对于内在资源的感觉是安全的还是脆弱的。

决定主要心智状态的不同种类认同的差异，以及导致这些认同的可能缘由，在下面一些婴儿观察的片段中有很好的捕捉：

> 查理（16个月大）稳步地走过房间，他发现了一个戴三角帽的小塑料男人模型，他拿下它的帽子，然后又将它戴上，看着我（观察者）。他将取下的帽子放进他的嘴里，但很快他又把它拿出来。带着严肃的表情，他丢下帽子，并从桌上拿起妈妈的尺（他的妈妈在一所中学里教数学）。他握着手里的尺，

走到起居室，在那儿3岁的哥哥法郎克正在看电视，法郎克嘴里嘟哝着"顽皮鬼"，语带一丝优越感，然后继续看着他的电视。查理在厨房找到了妈妈，妈妈说："小心拿尺，不然你会受伤。"妈妈建议他小心地将它放回桌上，他照做了。

稍后两个男孩在妈妈的大腿上，为了抢夺位子而扭打起来。当查理借着将双臂环绕在妈妈的脖子上并且赶走了哥哥，确保其占有了妈妈的时候，法郎克爬下来，大声宣称他要去找他的帽了。当他离去时，查理和妈妈享受了几分钟的亲密时光，边玩边唱着："摇、摇、摇到外婆桥。"两人完美地应和在一起，这一切都在法郎克能听见的范围内。

法郎克戴着消防员的帽子回来了，带着自得的神情，跨上了他的塑料脚踏车，妈妈赞许着说："噢，很好！我们需要一个消防员，因为我们可能会淹水，洗衣机满了，我打不开门，如果水满出来我就一定需要叫一个消防员。"（大家都知道洗衣机是因为查理玩弄按钮而卡住。）法郎克看起来愉悦而自满。

我们不需从这些细节中推论太多，仍然可以这样说：当查理将小帽子放入嘴中、拿出来，然后立即拿起妈妈的尺，他以此显示他已经获取了某些妈妈的权威，以及她的关怀——安全看顾儿子以免误食危险物品。他马上拿取的对象可能代表了妈妈的权威，在过程中他不仅察觉到它，甚至暂且还可以自己演练一番。（这点和一个大得多而且非常困扰的孩子形成了完全的对比。那个小孩在治疗当中，会特别在他头上挥舞着尺，吼叫道："我是尺。"显然他相信自己真的是如此。）

法郎克原本就一定要压制他的小弟弟（"顽皮鬼"），他通过成为一个有帮助的、救援的"妈咪的大男孩"（甚或是"妈妈的爹地"），来处理被排挤于母婴关系之外的感觉；准备好待命状态，以备万一有危险。

妈妈敏锐地察觉到法郎克的"大男孩自我（big-boy-self）"在此刻需要被肯定，她支持了他对地位的要求。我们可以看出来，如果法郎克的"小男孩自我"太过于一致地退让给弟弟的婴孩要求的话，这个穿着制服、稍显夸大的"救援者法郎克"有可能会成为一个固着的防御角色。这个角色可能过于保护那"需求较多的自我"不被排挤或边缘化，但是得付出代价。也有可能他的"大男孩自我"得到足够的肯定，让他获得自尊，而不是优越感。在法郎克的例子中我们可以见到这样的危险，亦即：如果他太过于感觉自己需要经常扮演"大"的角色，而事实上他当时需要的是作为一个小孩，他真实而脆弱的自我经验，可能会被吞没于外在地位与优越感之下。此处，我们可以清楚见到在每一时刻里隐微的转换——当他们面对不断改变的亲密与排斥经验时，两兄弟不断协调他们婴孩／成人的自我状态。

特征（traits）或角色（roles）与功能（function）的分别在于下列不同：前者是婴孩式地寻找变成"大人"的"秘密（secrets）"（和外在描述的类别与特征相关），后者是认同大人内在功能的"神秘过程（mysterious process）"。后者的过程，属于"精神现实（psychic reality）"的领域，它建立了人格的基础。"秘密"与"神秘"之间的关系以及它们的意义，长久以来占据了艺术家与创造性作家们的心思。希望发现秘密，而不是去找寻探索与忍受神秘，是人性的一个基本方面[3]，也是一种否认焦虑与避免痛苦经验的方式。

这类问题在成人期变得前所未有的显著。既然个体就外表来说已经长大了，那么身为"男人"或"女人"的真正意义是什么，这样的议题便必须被挑战。这是成人必须面对的议题，就如性别认同是青少年必须面对的问题一样。举例来说，可能对于男性特质或女性特质发生"假成熟"的认同（pseudo-mature identifications），而全然不知真正的男人（manliness）或女人（womanliness），究竟是什么感觉、什么意义；或者，完全不了解存在于这两者之间或者结合两者特质的所有可能的"心理位置"，隐含的意义为何。

对性别的认同感特别难以精确界定，因为它经常被各种社会惯例和刻板印象（stereotype）的甲胄模糊，这些刻板印象隐含的性别差异必须与外显的生理差异一致。当"雄性特质"或"雌性特质"这样的术语被要求给出精确定义时，进一步的混淆便会出现。弗洛伊德（1933）对于这种看待事情的方式的危险是毫不怀疑的，他的观点是"构成雄性与雌性特性的是一种未知的特质，它不是身体构造可以掌控的"（p.114）。

任何刻板印象绝对与个人想要成为自我的努力相违背，虽然传统的刻板印象正逐渐式微到某种程度，现在已有可能提到"哺育的父亲"或"职场的母亲"，但是对这种状况有所批判的态度并不少见，不论是因为无知、不安全感，或者，也许是嫉羡（envy）的缘故。当代对于克莱茵理论中分裂与投射性认同的论述，以及比克提出的"次级皮肤功能（second-skin functioning）"观念，让我们能够相当程度地了解到：一个人之所以会被禁锢在一种人格之中，其基础可能是对成人的生活模式有"假成熟认同"，而其付出的代价是，勇气消失了，情绪被干扰，关于"模仿"与"真实"（也就是"似乎是"与"真正就是"）的不同，无法区辨。这通常会特别发生在对性别认同有焦虑的个案。

我们已了解（第四章），产生"次级皮肤"或是"就好像（as-if）……"这种功能模式的黏着型认同，倾向于选择事物的社会表象当作凝聚与整合的焦点；一个人若是如此被牵引朝向以模仿表面特质与行为为基础的态度，他将陷入"成为流行时尚的奴隶"的危险，而非原则（principle）的仆人。这种黏着型认同只专注于原初自恋式的关心，这和另一种认同模式非常不同：也就是纳入所爱客体的功能，并且将它消化为有价值的以及可信赖的资源，这些资源可以被成长的人格加以运用。在成人状态里，清楚且不混淆的性别认同，是"爱（to love）"与"工作（to work）"这两个可以适度加以区分的能力的基础。我们现在必须多加审视"性的自我"的一致感与内摄过程的本质这两者间的关联。[4]

我们不可能将精神分析对于个体心智的研究发现与人格结构成长的文化背景分开来讨论，当我们谈到雄性特质与雌性特质的时候，我们所用的词汇主要是社会学领域的产物；当我们用男性或女性来描述某些人事物时，我们采用了在文化上刻板的、重视外显能力的语言，也是一种因袭的防御甲胄，它主要与形成防御的人格有关。

当我们探讨"男性／女性"或"雄性／雌性"等概念时，梅尔泽主张"有必要清除该领域中某种特定的语意学残渣"：

> 我们必须撇开所有历史的、文化的或个人的偏见，这些偏见想将人格特质或某些特殊心智能力，依其所好固定在二分法的任何一方。"男性"与"女性"是极度复杂的观念，对不同的个体具有不同方面的意义，不该被统计学的想法如常态（normality）、社会化（acculturation）、适应（adaptation）等所局限。在每个人心中的意义是更个人化的……（p.115）

个体对男性与女性的概念无可避免地会被社会经验改变，然而，在外在表征与内在功能之间，仍旧存在着基本的分别；成人的认同感是以"了解并且执行那些内在功能的能力"来呈现；强烈的认同感经由这种能力而产生，而错误的或困惑的认同感则来自对角色的自恋认同，而不是对真正能力的认同。"不确定（的认同）"和看起来是否主要具有男性或女性的哪些性质没有关系，也非双性恋（bisexuality or ambi-sexuality），而是源于诉诸"模仿行为"的危险，这种行为依据的只是：如母性与雌性、或父性与雄性等"表面的性质"；想要私吞的"秘密"；公主与王子的罗曼史；"永远幸福快乐"的迷思等等。这种行为是以外在世界为取向，与个人朝向所谓"性别能力（gender capacity）"的努力成为对比；这些"性别能力"通过一种特别的"内摄性认同"的复杂过程而发展，其基础在于婴孩与其内在人物之间的关系，该人物能真正地为其执行父母功能。

以下案例可能有助于理清这些不同认同类型的复杂关系，因为在这位年轻女孩的案例中，可看到角色与功能之间的分别。劳拉鼓起勇气才决定开始进入治疗。就她的社会背景来说这是不寻常的，她必须不断地抵挡顺从于社会与家庭这一引诱，因为感觉上，顺从可以带来较为平静的生活。劳拉第一次被转介来治疗时34岁，来自苏格兰的移民劳工阶级，当时她是一位老师，教导有严重学习障碍的孩子们，她来求助是因为觉得自己非常困惑、无法思考、忧郁且无法快乐起来。她已经与第二任丈夫结婚6年，并且渴望一个小孩，但一直无法怀孕。她为此感到痛苦，而且耿耿于怀，虽然这并非她求助的主要原因。

劳拉是长女，父母是充满企图心且勤奋工作的人。当劳拉还是小婴儿时，他们开了一家店，夜以继日地工作着，似乎没什么时间可以给他们的婴儿。如她所述，劳拉记得曾被放在柜台底下的一个箱子里，她感到自己是个被忽视而且不快乐的孩子；她记得经常由邻居照顾；在学校是个可怜虫。她遭受的被迫害的感觉，让她不必意识到对自身"邪恶"的害怕。她恨老师，并且永远是班上表现最差的一位；有一年，她遇到了一位她喜欢的老师，她感觉被了解，她名列前茅，但是远远背离她所盼望的赞美，她被残酷地责骂道：既然她的能力这么好，为什么过去不能一直如此表现呢？

她描述她的母亲是个戴着首饰的优雅女人，但是相当冷淡而疏远；她父亲脾气很坏而且怪异，充满感情且在性的部分颇具侵犯性。劳拉的梦大致上都是被迫害的内容，通常是以野兽、魔鬼、恶灵的形式侵入她的楼层、房子、房间来吓她。主要的恶魔叫作"生意先生（Mr. Business）"，他起源于她的孩提时代，持续以某种恐怖的存在形式来拜访她。妈妈的第二个孩子，一个男孩，在劳拉5岁时出生，他患有气喘和支气管炎，是一个"得到所有照顾"的孩子。劳拉回想起这时期的一段记忆，她将自己的图像从所有的家族照片中剪掉，她实在无法忍受被别人"看到"她身处于照片所投射出来的快乐家庭中，因为她在真实的家庭生活经验中，从来就不曾感到自己被当作一个个体来"看待"。

在妈妈生下第三个小孩后不久，当时15岁的劳拉怀孕了，她被单独送到伦敦堕胎。当她18岁，她离家到国外工作了几年，回来时她已是个受过训练的老师，而且和一个研究生结婚。仅仅数个月后，这段婚姻就破裂了。几年后她又再婚，这回对象是一位年轻男子约翰——她小时候就认识的，整体来说，这段关系是和谐的，但是劳拉常常不满意，感觉这段关系"不是非常成熟"，她认为自己过分地黏人，她明白他们俩所拥有的成人功能是如此微小并且不堪一击（在两个人孩子气的压力作用之下，他们争着当小孩），特别是表现在财务方面的无能；劳拉与约翰，是否能够合作，拥有联合起来共同承担亲职功能与责任的潜力，仍旧是一个敏感和未获证实的部分。

在治疗历程中，有些事情很快地清楚显现：只要劳拉感到焦虑，她就会失去思考、记忆与做梦的能力，她会出现多种身心症状，如湿疹、支气管炎、胃的问题等；会发生小交通事故、手提包被偷、会用各种方法来伤害自己，这些举动对她的情绪生活、事业以及实际的经济状况都造成了很大的破坏；在她扮演的"角色"（作为一个能干的专业女子）与"婴儿状态的自我"（经常迷失在困惑与需要未满足的混乱中）两者之间发生了严重的矛盾；也正是这些矛盾将她带入治疗。她希望能够放弃扮演成熟女子的倾向，盼望能代之以真正地成为一个成熟的女人。在治疗中有一个转变开始发生，也就是：从"依附于外在描述的观点所界定的女人与母亲"转变为"了解真正成为女人与母亲的内在意义"。

虽然有许多不相同之处，劳拉令治疗师想起《米德尔马契》开头章节里的多萝西娅，她投入好的工作，如孩子一般对生命的态度是"当我长大时，我要成为一个好人"，然而她在亲密关系中，发现那主要是"模糊的、迷宫般的自我延伸"。劳拉缓慢发生的改变，好似小说主要故事发展的推进。因为劳拉——就像小说里的多萝西娅——开始认识并且忍受真正分离的痛苦；此时所需要的内在转变在于从"对理想化内在自我的自恋认同"转变到一种"比较能体验到和他人分开、又能和他人发生关联的亲密方式"，这个转变附带着所有必经的痛苦。

下面的叙述虽然只挑出劳拉多层面治疗工作中的一条线索，它却提供了许多领悟（insight），可以帮助我们了解正在讨论的复杂范畴。一个早期的梦透露了一个严重受损的内在世界，也提供了一个"线索"，指出关于劳拉个人认同与工作认同的问题，以及她急于扮演一种角色，"想要照顾受到残害与分裂的自我"的冲动，这个角色在当时似乎很难容许创造力（creative capacities）的存在（唯有经由此创造力，比较真实与具有活力的事情才有可能发生）。

这个早期的梦如此描述：

> 劳拉走进当地一家医院中一个黑暗的隧道，隧道壁是红色而潮湿的，她牵着一位身心残障的孩子的手进入最深处的房间，其中充满着残缺的尸体（主要是婴儿与小孩）；残破的肢体四处堆积，形成数座小丘。

这些影像令她想起纳粹的集中营。这个梦对劳拉来说代表了她自己心智结构里的一个房间，在里头不为人知的伤害曾经因为她的泄愤而发生，留下来的影响是对于造成伤害的罪恶感，以及确信报复将回到她身上，特别是回到她的身体内部。通过自由联想发现，这个心智状态似乎密切地与20年前堕胎的精神现实有关。它也和第一次怀孕的情绪有关，这些情绪似乎以它们原有的方式，蕴含在对母亲持续受孕的嫉羡怒火中，也存在于对新生弟妹降临的妒忌及想要竞争与胜利的愿望当中。

在此梦之后的数个月中，有一些其他的梦证实了如此的图像：一个腐烂发臭的内在空间。这些梦境中，怀孕被比拟为"膨胀的肚子里是粪便"而不是胎儿。在一个梦里：

虫子穿透她的皮肤薄膜，蠕动着，从她肩上或胸前的小孔钻出来。

在另一个梦里：

苹果正被切开，露出一堆烂掉的种子，从这些种子里逃出了狰狞的死神。

这些影像看起来像是威胁与讽刺的人偶像。

常识告诉我们，早年的堕胎可能伴随日后的不孕，而这种不孕并没有生理或器官上的病因。这些梦似乎在描述：堕胎对于劳拉的内在意义是什么？她为什么因此而无法受孕？当然她觉得自己该为不孕负责，这种"负责"的意味根源于在非常早年，劳拉对于罪恶以及对自己内在的"坏东西"所产生的焦虑。这里的重点是：对她来说，情绪上的这种"坏"的意义是什么，以及它对于身心两方面的影响。

粪便/胎儿的梦，在内容方面，让劳拉联想到她与约翰有一对结了婚的朋友。对他们而言，旺盛的受孕能力，和情绪与财务两方面的滋养以及供给的能力有关；这对夫妻被认为能够提供为人父母的资源，而这却也正是劳拉无法从她自己身上以及从她和约翰的关系中找到的东西。和他们在一起时，她觉得自己孩子气、不称职；只要他们在旁边，她就会溜进一个她所谓的"婴儿状态"中。这种无能的感觉再次于一个梦里被指出。这个梦是在几个礼拜后发生的，在梦中，第一次：

劳拉真的生下了一个宝宝，但是这个婴儿没有眼睛，只有黄色的眼窝，长着长灰色的睫毛。她将孩子抱给妈妈看，坚持这次要被准许把小孩留下——即使这个小孩是残缺的。然后她经历了一段排出胎盘的痛苦过程，结果排出的东西中包括一连串的避孕装置。最后，她排出了婴儿的肝脏与肾脏，劳拉将它们用黏膜包起来丢掉。

劳拉的内在世界一直未能准备好养育小孩的证据是清楚的；她内在人格中的成人结构仍旧非常脆弱，但是我们可以看出一个明显的象征指出改变的潜力。在这次的治疗结束时，劳拉发现梦中婴儿的眼睫毛和她先生的是一样的。这是第一次，一个伴侣/父亲的存在被带入她的梦境。在这之后，她终于觉得可以告诉治疗师堕胎后不久所发生的两次流产事件。就这样，她现在对一位可以信赖的人*倾吐了性滥交的行为——这是她从未对任何人透露的。经由这样的过程，她走向一个可能，就是依赖母亲/治疗师，她们可以了解并容忍她内在这些严重地互相矛盾而且具破坏性的各方面。她的内在仍然存在着"避孕装置"，阻碍着她想做母亲的意愿。

许多后续的梦与移情关系的重点，围绕在劳拉努力找寻成为一个成熟淑女的方法，以及找到所谓"秘密"的方法。这些似乎是："也许是衣服？还是化妆？指甲？或是眼睛？"当她在治疗中停滞在迟钝、阴郁、困惑的自我概念上时，我一再地观察到，这些投射与模仿是如何让她感到挫折且误导着她；她的恋情消融崩解在她每天的挣扎中，以及每个月一次的失望与痛苦中**。

如果劳拉对于成熟女人的观念继续建立在这种认同之上，劳拉自己就会卡住，也会觉得治疗卡住。然而，有两件痛苦的外在事件，一起改变了她的状况。第一件事情是她与约翰的关系改变了——劳拉真的怀孕了，但是几星期后她失去了这个孩子，她被会诊医师告知胎儿严

---

* 指治疗师。——译者注

** 表示对于月经的到来表明没有怀孕的失望。——译者注

重畸形,是不可能存活的(可怕地验证了她先前的恐惧)。第二件事情是:因为约翰工作的关系,劳拉必须移居国外,也因此她必须提早结束治疗。

这次流产带来随后连串的梦,和先前的梦非常不一样,它们多半是各式各样的性关系——和男的女的都有。这些梦似乎代表新的挣扎,涉及了努力尝试找出她所认同的各种人物的内在能力,而不只是停留在这些人物表面的特征上。"性别"的问题不再是男性/女性、被动/主动、强壮/弱小、坚硬/柔软、思考/直觉等特质的区别,而是关于各种认同方式所附带的感觉能力(the capacity of feeling),以及这些认同在劳拉痛苦的岁月中如何对她真正有用。

最后几个礼拜的治疗,劳拉在领悟方面有很大的进展,并表现出她在失落的混乱中勇于改变。它们具有一种想往前进展的动力,这种动力常发生在痛苦分离的脉络中。有迹象显示一种真实的"亲职关怀"(parental concern)的能力正在成长。在治疗的倒数第二周劳拉描述了一个梦,这梦似乎捕捉到她在治疗中已经从一种心智状态转变到另一种状态。好像在她正缓慢地发展与改变的当下,这个梦带她参观了心智中不同的房间。在这个"朝圣者的游行"中没有困惑或是被害的焦虑,反而代表着一个独特的旅程,从她内在一个破坏性的"地下室自我",到可以接触阳光与洁净空气的"思考自我",这个自我可以反映她**真正**是怎样、她的力量、她的限制、她有可能如何:

> 劳拉在地下室里,不知何故,她感觉这个地下室和她母亲有关联。这个房间淹水了,肢解的尸体碎片浮上水面,她逃入一艘老式的帆船里,然后开始进行一趟在风暴摆荡之下的危险旅程,经过山峰般的浪头、深沟般的波谷,勇敢地为这个危险的海域制作航海图;海洋最后连到一块冰封的白色陆块。她横越这块陆地,最后来到一条有草的小径,小径带领着她在许多

房子间穿过。经过一个地方，看到人们熙来攘往地忙着生计，然后到了一处有阳光的地方，两旁有田野，在这儿她发现了一匹漂亮的马，显然它需要一位骑士。

这个长而且详尽的梦的最后一部分，描述了马和骑士被放在一起，并且指出受孕的可能。劳拉对于即将与治疗师分离所承受的痛苦，不只是重新激发了目前治疗与过去生命中的风暴之旅，也同时搅动了她内在的一些希望——能够成为"亲职配偶（parental couple）"（马与骑士）的一部分，也就是具有照顾与被照顾的能力。

劳拉内在转变的精髓，在当周接续的梦中再度被表达出来。在某种层面上她似乎已经了解到，为了要真正地喂养婴儿，一个人必须认知她自己内在的"婴儿部分"，也必须知道，有时候"婴儿自我"比任何其他部分更有力量。成为母亲或是为人父母，其真正的意义开始于：能够成为个人独立的自我，而同时能够承认自己持续地依赖着自己所爱且尊敬的内在资源。

劳拉不同的自我部分，彼此之间的关系尚未解决，但颇有希望。这些不同自我之间的关系，巧合地出现在她所想起的一个梦的片段。这个梦发生在最后一次治疗的前晚：

她的自我有两个面，它们是分开的，然而确实是整体的两个部分。有三只鼹鼠呈垂直纵队排在她的左胸上头，它们变成了蘑菇——这是非常不愉快的、事实上令人作呕的景象；但是在同时，她的手指上戴了许多戒指——美丽的、淡青色的蓝宝石，几乎如绿玉般的色泽，既蓝得像天空也绿得像海洋。

不出所料，劳拉的母亲的确拥有一只美丽的蓝宝石戒指，她在遗嘱中将它留给了女儿；这是一个遗产，在梦的语言中，似乎代表着劳拉正在成长的能力，也就是内化为自己拥有某些能力，虽然仍然是淡色的，她拥有真正的美与创造力。这些能力的存在，可以说指出了她对母亲／治疗师良性认同的开始，这种认同的基础建立在能够比较正向地欣赏她们真正的力量，而不是她们的扭曲形象。在治疗过程中，我们已经可以看到劳拉想要"像（like）"妈妈的愿望，这个愿望在她早期的梦里是由坚强、美丽、有成就、"丰饶多产"的女人所代表。它绝不是建立在单纯的愿望上，即嫉羡地拿取那些她认为母亲所拥有的能力；也不仅是建立在想要"成为（be）"她的治疗师的愿望上；劳拉的愿望也建立在爱与罪恶感上，她感觉到这种罪恶感来自"她发现自己对母亲所做的攻击"；母亲经常是被她怨恨的，但是她发现她对母亲也是热爱的。她曾经理想化母亲的能力，但事实上这些理想化的能力并不属于真实的本人；然而通过这种理想化（与恨以及破坏密不可分地联结在一起），劳拉将母亲可能真的曾经提供给她的好能力降格为非常肤浅的东西，这些表浅化的能力被劳拉加以运用。接近治疗尾声，她能够开始赞美母亲，并且将她视为一位让她感到真正渴望的对象，而不只是仿效她表面的特质而已。

这个新经验和她早些时候的偏见明显对比，之前她感觉到的是母亲冷酷、优雅与遥不可及的一面。和三只鼹鼠的存在也是一个对比，这些鼹鼠带有双重的含义，劳拉"跑进去偷看秘密"侵入性的那一面仍然存在，在左胸上方是她尚未解决、有毒的部分，这是她希望"留给"*治疗师的部分，但这些部分也是她感觉到"被留在"她身上的东西——黑色的蘑菇仍然威胁着放毒、并破坏任何未来的美丽与生殖能力。如梦中清楚地显示，劳拉的这些恐惧尚未完全被驱除。

不过，现在对于她的那些破坏面已经有了特别的认识，这些部分已经变得较容易被看得见，且因此比较能够被加以思考。那些戒指——远

---

* 左胸的"左"原文"left"和"留下某物"的原文动词"leave"的过去式"left"正好是同一个单词。下一行"被留在"的原文亦同。

非如它们过去一样被视为表面装饰的对象，现在伴随着一种不同性质的母性认同，这种认同乃是萃取自失落与提早分离的痛苦；这些经验深深地伤了劳拉的心，然而它们也帮助她迈向成人的哀悼能力，这点和早年孩童式的依赖互为对比。经过了一段治疗，她已经变得能够吸纳并且认同真正的爱与依赖的能力；劳拉在她自己身上发现了真实的力量，且能够变得较不依赖于脆弱与仿冒的韧性（resilience），这种仿冒的韧性源自比较多投射与模仿的自恋认同。

精神分析对于成人心智状态及其中心议题——性别认同——的探讨，基本上是着力于"探索神秘（exploring the mystery）"的发展模式。劳拉的许多"解谜（solving the riddle）"或"挖掘秘密（unearthing the secrets）"的企图，只不过制造了更多客体来认同，而这些客体最终都令她失望或误导了她。在治疗期间，当她正处于痛苦的挣扎中，她那孩童般"寻找秘密"的方式消退了，取而代之的是一种比较成人的方式，也就是"内摄性认同"的神秘过程。"朝圣者的游行"那个梦，概要地说明了：她由来已久（从早年就开始）的假成熟已经被一种新的能力取代，现在的她能够体验被风暴抛掷摆荡的自我，也就是那个属于匮乏婴儿的自我；当她驾船航行（或者，也许溜冰），横越生命表层，这个"婴儿劳拉"被冻结的发展，终于可以开始解冻，并且在她的抑郁与焦虑的痛苦中，能够浮现到充满阳光、可能成长的未来愿景中。

—— 注 释 ——

1. 出自 Coleridge 的《灰心：一首赞颂》）(*Dejection: An Ode*)。
2. 见 Roszika Parker 的《撕裂为二》(*Torn in Two*)。
3. 我提的是 Meg Harris Williams 的著作，他以创造性作家为背景详述了这种区别，出自《探索神秘：反还原论》(*Knowing the mystery: against reductionism*)，*Encounter*, (1), June 1986。
4. 下文提到的病例资料大部分出自一篇文章，第一次发表于 1989 年，《弗洛伊德之后五十年的性别认同》(*Gender identity fifty years on from Freud*)，*British Journal of Psychotherapy*, Vol. 5, No. 3, pp.381-389。

第十三章

生 命 晚 年

成为一个你可能成为的人永不嫌晚。

——乔治·艾略特

"永不嫌晚……"乔治·艾略特的乐观话语，似乎特别适合我们现在要探讨的年龄层。这总结性的一章，将会响应并且重申本书的要旨；就像音乐，旋律基本上是一样的，只是调子不同罢了。不论在哪个年龄，发展都是建立在能凭借想象力、勇气与诚实来持续探索经验意义的能力上。弗洛伊德的告诫"一个人必须尝试从每段经验中学习一些事情"，对生命的终章和对过去至今的岁月一样适用。[1]

本书至此已经追溯了内在与外在生命复杂而纠结的丝线或动力。这些动力或协助个人心理发展与成长的能力，或使个人的发展停滞，阻碍其创造的潜能，或将之转向到与个人需求相违的目标。在讨论生命晚年的此刻，我将拾起同样的生命丝线，进一步解开它们，再将它们编织入一幅更完整的图画中，一幅拥有其独特的形态与色彩的图画。

到了50岁左右，一个人可被视为，并且可能自认为"长大了"。然而，维持成熟心智状态的能力，往往会在最后几十年的生命中，受到最严酷的考验。一个人能否在此时持续发展的挑战性并不输过去。但是这个阶段与生命早期阶段之间有个实质上的差异。在精神和情绪上，对于生理衰老和死亡迫近的关切，在此刻特别具有压迫性。这些附加的也是主要的关切，对情绪功能成长的促进、威胁或遏止的程度，将视成人心智状态在过去几十年中，是否稳固建立而定；它将视过去，在面对与哀悼、缺席、罪恶感和失望感相关的"分离"与"失落"时，所做努力的成败而定；换句话说，决定的因素在于个人最早承受痛苦的经验（见第四章），以及自我的各个部分的整合程度。

因为在生命的这个阶段，可能要面对许多外在的失落，譬如，年老的父母可能生病或时日无多，或许朋友亦然。孩子们将要离家或可能已经离去。有些人要面对裁员的威胁，有些则是退休在即。但是对所有处在这阶段的人来说，一种根本的精神变化（既是内在的也和外在环境有关）才正要开始发生：思索或预期自己的死亡。就隐喻的层面（如同真实的层面）来说，预见死亡乃是一个最终极的考验：考验个人在面对与处理"失落"以及忍受"经验之苦"时所有的努力（也就是去承受经验带来的痛苦，而不是借由行为或人格的防御措施来逃避它）。此时我们绕一大圈，回到婴儿的早期经验：好的、"会思考的"乳房，可以调节、缓和婴儿"感觉行将死亡的原发恐惧"；如果婴儿在与其母亲或双亲的关系中，充分感受到被了解，并且随而能够将其摄入自己的内在，成为一个容忍的以及比昂所说的"人格中激发成长的部分"（1962a, p.96）的话，则婴儿的恐惧能够被缓解。这种经验中所谓"激发成长的部分"（如果孩子经常充分地享受到的话），能够灌注给孩子一种"能够忍受挫折与失落"的自我感。这样的人格，具有不畏进取的精神，可以放弃多余无用的部分自我，能依赖也能分离、有勇气与众不同，并且真诚地做他（她）自己。

早期从母亲那儿获得的满足经验，可帮助婴儿克服第一个主要的发展障碍，克莱茵（1935, 1945）称此为"抑郁心理位置"。我们之前已经提过（第一章与第五章），克莱茵认为：在此心智状态下，具有良好支持的婴儿，虽然有被抛弃与愤怒的感觉，但能够开始整合他在此之前仍然分裂与两极化的世界观。过分的爱与恨可以被调整缓和，个体可以拥有对矛盾的容忍能力；原来他所爱的人与所恨的人，将不再极端地被体验为两个不同的人（如同邪恶的巫婆与神仙般的教母），而是被视为同一个人，这个人有时候满足他、有时候却会挫折他；这个人更容易被看作是寻常人。她会令人感到贴近真实（既不是巫婆也不是教母）。自此以后的生命中，这些关系、焦虑与防御，将会在许多不同的方式下被接触到，这些方式全部都提出同样的基本问题：情绪经验可以被体验，抑或必须被防御隔绝起来？

克莱茵（1940, 1955）将此"选择"，视为一件攸关精神的生或死的事情，艾柳·杰克（Elliot Jaques, 1965）将他的看法扼要说明如下：

> ……在爱占优势的情况下，好客体与坏客体可以多少被结合在一起，自我变得较为整合，且能够对于重建好客体抱持希望；伴随着哀伤的克服以及重新获得的安全感，婴儿有了"生命"的概念。
>
> 但是，在迫害居优势的情况下，"抑郁心理位置"的修通（working through）将或多或少受到抑制，无法修复与结合，于是在潜意识中内在世界被感知为一个被吞噬与被破坏的坏乳房，自我会感受到它的迫害性和毁灭性，此时自我的感觉是支离破碎的。这种被体验为混乱的内在情境，使婴儿有了"死亡"的概念。（p.507）

如我们已经了解的，发展的能力相当受到对于"缺席"* 以及"挫折"的忍受程度的影响。一个人将能够面对并且经历中年、老年的考验，只要在此以前他能够拥抱经验的复杂性，并且能将痛苦的与愉快的经验整合在一起，而不是选择逃避或否认痛苦，并且紧紧抓住"快乐的权

---

* 指主要照顾者的缺席。——译者注

利"。"快乐的权利"与《美国独立宣言》遥相呼应，但是它也表达了某些尤其与当代文化压力有关的事情，这些压力会对耐力产生不利的影响，并且诱惑人们耽溺其中，使人更难面对这个生命阶段的挑战。

一个人如果欠缺内在涵容情绪的功能，这功能不足够坚固牢靠以承受新的或重复发生的对其心智平和与自我感的挑战，那么他可能会寻求早期的功能模式，也就是用来逃避痛苦的模式。不同于早年的失落，年老所面临的痛苦，可能是真正丧亲与孤单的痛苦，或者此痛苦可能与许多失落有关。这些失落在生命晚年将为正常的生活带来阴影：例如，失去健康与活力、政治与专业的理想、生产力、性能力、婚姻、身体的健壮与外观、父母的存在与支持、孩子的存在与支持，等等。

在面对这些困难时，可以预期的是，人们将会想办法保护自己免于受到冲击；为了要减轻他们精神上与肉体上的不舒服，他们会采取防御的措施。有些人会回到像是典型的婴儿或青少年的行为，改变他们的态度与活动，以便能够排除内在难以忍受的压力与冲突；另外一些人则会采取审慎的退缩方式，或者陷入强迫的倾向，明显地回到潜伏期特征的心智状态，而不是成人的状态，以便能够避免更多的挣扎。在面对生命晚年的特殊问题所带来的新压力时，一个人有可能返回并且重新固着在这些早年心智状态中的一种；同样，他可能在这种早年状态与那比较合乎他年龄的状态之间游移；但是，还有另外一种可能，他也许可以抗拒这些早年功能模式的拉扯，并且发现他自己能够承受情绪的负担，从而进展到某种新的——也许未曾有过经验的——成人心智状态。

如同早年一样，这阶段的人们所面对的"特定任务与情绪任务"，与"进行那些任务的心智状态"两者之间，存在着密切的关系。即使是现在，人格的发展并不单是线性的（chronology）发展*，即使会有压力，有些中老年人需要负的责任需要一种"能够维持成人世界观的能力"。例

---

* 关于线性发展的概念请参考第一章。——译者注

如：家中年老的父母在被照顾之下，可能已经开始处在小孩子的位置，而小孩子们虽仍需要被照顾，却可能已经是小大人（old children），特别是当工作难寻而居住空间狭小的时候；或者，这些孩子们可能已有自己的小孩，而且期待祖父母的帮忙；同时家中这个中老年人的工作责任可能特别地艰苦。在社会家庭的责任与束缚变得更加严酷时，对"能够维持成人世界观的能力"的需求可能会更加升高；正当所有的这一切都在进行时，却也是体力能量开始减弱、热情可能消退或者正遭受疾病威胁的时候。

然而，此时就像以前，对那些有学习能力的人来说，年岁的增加必然会有更多的时间来进一步整合他们的生命经验；但是对于那些尚未能轻易接受经验教导的人来说，许多退化的可能性也许将对他招手。华兹华斯（Wordsworth）的诗《我们七个》《We Are Seven》道出了小孩的智慧与成人的困惑两者之间的对比：

> 一个单纯的孩子，亲爱的弟弟吉姆，
> 他轻轻地吸气，
> 并且在每个肢体上感受他的生命，
> 他可知道死亡是什么？

书中，借由8岁大乡下女孩诉说的这几行叙事诗，在简约的语言与动人的音韵中，表达出小女孩的智慧。她跟她所对话的具有文学素养的人不一样，那个对话者无法了解她如何能够坚持自己还是七兄妹之一，即使其他六位手足都死了；他无法理解她让这些小朋友存活在她心中的能力，她对待他们如同内在的人物，对他们唱歌并且与他们交谈。她将失去的人保存在心中，成为力量与安慰的持续来源：

> "但是他们死了；那两个死了！

他们的灵魂在天堂！"
这些话，是耳边风，一说而过；然而
这小女孩的意志依然坚决，
并且说："不，我们是七个人！"

华兹华斯诗中的人物，卡在卖弄学问与量化的心智状态，不但无法抓住精神现实的本质，也无法让他用开放的态度，来面对他人内在经验里他所不熟悉的本质：在这个例子中，这本质指的也许就是他无法去思考失落所带来的哀伤——那是小女孩在面对许多失落时所承受的。然而，创作的这首诗，也传达出诗人自己对于获得一种存在方式和理解的强烈愿望。

在此阶段以前，过去学会使用的各种逃避痛苦的方法，随着年岁的增加，已经呈现在性格的样貌上。人们容易用概括的字词来描述一个人，例如肤浅的、放弃的、屈服的。当他试图逃避，或甚至否认年岁渐长的过程，这些逃避痛苦的反应可能悲哀地验证了：一个人从阻碍发展的影响力那儿所学习到的东西，比从那些促进发展的影响力所学习的多。有些人可能被消极的以及忧郁的情绪所主导——感觉生命抛弃了他们或令他们失望，这些情境已将他们击垮了。然而，这些反应也可能描述了某些其他的事，在下面的例子中有清楚的呈现。也就是说，早年未解决的失落经验，可能在人格发展上留下长远的阴影。失败的感觉或对失败的恐惧，虽然可能久远地延续好几年，但是有勇气的话，潜在的焦虑与压抑仍然是可以被加以思考的；害怕受苦可能比受苦本身更糟。如果哀伤与失落感过于强烈，早年发展的旧有人格将会自寻出路，它们可能采取与早年不同的方式，但仍是与（早期）同样的心理选择有关——亦即，选择逃避痛苦，还是缓和或改变它；到底是试图依靠原初冲动排除痛苦、避免经验它，还是将它保持在心中、并且将它于内在加以处理转化。

* * *

以下两则简短的例子，理清了"生命早期曾经遭遇的困难"，与"多年以后经验这些困难的各种方式"两者之间的关联。史密斯先生与克萝弗太太在六十来岁时前来做心理治疗，从表面上看来，他们被转介来做心理治疗的理由非常不同，但是后来发现有些重要的特质是一样的，都和早期的丧亲有关。史密斯先生总是感到罪恶与颓丧，当他即将退休时，他发现自己比往常易怒、寡断、焦虑而且多虑，对年轻女性有兴趣，生平第一次他发现自己如此关注自己的身材与外表；他过去在中层管理阶层的职业生涯不怎么成功，他总是觉得有些失败；他离开学校时仅通过少数的资格认定——就像他说的，"把任何东西吸收进来"对他来说向来就不是容易的事情。他曾加入一个"坏男孩"帮派，并且曾被牵扯参加一些不正当的活动（主要是较轻微的纵火与窃车），以及浪费许多该读书的时间在电玩场所里；他在职业生涯中也曾涉及多次不很严重的诈欺事件，但是他都能够处理而不被发现。

"退休"会引起相当程度的抑郁焦虑反应而且伴随人格退化（deterioration）的危险，这并非不寻常的事。好像失去了固定的工作作为一种外在支持的结构，内在整合会受到威胁；对那些欠缺自我内在的创造与想象资源的人而言，工作世界的固定模式可能长期为他提供了如"龟壳"一般的用处；但是当妥善建立的习惯必须被打破，而且同事的陪伴也失去了的时候，人可能会痛苦地觉得缺乏任何其他目标与意义。

此时，人可能会用一些措施来逃避不舒服的感觉（不论这些感觉是丧志、失败、空虚、无意义或嫉妒），这些措施都是我们先前已熟悉的。如果文化颂扬年轻貌美，而年老则被忽略或不被尊敬，则许多人，就像史密斯先生，将会屈服于一种冲动：想要与时间竞赛，想法子通过努力保持年轻与活力来打败老化的身体。

但是在这些归纳的过程中,任何单一的经验都会面临失去其特殊性的危险。例如,在史密斯先生的案例中,似乎有一种超乎一般老年可辨识的痛苦,这种痛苦难以碰触。他的治疗师有时候会在他平常比较平淡而有点陈腔滥调式地陈述自己与生活之余,瞥见一些激情。有一种隐约的感觉特别在他的梦里逐渐显现出意义:因为某些原因,他的人格已经"扁平化"了,就好像在早年的时候,他就已经安顿在一种安全而且相当单调乏味的存在方式——或许是为了要逃避某些可能曾被体验为太过于分裂的事物,也就是某些据他所知无法整合进他人格里的东西。

当史密斯先生还小的时候,他父亲因意外而去世。身为儿子的他,对父亲只有依稀的记忆,不过他向治疗师传达了一种近乎无可弥补的失落感。随着时间进展,史密斯先生与治疗师建立了比较信任的关系,他开始想起更多童年的细节:他的父亲曾经是个修车技工,当史密斯先生约7～8岁的时候,他经常会去看爸爸修理车子;他也提到在家中的花园有一个旧的工作室,里头摆满了工具与旧的引擎零件,周末的时候,他经常和爸爸一块在其中消磨连续好几个小时;当时还有另外两项父子间同享的极大乐趣——生火与拨弄它,使它烧得更旺;以及玩弄收藏在父亲阁楼里的旧投币电玩机器。当更多的细节浮现,他所述说的事情逐渐显现了质感、色彩与特殊性;在他与父亲之间共有的亲密关系中所蕴含的热情,显得非常明显、可以触及。当他忆起越来越多的快乐时光,史密斯先生的态度改变了,他的话语有了生命与活力,那些快乐时光如同在伊甸园一般,然而,他在很早以前就感觉到被从其中永久地放逐在外了。

有一天,一件沉重的机具掉了下来,压死了父亲。数星期后,母亲嫁给了爸爸生前在车房的工作伙伴。直到多年以后,史密斯先生才容许自己接受一种可能性,就是:母亲可能在爸爸死前就已经有了婚外情。随着母亲再婚,所有的事情都改变了:花园里的工作间被锁起来并被宣告"禁止进入",阁楼也遭遇同样的命运;生火的地方被遮盖起来;史密斯先生未被允许参加父亲的葬礼，从那以后也不被允许提到爸爸。不意外地，也就在那个时候他开始在学校有了麻烦。他对当时妈妈的主要回忆是唠叨、责怪他在学校的不良表现，说他以前是那么聪明的小孩，在班上是顶尖的，为什么他不再努力了？为什么他变得这么愚蠢？

虽然史密斯先生是个极端的例子，但是他所受的苦，与许多经历丧亲或失落经验的孩子们所承受的，在本质上是一样的。不论是轻微的或灾难般的，他们的痛苦经验未曾被妥善地接纳，或者更糟的是被否认或忽视。史密斯先生的母亲无法照顾到儿子的痛苦，很可能是因为她有自身不足为外人道的难处；但是，也有可能早在意外发生之前，史密斯先生就很少有机会（至少在早年和母亲的关系上）容许他分享，并且在过程中让他了解自己情绪生活中的实际状况如何。

似乎，他对父亲死亡的哀悼，以及对母亲与新家庭的愤怒，二者的强度已经无可避免地使他偏离了生命的常轨，将他的感觉与有感受能力的自我封闭起来，他放弃成为一位强壮有活力的小男孩。他记得曾经耳闻母亲对一位邻居说她儿子"对父亲的死亡调适得不错"，事实上仅仅一个明显而且清楚明白的线索，就足以看出来实情正好相反。这些线索表现在他那些不良行为的特殊性：纵火、偷车以及近乎上瘾般的沉迷于投币电玩机器上；稍后他停顿在一些缺乏想象力、单调不变的日常生活习惯上，如此持续大半生，经过这些年，未曾有过特别的亲密关系、喜悦或兴趣，整体来说是与生命失联了。他曾养家糊口，但是妻小对他而言很少带给他真正的快乐，他的家庭生活所有的只是"生活"这个词最空洞与普通的意思。

现在逐渐浮现的是某种程度的罪恶感：包括非理性的、对于父亲死亡的罪恶感（"我常想，如果当时我在场的话，有可能救得了他"），以及强烈的悔恨——他竟允许让父亲的记忆如此快速地在家庭历史中被铲除（虽然在他的心中消退得比较慢一些）；为什么他认同于整个骗局与否认？而这些正是母亲新婚成立的基础！他甚至开始怀疑那桩"意外"

是否本质上比它表面的样子要更邪恶些；更多的罪恶感来源也浮现了：他想和父亲在一起的渴望，可能造成了双亲的分离，以此为起因，导致了他所认定的婚外情。

逐渐清楚的是：退休的逼近与所有相关的失落，再一次地翻搅这些陈年未解决的事务。史密斯先生面临的挑战不只是他自身面临死亡的现实，还有一些怨恨与破坏的感觉，这些感觉是在此之前他不曾在自己身上看到的。渡过这个危机需要具备涵容情绪的能力，而这也是他向来未曾有机会发展的；他花了近乎一辈子的时间来确保他不会遭遇愤怒、沮丧与内在的混乱。在心智与情绪方面，他的发展未能超越潜伏期的孩子阶段——也就是他父亲亡故的时候；在治疗过程中，史密斯失去的记忆慢慢地被揭开，他开始能够思考与体验某些感觉，此时他承受着庞大的痛苦，开始进行的是一件很重要但是延迟已久的人格发展任务。

杰奎斯（Jaqeus, 1965）描述此任务为"再次修通（working through）儿时的失落与哀伤经验，如此提升了个人对于爱与哀悼能力的自信（要哀悼的是已经失去的与成为过去的，而不是去怨恨或感觉被迫害），我们因此能够开始哀悼我们自身最终的死亡"（p.512）；通过这样做，一个人才得以真正建立一种可以承受其缺点与破坏性的能力。克萝芙太太早期童年生活中发生的悲剧与史密斯先生并没有什么不同，虽然她找到了不同的方法来面对它。她总是觉得自己的生命一直受到哥哥死亡的影响，哥哥在她8岁时过世。这个哥哥显然是一个出色的孩子——是那种华兹华斯在一首叫《迈可》（Michael）的诗中描述的孩子：

他高过其他人的天分
他带来希望，与前瞻的思考。

他在一次小手术的麻醉过程中意外死亡，父母的哀恸无法复原：父亲变成酒鬼，母亲狂躁而脆弱，从此一直过分关注轻微与想象中的疾病，受苦于持续的偏头痛，而且将她的生活填满了无意义的琐事。克萝芙太太（也就是留下来的唯一孩子）感觉到虽然注定要失败，她得要努力达到记忆中哥哥的成就；父母亲已经清除掉任何儿子存在的痕迹，而且从此绝口不提他的事。他们的经验，可说是无法承受的。

就像常见于失去孩子的家庭中的情形，当时还是小女孩的克萝芙太太，对于她所感觉到双亲的哀伤的反应，是努力去满足她所认为的他们的愿望；由于感觉到哥哥"鬼魂"的存在，冥冥中她一直都努力将自己塑造为她所想象的父母心目中哥哥的样子。由于这样，长大以后她（相当有意识地）尽可能追求成功，她帮助先生建立如她所说的"一个非常好而且有效率的家"，她带大四个孩子的同时也在当地的一家医院做病房助理。她掌控了一种极度紧凑与积极的生活，永远在"往前跑"，总是惦念着许多"残障的人"，以及一些超乎其职责的慈善工作；她少有时间自省，更从未有时间在"关于生活困境"方面有任何比较积极的关切。因为疑病的缘故，终于迫使她的家庭医师建议她接受心理治疗的协助。一再重复发生的阵阵急性恐惧（害怕罹患危及生命的疾病——通常是癌症）已存在有数年之久；60岁的时候，她发现自己的婚姻并不快乐，她越来越焦虑且受许多令她担忧的症状苦恼，但是没有一个症状经检查后可以发现器质性的病因。即使如此，她现在的忙碌更甚于以前，更难考虑挪出时间来做家庭医师所建议的心理治疗。

我们这样开始说吧，在治疗中，她的态度非常的直接、扼要、有点生硬而且表浅，但是随着时间的推进，她对于母亲无法面对哥哥死亡所感觉到的愤怒，开始以出乎意外的猛烈强度显露出来。由于那次可怕的事故，克萝芙太太感觉到自己不只是失去了哥哥，更失去了父母亲；她叙述了母亲无法从那个死亡事件中恢复过来的事实，如何在她还是个小女孩时，缓慢地影响着她；真的，这件事困扰了她一辈子。疑病也成为她的问题，由于未曾有机会去体验那个真实的死亡所代表的意义，她向来只能让自己埋首忙碌于间接地处理与疾病和死亡有关的事情，防御性地避免去体验那种需要由内在来实践的，但是对她而言是不可能的任务。

在一次治疗中，她详述了一项儿时的恐惧：大约从8岁开始，当她观看了《金刚》（King Kong）影片之后，她曾经长时间地害怕金刚会来捏住她、把她带走。在某个层面上，这个记忆似乎描述了一种未能被父母的了解所纾缓的焦虑——害怕像哥哥一样被带走。但是在该次治疗中，这个回想立即联结到一个最近发生的梦：

> 她在医院工作，不是护士，而是某种工程师，职责是要处理瓦斯漏气的问题。有一天好像有将要发生严重爆炸的危险，她非常忧虑这样的爆炸会毁掉建筑物里的油漆。

讨论这个梦时，逐渐清楚的是：克萝芙太太感觉到她生命的工作一直在"处理漏洞的事情"，也就是要把每一样东西的盖子盖好，以免任何真实的（具有潜在破坏力的）情绪会跑出来，或是被辨识出它的真面目。看起来就像一个非常残暴与操控的自我部分，抓住了她比较脆弱的"受害者自我"（也许是《金刚》中那美丽的女子），带着她逃之夭夭，留下被剥夺了"容纳哀伤、恐怖与愤怒，并且了解这些情绪的强度与来源"的能力的人格。在梦中，她并未注意伤害到他人的危险，她专注于对表面事物——油漆——的关心，因此使与失去生命（梦中或真实的）有关的灾难的真实冲击无法被消化代谢，取而代之的是对表面的关注——表现好、被尊敬、做好事等行为占了优势。

当她开始扮演完美的妻子、工作者与母亲等角色时，她就已经将自己隔绝于真正去经验世界的过程；现在她开始深深地受苦，为了她自己的生命，也为了她母亲的。她允许自己更加了解母亲当年的困难，并且开始明白她既恨也爱母亲，她能够感谢母亲曾经做到的事，而不会老是感到为了母亲没做到的事而悲伤。不意外地，她对母亲尚未能够忍受的部分，正是那些她一直努力不想看见的自我方面：持续抱怨身体不适、没必要的忙碌、不实际地做好事以及广泛地避免真诚的情绪接触。明白了这些特质其实是她人格的一部分以后，克萝芙太太才能够发展出对母亲的同情心与温暖的感觉，还有一种强烈的想要修复母女关系的愿望。她说，在此以前她从来就不曾想过这个愿望是可能的。

在这两个案例中，都有一件真正的丧亲事件发生过，而此（丧亲）事件发生时，未能在情绪上适时地被消化，留下了黑暗的后遗症，一直延续久远，进入两位个案的生命当中。我们的建议不是说治疗总是必须收集这些隐藏的与未被提及的意念与感觉，而是说，这些案例佐证了一种可能性，就是在一个可以"涵容情感"的环境中，人格的发展能够持续进行、甚至开始，不论年纪多么大。伴随年长而来的僵化与软弱可能变得明显，但是如同这两个案例所显示的，这些改变并非一定不可逆转。

第三个案例取自一位60岁男人的一次分析，提供了较为详尽的说明，解释了：一个人即使在晚年，也是有可能获得能力，用比较有意义与想象力的方式开始经验自己与生命。威廉森先生在生命晚年接受分析，在此之前，他拥有一段漫长而且成功的律师职业生涯。他的态度从容、稳重，思考与举止有点严肃；他一直都不易了解自己的感觉是什么。他叙述了一段情感生活被剥夺的童年经验，似乎一直少有真正的家庭接触或温馨，有的是不断更换的奶妈，到7岁时就进入了寄宿学校。他对这段不快乐的时光少有记忆，威廉森先生对母亲的印象是很模糊的，他难以忆起儿时与母亲在一起的光景，或是母亲早年病逝的事情："我想她就这样消失了。"他想不起任何有关的联结，他的思路不像往常一样地开启，治疗中的诠释也无法起作用，任何的探寻都会被截断，此刻，一切似乎都卡住了。

在分析早期，威廉森先生努力找寻可以接触的某个着力点，好长一段时间他记不得任何梦，但是最后他带来了第一组被称为"支离破碎"

的梦，它们包含了许多单一的影像，栩栩如生，有时候还附带清晰的感觉与色调。然而它们令人感到困惑与挫折，因为它们引发很少的联想或反省。

经过许多这类的梦以后，他带来了一个"残梦"，它很特别地包含了一段非常简单的视觉陈述：

有许多砖块叠起的柱子，每一个柱子大约10厘米高，而且非常整齐地堆放着。

"精确的堆放"是这个梦唯一的焦点或重点。那些砖块那样堆放，其实并无特别用途，它们似乎（且真的是）被安排成分开的好几堆，非常有条不紊、小心地而且完美地堆放着。他提到一件事实，即当时他家的花园正进行着造景工程，许多砖块围绕着花园堆放，准备要建造围墙，这些围墙依照原来的设计是要支撑它们的房子，他说这样的目的是为了美观而非实际的需要。

这些联想的细节虽然非常琐碎，但却使他可以用如下的方法去反省这个"残梦"：那些成堆的砖块可以被想成过分僵化的心智过程，这样的过程无法被运用在任何真实有活力的情绪或实际的目的上；正如这个梦所显示的，那种摆放砖块的方式明显地是一种"无意义的精确"，这些砖块"几乎没有任何实用或美观的功能"，而且在形式上"缺乏任何有意义的思考的联结"。由于缺少了某样东西，那些砖块以它们现有的形式与位置，无法被用来建构有意义的用途。

这个梦境完美地描述了威廉森先生当时的困境。那些砖块／思考（存在于离散与片段的形式）需要被带给分析师，以便某些初步的"成形（shaping）"能够发生，这样的话，它们才能够适其所用——将房子／心智架构起来，使它们能更容易被观看；意旨——造墙的美学与功能层面——需要先被建构为一个"不一样的创造过程"，接下来房子本身才能够被架构、观察,随后才能以精神分析的方式来加以思考。

梦的支离破碎,述说了那种它身为其中一部分的过程;它启动了拆除那些非常僵化而且"恰当的"思考/柱子的过程。这些思考/柱子长久以来对于威廉森先生人格中裂解部分(split-off parts)之间的创造性联结一直都是没什么用处的,这种"拆除"使得真实的困难较容易被思考。为了要与那些象征(房子/心智)表征的意义发生联结,一个先行的过程必须要先发生,也就是说,在一个心智结构(他的治疗师)中必须先具备一个更为基本的秩序——这个心智结构能够将解离的碎片捡拾起来,将它们整合在一起,并且用一种方式来思考它们;如此,那些砖块将不再僵化不变地固着在它们原来的结构上,通过这种"内在处理"的结果,那些砖块能够开始被用来建造一些有用的东西,这样的东西能够成为"意义的涵容者",也能够被建置入他正在发展的人格结构中。

分析的过程所提供给威廉森先生的涵容能力,源自建基在分析师涵容能力上的潜意识过程,这种涵容能力可以了解威廉森先生那种支离破碎而公式化的沟通方式。我们很难用概念性的语言来描述这种过程,但是可以这样说:发生在治疗关系中的梦以及对它的诠释,表明那些当时在威廉森先生经验中"无法思考"的方面,已经开始被建构起来了。在这次治疗中,他的潜意识经验已经被分析师的心智加以处理了,他获得了一个可以帮他思考该经验的管道,首先是梦思(dream thought)的潜意识象征,然后是在比较意识的层面将这些梦的思考语言化。随着时间的推进,他的拘谨开始松弛,他那严酷的情绪表现缓和了,幽默与温暖开始进入治疗当中,并且进入了他的生命。通过同样的方式,如果一个婴儿曾经体验到母亲拥有的内在资源,能够以创意的方式涵容婴儿的感觉(在一段足够的时间里),这个婴儿不但会有被整合与被了解的感觉,而且慢慢地他自己会获得这种涵容能力,能够支持他自己的心智状态(即使刚开始的时候只能持续短暂的时间)。威廉森先生与分析师之间的"互动",说明了比昂所指的发生在分析空间中的"涵容者／被涵容者"。这个例子说明了发生在病人与分析师之间神秘的"象征形成（symbol-formation）"的过程，或者"阿尔法功能（alpha-function）"；这个例子也说明了这个神秘过程如何可能在任何年龄被再度诱发，这些过程正是那些最早期母婴互动的过程。

当一个人迈入生命的晚年，他可能变得比较和缓、柔软，比较会体谅、少点嫉羡，比较会欣赏与感激，比较能够接受生命、小孩子们以及工作真正的样子，而不是它、"他"们"应该"或"能够"或甚至"可能曾经是"的样子；可以扬弃"要是可以……就好了"这样的想法。但是一个人也可能相反地变得越来越苛求、傲慢、无情、苦恼、不真诚等。这些特质，可能开始于自我防御的措施，也许是为了应付嫉羡的痛苦或者对失落的恐惧，但是它们也会成为越来越难改变而且根深蒂固的习性，这些习性会限制或束缚任何进一步情绪成长的可能性。维持这些心智状态的机制，仍旧是我们一直在讨论的"投射"与"内摄"。依据每个人在这两种倾向之间的平衡状态，以及在生命初期几年它们各自的力量与强度，还有过去与当前压力的本质等因素的差异，每个人将会带着非常不同的"配备"来经验这段生命的最后阶段，并且应对必然的失落以及对生命将要接近死亡的认知。有些人会倾向于封闭自己，避免用不熟悉的方式来看待事物；另一些人则可以带着继续学习的意愿来迎接新的经验。

一个团体在长谈了有关"帮助孩子们经历失去手足之恸时进行哀悼的重要性"之后，有一位祖母为她那位最近丧亲的孙女说话："但是，我仍然不认为她该参与丧礼。"另一位祖母回应说："那是你想到最好的法子吗？多告诉我一些你的想法。"后者的意见虽然简单，它传达了"持续的好奇"，是一种不断进行的、对于知识与了解的探寻，这种能力强烈地蕴含在叶芝晚年的诗作里。他最后一本诗集《回旋梯》（*The Winding Stair*）中的《刺激》（*The Spur*），说明了他在写作当中持久的能量来源：

你在想这真可怕，性欲与血气

> 竟然伴我起舞，老到这年纪，
>
> 少年时那些对我不算致命问题：
>
> 现在还有什么能让我高歌？*

对有些人来说，年轻时的"性欲与血气（lust and rage）"，随着年龄增长趋于沉寂，就好像这是一种中年人的"潜伏期"，但是对于其他人如叶芝来说，人格中持续的生命力似乎存在于，能够继续诚恳而热切地承认并且专注于这些比较基本的热情，不论个人的方式是多么地不同。对一些人来说，不管这些冲动，在感觉上像是婴儿状态还是成人状态，是必要的还是不可能的，能够去经验这些情绪与冲动的潜力，仍然是可即的，而且能够进一步对持续发展的自我感有所贡献。

在描述关于晚年的诗人与其诗作之间的关系时，艾略特引用了《刺激》，并且极为清楚地陈述："具有经验能力的人（man who's capable of experience）"与"缺乏特别的诚实与勇气，去'成为（to be）'或是'渐渐地成为（to become）'具有经验能力的人"，两者之间广泛的差异。他指出这种差异，决定了一个人是否拥有能够延续创造力的晚年。他强调青年期与老年期之间连续性的重要：如果要继续成长，青年期的经验必须保持其生命力，艾略特对《回旋梯》诗集中的其他诗作写道：

> 人们感觉到年轻所拥有的最活泼与最渴望的情绪，已经被保存起来，并且获得了充分而适时的表现（从回溯观点来看），因为有趣的"年长感觉"并不是不同的感觉，它们是一种整合了"年轻感觉"的感觉。（pp.258-259）

对于创作人的老化，艾略特具有一种非常迫切的危机感；他描述的

---

* 此诗作的译文完全参照杨牧先生所译的《叶芝诗选》。——译者注

图像是绝对而鲜明的，但是他所描述的危险，即远离真诚、变得只是需要被尊敬或者更糟——不诚实，是许多人（特别是任何努力保持一般创造性自我的人）所熟知的：

> 对于一个能够去经验的人来说，他在生命的每个阶段会发现自己置身在不同的世界中。当他用不同的观点来看待生命，他的艺术素材将持续地更新，然而事实上，非常少的诗人明白这种随着年岁增长而转化的能力，真正需要的是一种特别的诚实与勇气来面对改变；大多数人要不是黏着在年轻的经验上，使他们的作品变成一种不真诚的早期作品的翻版，就是抛开了他们的热情，只用脑袋写作，带着空洞而被浪费的老练才华；另外一种更糟的诱惑：被神圣化、成为受到公众欢迎的人物，只有公众生活的存在方式，如同挂着饰品与特殊地位表征的衣架子，言谈举止间，甚至在思考与感觉上，都相信自己的作为是符合公众的期待。叶芝不是那种诗人……因为年轻人可以见到他的作品中永远年轻的部分，在某方面来说，叶芝甚至越老越显得年轻呢；但是对于老年人来说，除非他们受到诗中所表达的个人真诚所触动，否则他们会很震惊于诗中所赤裸裸揭露的一个人真实的样子以及他目前仍然的样子，他们将拒绝相信他们真的像诗中所描述的那样（p.257）。

如同本书的其他篇章，在此我所强调的是能够"对自己诚实"的能力以及机会。在思考晚年生命相关的议题时，我们的焦点一直是放在一个人是否能够面对死亡，将之视为外在的事实，并视破坏性为内在的事实。面临真正死亡的现实，让一个人可能"真正长大"和"只是看起来好像已经长大"两种状态之间许多不同的方式，呈现出尖锐突出的方面。因为，死亡的隐喻代表了所有生命中的失落，这些失落可能因为看似太具有终结的性质或是太具灾难性而令人恐惧，结果是它们一直被决然躲开了。（弗洛伊德说，生命失去了"兴致，当这个游戏的最大赌注——也就是生命本身——不能被冒险投注"。[2]）要能够适当地经验生命，需要一种在心理上准备好的状态——要面对的不只是死亡本身，还有与死亡有关的打击：包括那些来自自我内在的与外在"情境世界"而来的威胁，也就是济慈描述的"悲惨、心碎、痛苦、病态与压迫"（*Letters*，p.95）。那种有助于一个人成为"能够经验的人"的思考方式，就是所谓的心智建构过程（mind-building），这个过程涉及了下面两种冲动彼此之间的角力：一是自我内在提升生命与希望，让人格能够找到自己的样貌，并且找到能够发展与成长的冲动；二是那些由于害怕痛苦或未知而扯自己后腿的冲动。即使在生命晚年，有些人仍然能够往前推进，打开通往新经验的门扉，其他的人则小心翼翼地将那些门关上。

济慈在蜘蛛网的意象与蜘蛛织网美丽的平凡中，捕捉了一个人的内在生命与外在生命之间环环相扣的神奇与无穷的复杂性：

> 现在，对我来说，几乎任何人都可能喜欢蜘蛛结网，看着蜘蛛从内在编织出一片自己的"幻想要塞"——蜘蛛在叶子或树枝上开始工作的支撑点是很少的，而她在空中织满了美丽的圈圈：人们应该要满足于少数的着力点，而在这些着力点的尖端连结细致的性灵之网，并且编织出锦绣般的天堂境界。（*Letter*，p.66）

上述济慈所描述的意象，象征性地涵盖了许多思考内涵，这些思考内涵隐含于本书各篇章的许多观念中。这意象激发出自由、开放心胸的感觉，这是一种涵容能力——不受限于事物的细小支撑点，而能够在这些支撑点上，运用内在的资源建构起自己的世界，因为每个人内在都有潜能可以发展出"丰富且有深度的人格"以及"从自身的经验撷取基本元素作为发展之用"。任何人都有可能偏离真实的自我,任何人也可以建构一个独特而且绝美的人格结构。

注 释

1. 在弗洛伊德之后的这些年来,只有极少数从精神分析观点来看这方面议题的论文被发表,在此似乎有必要指出几篇有意义的文稿:

Cohen, N.A. (1982) 'On loneliness and the ageing process', *International Journal of Psychoanalysis*, 63: 149-155.

Davenhill, R. (1989) 'Working psychotherapeutically with other people', in *Clinical Psychology Forum*, 27-30.

Hildebrand, P. (1982) 'Psychotherapy with older patients', *British Journal of Medical Psychology*, 55: 19-28.

King, P.H.M. (1980) 'The life cycle as indicated by the nature of the transference in the psychoanalysis of the middle-aged and elderly', *International Journal of Psychoanalysis*, 61: 153-60.

Limentani, A. (1995) 'Creativity and the third age', *International Journal of Psychoanalysis*, 76: (4) 825-83.

Murray-Parkes, C. (1972) *Bereavement*, London: Tavistock Press.

Segal, H. (1986) *Delusion and Artistic Creativity and Other Psychoanalytic Essays*, London: Free Association Books.

Settlage, C. (1996) 'Transcending old age: Creativity, development and psychoanalysis in the life of a centenarian', *International Journal of Psychoanalysis*, 77: (3) 549-64.

2. 节录自艾柳·杰克(Elliot Jaques)1965年的文章第512页。

第十四章

最后的岁月

我们不该停止探索，
一切的探索终将到达我们开始的地方，
并首次认识那个地方。

——T.S. 艾略特

终结这段古怪多事的历史的最后一场，
是孩提时代的再现，全然的遗忘，
没有牙齿，没有眼睛，没有味道，没有一切。

这是《皆大欢喜》中杰奎斯的结束语，他就人类的七个年龄段发表了论见。他的反思得益于试金石（公爵的小丑）的启发，他们偶遇在初见时的场景中。杰奎斯对试金石非常着迷。他很高兴地向公爵及法院汇报了"有关世事变迁的傻瓜声明"。

就这样，一小时一小时地过去，我们越来越成熟，
接着，一小时一小时地过去，我们越来越苍老，
这上面真的大有感慨可发。

这样的"感慨"是所有故事的核心——关系到人类的境况。跟大多

数的喜剧一样，这出戏剧的主题涉及一些自然规律，即，在结尾的现实（如：丧失、放弃及最终的死亡）中融入开始的精神，在潜在的开始中融入结束的感觉。

莎士比亚常常有意无意地发表感慨，在一切涉及重生的故事中对拥抱衰老与死亡的重要性直言不讳。"孩提时代的再现，全然的遗忘"，这样直白的声明讲述的是生命的现实，人类在每一个阶段与年龄段都必须认识并且理解这点。如果这一现实被隔离或否认，任何真正的发展与理解都将不复存在。

我现在要逐字追溯开端与结尾之间密不可分的关联，以便精神分析理论、临床经验以及观察年幼孩童的方法能够结合在一起。就实践而言，这些方法有助于理解"孩提时代的再现（second childishness）"，同时促进针对受损与衰弱的心智状态所做的工作。正如《皆大欢喜》所言，成熟与衰老在某种意义上只是一个简单的时间问题，仅与时间顺序有关。虽然时间是绝对的———一小时接着一小时地流逝（试金石令雅克着迷的言论）——不过，"阿尔丁森林（Forest of Arden）"中的生活告诉我们的，如何度过这些时光才是重要的。就发展而言，先前的章节曾向我们展示，在生命的各个时期，时间的意义以及时间如何被使用才会促进或抑制心智的成长，是我们需要时刻注意的首要议题。由此看来，时间不是绝对的，我们在多大程度上"越来越成熟""越来越苍老"，取决于生理／神经因素与心理因素，即身体／大脑与心智，之间密不可分的关联。随着一个人身体的恶化，未解决的早期心理问题可能会重新上演；如果潜在的焦虑仍然处于一种未修改的状态，婴儿期的防御也可能被再次激活；至于孩童期的需要，如果未曾得到满足，也将再次浮现。随着应对能力的消失、原始依赖（甚至可以说是可怜的依赖）的再次出现，这些困难发生的频率会更高。

不仅是器官的原因，情感因素也会让一个人出现心理问题，甚至患躯体疾病。这是弗洛伊德一个世纪前提出的观点。医疗机构对此做出了激烈的回应，以至于弗洛伊德不禁感叹道："从那时起，我意识到自己惊扰了世界的沉睡。"

100年后，人们对精神疾病、发展与行为障碍中情绪因素的了解，还是没能获得应有的普及。在大多数以上领域，生理医学解释仍旧占据着主导地位。当然，对于最年迈的老者，躯体恶化是真实的，应该作为核心因素来考虑。不过，近来神经系统科学提出的证据，有力地支持了所谓"民间心理学家（folk psychologist）"的研究与直觉。我们这些民间心理学家很早以前就已经发现认知与情绪障碍、机能受损与情感障碍、大脑运作与心智运作之间复杂的密切关联。问题不仅在于大脑会影响心智，而是心智也会影响大脑。

除了一些重要的例外，精神分析很少致力于加深对年长者困境的理解——这类工作可能会令经验丰富的从业者获得一些领悟，用于理解心智成长与发展的能力，以及心智受困、异化或破碎的倾向。面对严重受损的成人以及发展停滞的孩童的治疗师，会习得与眼前的问题最为相关的临床观察技巧。

精神分析所描绘的生命中期与晚期，强调的是当事人面对各种丧失以及最终的死亡的方式，这些方式根植于早期忍受心理现实的能力（见第十三章）。希望在这个阶段仍旧存在，正如乔治·艾略特所言，"成为一个你可能成为的人永不嫌晚"。本章要探讨是那些在任何明显的意义上都看似"为时已晚"的生命时光，其心智与情绪生活仍然比我们通常所认为的要更有意义、更易承受，有时甚至是愉快的，哪怕只是非常短暂的。思考早期婴幼儿状态的方法，有助于我们理解"生命的晚年"，更适合用于理解生命的尽头（"孩提时代的再现"）——尤其是与器官受损有关的接缝与破裂，无论这些器官受损是由大脑皮质血管创伤（cortical vascular trauma）（即中风）还是由阿尔茨海默病（Alzheimer's disease）引起的，抑或是更普遍的老年性精神混乱状态（senile confusional state）（这些不同的状态是很难加以区分的）。

本书的第一章讲述了89岁的布朗太太与她的先生艾瑞克之间的一场交流。我基于对他们家庭的细致观察以及由此所做的思考，进一步跟进他们的生活。在随后的2年当中，布朗太太因患阿尔茨海默病而渐渐失去了她那充满活力、好奇心和创造力的心智。本章随后的片段着重描述了布朗太太如何被激起并受困于丈夫会背叛她并抛弃她的偏执信念，全然无视艾瑞克多年以来的忠心。在任何细致敏感的观察者看来，布朗太太此刻的焦虑来源是显而易见的。她的疑虑仍然可以被消除，内心也能恢复平静。即便这样，她还是在很大程度上选择性地保留着对"世事变迁"的敏感。有时候，她会愿意谈论死亡，并认为她的孩子可以不用经历她所谓的"过度老化的年纪"（她确信一定程度的老化才会具备合理的"老练"，无疑跟这点形成了有趣的对比），会比她自己更早死去，因为她憎恨自己口中"逐渐死去"的过程。

2年后，布朗太太失去了日常交流的能力。挣扎着不让自己的性格反复崩塌，避免从抑郁心理位置的思考模式退回更偏执—分裂的状态，成了她的核心问题。不像早些时候，布朗太太能够很快地摆脱担心自己遭到迫害的状态，现在她可能会持续地待在自我隔离的危险状态中，因为极度年迈的状态总会伴随着一些看似无法解决的困难——记忆的衰退、辨别能力的减弱以及无法分享意义。她不仅切断与他人的联系，也切断了跟自己的联系。

这是一幅令人心碎的画面，不过即便是这样的状态，也没有它们看起来那么难以理解。越来越多的证据表明，即便是出现在生命尽头的焦虑与心理障碍，也常常跟早期的情感挣扎有着特定的关联。就拿布朗太太的例子来说，早期的片段预示着潜在从未被解决的俄狄浦斯困难，尽管她拥有了几十年的稳固婚姻以及家庭奉献。继比昂、西格尔以及布里顿等人之后，精神分析的思想对非常早期形成象征的能力（capacity to form symbols）尤为敏感（因而能对这部分进行独立思考），这种能力的根本在于忍受分离，应对独自占有照顾者的幻想的破灭，容忍有时会被原初伴侣（primary pair）排除在外。这些都是婴儿期与孩童期的任务。这种应对"三角"关系的能力，在生命的第一年便开始发展，需要仰赖婴儿与照料者（通常是母亲）之间原初二元关系中的安全感与相互理解。

早期对三角关系的处理与随后应对各种俄狄浦斯议题的方式密切相关（见第五章）。如果这些早期的互动受到太多的干扰，思考能力的发展本身就会跟情绪以及社交能力一样受到损害，当事人从此陷入爱与丧失的痛苦挣扎，以及随之而来的对被拒绝、被排除在外的恐惧。

所谓的"衰老状态"，在很多方面跟思考、联结与沟通的早期障碍极为相似。正如我们在先前的章节所见到的，生命的第一年或第九十一年，抑或中间的任何一年，个体的认知与情绪发展有赖于自己与他人之间的情感交流。无论是正值青春年少还是垂垂老矣，人们都会有将自身的感觉投射给他人的冲动（我们甚至可以说这是一种自然规律），不管是为了沟通这些状态，还是为了摆脱它们。关键问题是，承担"涵容者（container）"角色的那一位，是否能够容忍这些扰人的投射，同时继续思考经验的意义。

当言语沟通的能力尚未得到发展，或是当语言成为唯一的沟通方式，抑或是因为心理的灾难而把语言丢弃时，照顾者为原始数据、感觉材料以及经验赋予意义的能力，决定了"成熟"与"腐朽"之间的差别。按照比昂的模型，母亲的心智与情绪能力，让婴儿的身体与情绪状态所具备的原始元素变得容易处理、可以忍受，婴儿也因此获得了对自身的理解，这使得他（她）的心智与情绪得以发展（见第七章）。对于那些强烈到让婴儿无法思考的情感，婴儿会把它们投射给母亲喂养、培育与照料的部分——"乳房"。现在，这部分强烈、扰人的情绪状态可以被收回是因为无意识的理解赋予了它意义。人格的基础也因此得以形成，不仅情绪状态有了轮廓感（在不久之前，这些情绪状态还是一种完全不知所措、极可怕的内在与外在的尖叫），而且这种功能（最初是母亲提供这种转化的功能）本身也会成为人格发展的一部分。正如我们所见到的，较晚出现的照顾者也能够提供一种环境与一种心智的专注力，让照顾者本身成为一种可及的思考性与涵容性的存在，他（她）的这种功能也可以被内化。

回到布朗太太的例子：她的家庭对她的童年知之甚少。跟比昂一样，她出生在英国殖民期间的印度，由他人抚养长大，遭受了情感上的剥夺，虽然她最初的保姆很爱她，不过她随即就被送到一个千里之外的地方(英格兰)接受教育。她不太了解自己那位心智受损的施虐母亲(她是这么描述的)，也搞不清楚那位令她仰慕却又感到疏离，并且常常缺失的父亲。她童年的命运，是不断的迁移与重置，任何持续的照料与关注都会被扰乱。在她的青春期以及成年期，她凭借学习与教育来获得资源，适应社会的期待。但是，她从未有过属于自己的安全感。

布朗太太曾经跟她的一位姐妹吐露过一些痛苦的细节，有关她母亲那令人困惑的暴躁，以及因自己丈夫与女儿之间太过亲近的关系而产生的妒忌与竞争。在她丈夫过世后不久，她竟然勾引自己女儿的小恋人。那时候，丧失自己深爱的男人，以及这样的背叛在布朗太太心中留下了永久的伤疤。她描述自己持续地处在挣扎当中，想要隐藏自己被排除在外的恐惧，以及她所谓的"被贬低"的倾向，即，进入那些"提供服务"的人的行列，而不是那些"行使权力"的。

毋庸置疑，对被抛弃的恐惧以及无法忍受分离是失智症患者的特征，这些被迫害的心智状态加重了器官功能受损的程度。不过令人注意的是，在布朗太太的例子中，三角关系的复杂性、妒忌的暴怒与焦虑所引发的攻击确实带给她特殊的痛苦。从非常早期开始，对被排挤与被取代的恐惧就已经在削弱她的自信，也从未被平息。在衰暮之年，由于她失去了习得的社交技巧，那些旧有的婴儿期的不安全感，开始以难以想象的强度再度出现。下文呈现的一些日常情境，简洁地描述了她家人的涵容能力不仅使那些早期的沟通碎片变得具有意义，而且还起到了维持联系（maintaining contact）的作用，甚至是重建旧有的联结，因而暂时性地令先前的自体死灰复燃。这一切都发生在布朗太太91岁的那一年。她失去了以任何持续可辨识的方式记忆与思考的能力，开始排斥一切新的事物，也常常对生活本身感到厌恶。除了习得的正式回应之外，她早就失去了言语表达的能力，无法用心回应恰当的询问与关心，比如"你一定很累了吧？""你花了很长时间才到这里么？"。这些都是终将经历的，虽然她的一生都在实践"做一个好人"这种政治社会习俗。基于她还未受到损坏的超常领悟力与倾听能力，她仍然可以从同伴的语气中找到一些线索来做出回应。她的能力常常掩盖了她内心的渺小，事实上这也是可以理解的。

由于布朗太太在婴儿期与孩童期不断地面临着周围环境以及照料者的更换，类似的变动会引发她强烈的焦虑。就关怀长者而言，似乎很少有人注意到被照顾者早期跟依靠的爱人或熟悉的环境分离的议题所产生的影响。环境的任何改变都可能会立即引发他们内心的不安全感，致使他们产生强烈且不稳定的"乡愁"。当布朗太太最钟爱的一位姐妹周末突然到访时，环境马上就变得有所不同了。布朗太太看着她的先生艾瑞克，带着强烈的焦虑说："艾瑞克，我们还在家里吗？"

在那天的晚些时候，艾瑞克起身离开房间。在他回来的时候，日益加重的健忘症令他受到了考验，他半路停了下来，两手放在背后紧握着，表现出一副因受挫而自嘲的样子——这是他忘记自己初衷时会有的典型姿势。布朗太太指着他的手，盯着她女儿，表现出一种"青春的喜悦"。她坚持再次指向艾瑞克的姿势，勾一勾手指以做强调。她女儿微笑着说："是的，好老爸，他忘了点什么。"布朗太太大笑。艾瑞克重新收拾了一下，离开房间并顺手关了门。布朗太太似乎受到了惊吓："他什么时候回来？他去哪了？""我想他是记起了他想要的东西，在厨房里。他一会儿就会回来了。"布朗太太仍然焦虑不已。她女儿好奇地问道："如果他告诉你他正在做什么，他去哪了，知道他的行踪会让你好受点么？"布朗太太点点头。

在这些简单的互动中，我们可以看到心智状态时时的变动，呈现出婴幼儿的特征。对于艾瑞克犹疑的姿势，母亲与女儿之间共享了她们滑稽的理解，并赋予了确定感与可沟通的意义。女儿能够正确地解读母亲的心情、姿势与目光，并澄清这些——很像一位敏感的治疗师对一个沉默的小孩说的话（或是父母对婴儿说的）。不过，很明显当门被关上的时候，艾瑞克无故的缺席令他的妻子感到彻底被隔离，就像婴儿失去所需的临在（presence）那样，体验着强烈的被抛弃感与恐惧感——"他已经走了""他再也不回来了""我将一个人孤零零地留在世上"等。真正被需要的只是一些简单的解释，这是她女儿的观察结果，也成了这个家庭的一种惯例，就像母亲会对年幼的孩子说的，"我只是去做某事，很快就会回来的"。布朗太太的情绪状态可以被描述为从抑郁摆动到偏执—分裂后再回到抑郁，这种方式与下述情境极为相似：在某一刻，经验到内心的扰动，接着在共有的三角心理结构（丈夫—女儿—自己）中被抱持，随后感受到自己内在的安全感，结果像是经历了情感上的自由落体运动。

布朗太太未解决的俄狄浦斯焦虑以及相关的内疚、担心与渴望贯穿着她的整个成年生活，虽然她的社会适应能力令人感到印象深刻。随着她的社会防御以及更重要的记忆能力的衰退，真实的心智损伤混入潜在的情绪困难当中，她开始遭受妒忌（jealousy）的折磨，越来越不能处理多元关系（非一对一的联结）的危险。

她儿子讲述了一个场景：午饭前，他母亲坐在火炉边上，旁边放着一瓶酒，不过少了她习惯每日一根的香烟。儿子跟丈夫正在进行一场生动的对话。像平常一样，他们也通过有限的眼神交流邀请她参与。儿子注意到他的母亲正兴奋地伸手去拿火柴盒。接着，她的右手相继划过一根又一根的火柴，左手完全不自觉地放到嘴边，用明显愤怒的眼神扫过这对"伴侣"，点燃火柴试图消灭他们。这样的举动重复发生了好多次。一边跟父亲聊天一边观察到这些细节的儿子，微笑着朝她走过来:"是不是点燃一根火柴,你想要的香烟就会出现呢?"布朗太太看起来有些迷茫,接着微笑着点点头,似乎在表示确认。(他没有提到的是,他母亲可能想要消灭或烧死任何一个竞争对手的潜意识愿望。)

这些例子让我想起了一项最近的研究,试图研究"联合注意技术(joint attention skills)"与"追踪指示(gaze monitoring)"的重要性,它们可以有效地解释布朗太太跟她儿子之间发生的事。儿童治疗师安娜·伯豪斯(Anna Burhouse)将认知心理学、儿童发展研究以及精神分析的概念与她自己的婴儿观察结合在一起。她特别关注三角心理空间形成过程中的损伤,依据是与自闭症特征有关的严重困难。这项研究的很多方面都涉及理解与高龄有关的各种问题,正如随后案例将会指出的。

无法说话的布朗太太会特别关注一些刺激与兴趣,接着开始期待一个安全的同伴,有时候好像是在期待一个共有的回应。在其他的一些时候,她会更焦虑地寻求确认与开导。当她遇见能够触及情感的心智时(这样的心智可以体会并参与她的沟通,或是为她找到意义),她便可以使用这个心智,享受被理解的状态。特别是当她希望自己获得的美感能够被澄清时,这点尤为明显。天空、小孩和鲜花是她仅剩的乐趣的来源。好像举起一个魔杖,她便可以默默地将手温柔地挥向吸引她的客体。这样的举动过后,她会用紧张且疑虑的眼神看着她的同伴,接着再次回望小鸟或鲜花,随后又转向她的同伴。当她姿势的意义被简单的言语澄清时——"今晚的天空不是很美么"——布朗太太会露出一丝平静的微笑。

的确,这是她自己与他人进行密切沟通的时刻。不过,一旦涉及第三方,事情就大不相同了。下述事件发生的那天,正是布朗太太的妒忌以及她对被排除在外的焦虑爆发的时候。混乱的导火索是一名寡妇寄给艾瑞克的一张卡片,意在祝愿他的身体早日康复。大家观察到布朗太太正盯着这张卡片,不停地将它打开又合上,并喃喃自语"爱你的莉莉"(写在卡片上的句子)。她看上去对艾瑞克暂时异常的身体虚弱感到不满，而她自己的身体又比往常更需要照料。她曾一度一拐一瘸地四处走着，重重地倚靠着她的拐杖。艾瑞克正看着她。他看起来非常痛苦难过，不过也无能为力。当他对她说"小心地毯"（意思是"不要被它绊倒"）时，她便生气地抱怨，"他尽想着地毯"。她继续以她的方式，每隔几步就回头张望，仔细凝视着她先生的脸，带着一种嘲讽的味道。这样的情绪转变和对抗焦虑的防御（通过这种防御，她联合儿子一块对付她那异常脆弱的丈夫）有关么？她是试图让艾瑞克感到自己无用（"他无法提供帮助"），然后幸灾乐祸么？

接下来的这一天，三个人都待在厨房。布朗太太拿着一块黄色的洗涤布，坐在一边仔细检查。在她前面的桌子上堆了点垃圾。她疑惑地指向那里，好像在说"这是要放哪里呢？"，并看着艾瑞克。艾瑞克误以为她问的是垃圾，就指着垃圾桶，有点不耐烦地回答说，"在那边"。他的太太困惑地看着他，好像知道出了点问题，却无法想清楚具体是什么。她表示反对，并迅速地低头看着洗涤布，接着看着她自己，开始喃喃自语"这话太可怕了"。艾瑞克并没有理睬她的话（布朗太太确定地认为，艾瑞克说她是垃圾），暴躁地坚持着，"在那边，那就是正确的地方"。她看起来有点不高兴，继续踌躇，这让她的先生更愤怒了，难以忍受的他忽然夺门而去。他儿子把垃圾丢进垃圾桶内，也离开了房间，这时候，没有任何的情绪资源可以用来理解真正的问题是什么。之后，艾瑞克发现这块黄色的洗涤布已经被仔细地叠好放在垃圾桶的上面。回想起先前的场景，他感到很内疚：他的太太是如此希望做一个顺从的人，做正确的事，却无法区分她自己、垃圾和洗涤布。她试图按照说明来做，她的某些残余的感觉却把她弄乱。黄色的洗涤布不应该丢进垃圾桶内，她自己也是——她一生都在经验自己像垃圾的感觉，这样的感觉让她暂时性地产生困惑，对她而言，这样的感觉太有形、太像真的了。

第二天早上，艾瑞克要去医院接受进一步的检查。虽然已经为他的出发做了精心的准备，布朗太太还是感到强烈的焦虑，生气地重复着

"他并没有说他要去，他并没有告诉我"。那天刮起了一场异常强烈的大风，布朗太太盯着花园，被里面吹断的树枝弄得心烦意乱。她转向女儿，就像一个受了惊吓的孩子似的，支支吾吾地恳求说，"家（较长的停顿）……家在哪里？（又一次的停顿。）请带我回家……"女儿并没有立即安抚她（"你在家里啊，妈妈，看，这些花不是我早上刚买的吗"，诸如此类的），而是试图去理解她母亲受惊的状态。她安静地跟她母亲聊起了撞击，因为她记得在1989年的某个夜晚一场大风同样让她母亲受到了惊吓，随后母亲告诉她以为那是战争再次爆发了。现在，她提醒母亲，是不是觉得自己回到了战时的伦敦，"家"指的是老邦普顿路（Old Brompton Road）的公寓。布朗太太一时间看起来有点困惑，接着小声说"是的。（停顿）不过我没看到任何持枪的人站在那里。"随着女儿开门见山地跟她谈论为什么吹过树枝的大风会令她如此痛苦，这位老太太的焦虑开始渐渐平息。好像房间变回了原来的样子，不再是一个让她感到荒凉的异境。

这些例子通过不同的方式展示了如何找到细微的线索去理解受损与混淆状态的特性。这些线索揭露的一个事实是，无论是在婴儿期还是在垂暮之年，发展总是不规则的；现实的情形并不像试金石所描述的那样——逐渐成熟之后开始慢慢变老。

从上述事件中，我们可以看到，理解晦涩的老年心智情绪状态，为儿童工作者提供了相应的技术，这些从业者打交道的对象是同样晦涩的孩童心智情绪状态。他们对于婴儿移情的力量以及母亲对此的无意识关注、反思与思考有着非常独特的体验，母亲的做法为婴儿的世界赋予了意义——通过她支持性的照料来传达。他们也特别理解发展心理学的术语"追踪指示"如何使我们明白婴儿的需要与意图。通过投射性认同的机制，那些婴儿／孩童／老人无法理解与谈论的破碎经验便可以以某种形式投给照顾者。正如我们先前所见，如果这个养育者在意识或潜意识层面具备一个接受性的心智状态，这样的沟通就可以被接收，痛苦与暴怒会被修正，爱与快乐会被感激，这些最终都会以更能忍受、更互惠的沟通形式返还给他们。照顾者心智的功能就像一个容器（container），为投射过来的情绪碎片进行分类，结果是让这些碎片成为被涵容者（the contained）。对于非常年迈的长者，他们常常在失去语言能力的同时经验到极端强烈的情绪，这就要求照顾者承受早期涵容者／被涵容者模式（pattern of container/contained）逆转的痛苦，即，年轻人现在要竭力为年长者提供沉思的状态（states of reverie）。

观察最初的爱与照顾的来源，以及婴儿与此的关系如何塑造婴儿的行为是我们所熟知的，不过上文描述了与婴儿情绪经验一样有价值的老人的感受性。动荡的感觉，如欢乐、挫折、无助、暴怒、恐惧、愉悦与被迫害感，以同样强烈的程度出现在老人与孩子身上，同样极端地考验着照顾者。在这些情况下，照顾者需要学习的还有很多，他们自己也会因此变得更富足。正如玛格丽特·拉斯汀（1991）所说，"对于激起强烈情绪的心理现象，能够去观察并涵容的能力，是了解自己与接触心理现实的基础，这也是形成一个真诚的人格的核心"（p.244）。

布朗太太很幸运，拥有了像艾瑞克这样深情、敏感并且超级耐心的先生，虽然他没有接受过专业的训练，却能够忍受妻子的各种心智状态。她也同样幸运地拥有了两个孩子，他们通过自己的方式承担着经验丰富的照顾者的角色。当她坚持指向一个客体时，这可能预示着她在请求指导，也可能是在表达某种要求，或者正相反，是在沟通某种情形下共有的亲密感。对此，他们都能够"足够好（good enough）"地了解她的意思。在某些时刻，当她特殊的心智状态接触到亲密感的时候，她的认知能力在非常有限的范围内能够重新复原。也就是说，尽管一切都在明显地"变老"，布朗太太还是能够短暂地出现变"成熟"的迹象——有时甚至感觉像是瞬间的回光返照。

每当出现这一现象，看似完全杂草丛生的心理通道好像在片刻间被理清，单一路径出现的秘密分歧也奇迹般地再聚合。对她而言，正如我们先前所见，极度焦虑的时刻正是那些因为无法忍受俄狄浦斯三角而引发的孤独时刻，她会担心另外两个人结合在一起，唯独将她排除在外。在这些无法言语、也无法清晰地思考的时刻，布朗太太会试图寻找（来自乳房或玩偶的）最初的抚慰，就像香烟事件所呈现的那样。在另一些时刻，她会变得愤怒，有时甚至是施虐性的。在心理上抱持后者这些状态，要求照顾者具备巨大的情绪资源。他们得忍受自身的不耐烦与愤怒，有时甚至是他们的爱当中所包含的恨的部分。

随着布朗太太的阿尔茨海默病越来越多地破坏她的心智功能，以上互动变得越来越罕见。身体的恶化让她变得全然的依赖和愈发的沉默。最终，这种"孩提时代的再现"让位于"全然的遗忘"。等到了解这一点的时候，杰奎斯"纯粹的"见解就显得没有那么严峻与富有挑战性，或许还比初读之时更加适当。经历了如此长久的生命挣扎，死亡对布朗太太以及她的亲人而言，已经没有那么重要了，可算是一件相对容易的事情。她已经尝够了生命的滋味，活出了杰奎斯口中的"最后一场"。

这本书所讨论的是关于"了解个人经验的意义"的价值，以及此了解过程中会碰到的困难，也就是发展出自己心智、成为自己的困难。在世界中找寻"属于自己的地方"这过程，需要持续地，从上一代到下一代，从未出世的胎儿最早的奋斗一直到生命晚年，在心智与情绪的发展上不断努力，这些过程涉及了：从他人身上学习，但不是仅仅在外表上像他们；对他人表达自己，但不企求绑住他们。这过程涉及了冲突，但是也开展了无限的可能，因为生命不必是满溢的泪水，而可以是丰沛的灵性创造过程（Soul-making）。心智的成长以及人格的发展便是奠基在这过程之上。

注 释

本章涉及的领域没有太多相关的文献，我在此仅附上几篇有用的文章。

Davenhill, R., & Rustin, M. (1999). Age. In: D. Taylor (Ed.), *Talking Cure: Mind and Method of the Tavistock Clinic*. London: Duckworth.

King, P. (1999). In the end is my beginning. In: D. Bell (Ed.), *Psychoanalysis and Culture: A Kleinian Perspective*. London: Duckworth.

Kitwood, T. (1987). Dementia and its pathology: in brain, mind or society? *Free Associations, 8*.

Kitwood, T. (1987). Explaining senile dementia: the limits of neuropathological research', *Free Associations, 10*.

McKenzie-Smith, S. (1992). A psychoanalytical observational study of theelderly. *Free Associations, 3/3*(27).

Schore, A. (1997). A century after Freud's project—is a rapprochement between psychoanalysis and neurobiology at hand? *Journal of the American Psychoanalytic Association, 45*.

Sinason, V. (1992). The man who was losing his brain. In: *Mental Handicap and the Human Condition: New Approaches from the Tavistock*. London: Free Association Books.

附 录

任何年龄或阶段的发展皆涵盖一些特定而复杂的概念，它们有点晦涩难懂，甚至对那些熟悉此概念的人来说亦如此。这些概念对那些比较不熟悉精神分析理论的人来讲就相当神秘了，尤其是关于投射性与内摄性认同的机制，以及俄狄浦斯情结的概念。这些观念持续受到许多讨论，并且尚未有定论。在本书内容的进程中，随着这些概念的各种不同样貌的反复出现，它们逐渐更加成形且有更深的含义，不过，我们必须用最简单的形式来描述它们。

投射与内摄心理机制模拟生理上的排出与摄入过程，它们是建立与运作关系的基本模式，就像排出与滋养一样，投射与内摄是意识与潜意识中对人我之间的感觉的交流管道。这些机制的力度、质量、强度、流动性或固着性，多少决定了人格的发展过程。

婴儿最初是通过他和母亲的关系与世界发生关联并且摄入它，因为她就是他的整个世界，他对她的情绪是很敏感的，她的笑声会使他笑，她的哀伤会使他皱眉；当婴儿生气时，他是完完全全地生气，他全然感觉到妈妈是其痛苦与生气的来源，他觉得很糟糕，他想要摒除这种感觉，他将它丢回想象中它的来源，也就是他的妈妈。于是，在他眼中，他的妈妈变成坏的，因此他摄入了拥有一个坏妈妈的感觉，他的内在因此有了一个坏母亲；当她安抚哺育他时，他有好的感觉，那么他的母亲就是好的。他"投射"他的坏感觉并且以此来认同她，他"内摄"他经验到的平静、满足他的、好的母亲，他自己的内在因而获得了好的感觉，他感觉自己是"好的"。

另一方面，如果婴儿持续经验到母亲拒绝他的沟通、对他的感觉不为所动、一再地用情绪的"白墙（blank wall）"来响应，那么他内摄了一些对沟通无反应的东西，而他自己也可能成为这样。也就是说，他感觉到自己拥有了本来属于母亲的能力与特质，现在他觉得这些特质属于他自己。

个人经验的质地是通过投射与内摄机制之间不断地互动而形成的，这两个词都是不易理解的，因为精神分析理论通过这两个机制来理解如此众多的理念与功能。实际上，"投射"与"内摄"两者代表了个人与他人沟通的本质与意义。这两个词涵盖了来自自体的动机范畴（来自不同程度的需要、焦虑或安全感），以及来自他者的反应范畴。

当克莱茵首次论述投射性认同时，她描述这个机制有各种不同的样貌与强度，她指出投射好的感觉是同理心（empathy）的基础，她也提出婴儿需要排除或是否认自己坏的感觉，因为它们太难以被承受。后来，其他精神分析师提出了更多的动机：例如，婴儿可能想要感觉到和妈妈联结不分，或是和她一样，或控制着她，或者，真的只是要和她沟通。比昂注意到了与最后一项有关的一个事实，亦即这些投射的过程，即使似乎主要是为了排除坏的感觉，也几乎总是包含了沟通的种子，当婴儿开始了解他的哭泣会引发一种特别的反应时，那么哭泣就更容易成为一种沟通的尝试——和母亲沟通他在受苦的事实。

关于母亲的反应，"投射—认同"这个词描述了婴儿在潜意识幻想中觉得他的母亲感受到冲着她而来或是想要"置入"她体内的任何感受，他感觉母亲已经体现（embodiment）了那些感受，于是母亲成了那个被恨与怀恨的自体（self）。不过，如果最初的情绪或冲动特别强烈，且其背后的作用力是强烈而无情的，则这个词也描述了她**真正被影响的现实**（reality）。由于恐惧的婴儿可以将恐惧灌注在母亲的内在，她可能在**现实**中开始感受到他的感觉，她甚至可能对这些感觉**采取行动**，此处，"投射—认同"涉及了某些东西被置入或强行侵入他人的体内。精神分析理论探讨的是为何如此被置入，以及之后发生了什么事。

当婴儿的哭或笑得不到母亲任何响应时，婴儿将没有机会摄入或内摄一个好的经验，亦即受苦的感觉被一种心智状态或是情绪临在（emotional presence）了解与支持的经验。此状态被感知为具有关怀以及可以使事情变得让他能够忍受的能力。被感知为是坏的"某些东西"将会被摄入，它将被感知为不适合他的"某种东西"，或"外来物体"，或者是一种内在的迫害感。为了让婴儿能够达到或维持任何一种心智的平静，这个"某种东西"必须被再次地排除、被再投射（re-projected）。

在本书中，因为主要的焦点在发展而不是病理，我们对于内摄过程的主要关注是正向的，我们并未多加着墨于直接的投射—内摄—及—再投摄的序发过程，也没有特别探讨那些长期的内摄过程，在此过程中，婴儿通过内摄建立了自我的感觉，有如自己变成了（或是被吞没而成为）一个没反应的、冷淡的或分神的母亲。我们没有探讨那些序发的过程，虽然它们出现在某些报告的案例中。

回到内摄的一个简易图像：体验到敏感的、有反应的母亲可以让婴儿更能够感觉到自己是敏感与有反应的，他摄入了一种经验（被喂养或被关怀的愉悦），他将此经验储存于内在——这是一个带有爱意眼神的图像，或是一个在身体与情绪上受到涵容的印象。这样的感受如同实际上摄入了母亲的能力（抱持与慈爱的能力），就好像这些能力是具体的物体一般。通过重复这样的过程，婴儿开始感觉到涵容、慈爱的母亲真确地存在于心中，如同自己的一部分，于是他自己也逐渐发展了涵容与爱的能力。

这种比较正向的"内摄认同"导致了人格的强化，只要婴儿能够慢慢地吸收好的经验——这些经验缓解了婴儿期的恐惧与焦虑，那么就越来越不需要持续强迫性地采取绝望的投射—内摄—再投射，这是早期迫害状态的特征。简单的内摄促进了分离的能力，伴随分离而来的是为自己思考和做自己的能力增强。

投射与内摄可以通过其最简单的形式来描述。一个观察员，带着关于它们的想法，以此方式来了解所有人类的相互关系，通过更深入的观察与假设，我们学到更多关于它们的事情，我们很难给它们下一个明确的定义，如玛莎·哈里斯（1978）所说的：

> 内摄仍然是一个神秘的过程：对于感官所领会的（以及，比昂所指出，借由为了应付外在现实而发展出来的语言所描述的）外在世界中，与我们发生关联并让我们依赖的客体如何进入心智中被同化吸收，转变为他所谓的能够促进人格成长的"精神分析客体"（psychoanalytic object），这个历程能够让我们学习到几乎所有事情。（p.168）

投射与内摄，像其他许多过程一样，原本就是困难而不确定的概念，在本书的行文中它们不断地被援引并且得到更深入详尽的阐释，本附录的目的是要让读者能够由我们对这些事情的看法的起始点上出发。

在论及不同的年龄和发展阶段时，我们常回到俄狄浦斯情结这一概念。虽然弗洛伊德自己引用了索福克勒斯（Sophocles）根据神话所写的剧本，《牛津古典文学指南》（*The Oxford Companion to Classical Literature*, 1937, ed. Harvey）对此神话的简短说明提供了许多趣味与共鸣的来源。我们必须记得，就发展而言，它对于代代相传的家族遗传（包括意识和潜意识）有重大的影响。

俄狄浦斯（Oedipus），在希腊神话中是底比斯（Thebes）国王雷厄斯（Laius）的儿子。当安菲翁（Amphion）与西苏斯（Zethus）占领了底比斯城的时候，雷厄斯前往珀罗普斯（Pelops）处寻求庇护，但是却用绑架他的儿子克吕西波斯（Chrysippus）来回报他的善意，因此而招致了对自己家人的诅咒。雷厄斯在安菲翁与西苏斯死亡之后回到他的王国，并娶了裘卡丝塔（Jocasta）。不过，阿波罗警告说他们的儿子将会杀了他。于是，当俄狄浦斯诞生的时候，他的双脚被钉子刺穿然后被抛弃在契特龙山区。一个牧羊人发现了他，把他带去给科林斯（Corinth）国王波吕玻斯（Polybus）和他的王后墨洛珀（Merope），王后将他视如己出，抚养长大。后来，俄狄浦斯因为并非波吕玻斯亲生子而受到嘲笑，他为了知道身世前往寻求阿波罗神庙的神谕，但是，他只是被告知他将会杀死他的父亲并娶他的母亲。他以为这指的是波吕玻斯和墨洛珀，于是决定永远不再回到科林斯城。他在一个三岔路口遇到了雷厄斯（他并不认识他），被命令让路，在随后的争吵中俄狄浦斯杀死了雷厄斯。他继续前往底比斯城，当时该城正受到斯芬克斯（Sphinx）的灾祸，这个怪兽问人谜语，并将那些不能回答的人杀死。裘卡丝塔的哥哥克瑞翁（Creon），也是底比斯城的摄政王，提供了底比斯的王位给任何为国家消除祸害的人。俄狄浦斯解答了斯芬克斯的谜语，怪兽随即自杀了。俄狄浦斯成为底比斯国王，并娶了裘卡丝塔为妻。他们生下两个儿子，厄忒俄克勒斯（Eteocles）与波吕涅刻斯（Polynices），以及两个女儿，伊诗萌（Ismene）与安提戈涅（Antigone）。最后，在一次瘟疫盛行期间，神谕宣示说，如果杀死雷厄斯的凶手被逐出城，这些灾难将可以避免。于是俄狄浦斯开始调查是谁杀了雷厄斯，结果发现了他自己是雷厄斯的儿子，也是杀父的凶手。真相揭露之时，裘卡丝塔吊死了自己，俄狄浦斯弄瞎了自己的双眼。俄狄浦斯被免除了王位并驱逐出境，他在安提戈涅的陪伴之下流浪到阿提卡（Attica）的科龙弩司（Colonus），在那里他受到提修斯（Theseus）的保护直到死亡。(p.292)

参考文献

Abrams, M. H. (1953). Changing metaphors of the mind. In: *The Mirror and the Lamp: Romantic Theory and the Critical Tradition.* Oxford: O.U.P.

Anderson, R., & Dartington, A. (Eds) (1998). *Facing it Out: Clinical Perspectives on Adolescent Disturbance.* London: Duckworth.

Austen, J. (1816). *Emma.* Harmondsworth: Penguin [reprint Blythe, R., 1973].

Barrie, J. M. (1911). *Peter Pan.* London: Everyman.

Bick, E. (1968). The experience of the skin in early object relations. *International Journal of Psycho-Analysis, 49:* 484–486 [reprint in: Harris, M., & Bick, E. (1987). *Collected Papers of Martha Harris and Esther Bick.* Strath Tay, Perthshire: Clunie Press].

Bion, W. R. (1959). Attacks on linking. *International Journal of Psycho-Analysis, 40:* 308–315 [reprint in: Bion, W. R. (1967). *Second Thoughts.* London: Heinemann].

Bion, W. R. (1961). *Experiences in Groups.* London: Tavistock Publications [reprint London: Routledge].

Bion, W. R. (1962a). A theory of thinking. *International Journal of Psycho-Analysis, 43:* 306–310 [reprint in: Bion, W. R. (1967) Second Thoughts. London: Heinemann].

Bion, W. R. (1962b). *Learning from Experience.* London: Heinemann.

Bion, W. R. (1963). *Elements of Psycho-Analysis.* London: Heinemann.

Bion, W. R. (1970). *Attention and Interpretation.* London: Tavistock Publications.

Blythe, R. (1966). *Emma* [Introduction], Austen, J. Harmondsworth: Penguin.

Bowlby, J., & Winnicott, D. W. (1939). Letter: "Evacuation of small children". *British Medical Journal,* 16th December: 1202–1203.

Bowlby, J., Miller, E., & Winnicott, D. (1939). *British Medical Journal,* 16th December, 1202–1203.

Britton, R. (1992). The oedipus situation and the depressive position. In: R. Anderson (Ed.), *Clinical Lectures on Klein and Bion.* London: Routledge.

Britton, R. (1998). Subjectivity, objectivity and triangular space. In: *Belief and Imagination.* London: Routledge.

Brontë, C. *Jane Eyre.* Harmondsworth: Penguin.

Burhouse, A. (1999). *Me, You and It:* Conversations about the significance of joint attention skills from cognitive psychology, child development research and psychoanalysis. MA Diss (unpubl.).

Coote, S. (1995). *John Keats: A Life.* London: Hodder and Stoughton.

Copley, B. (1993). *The World of Adolescence: Literature, Society and Psychoanalytic Psychotherapy.* London: Free Association Books.

Deutsch, H. (1934). Ueber einen typus der pseudoaftektivitaet ("als ob"). *Zeitschrift fuer Psychoanalyse, 20:* 323–335.

Eliot, G. (1859). *Adam Bede,* reprint Harmondsworth: Penguin, 1985.

Eliot, G. (1872). *Middlemarch,* reprint Harmondsworth: Penguin, 1985.

Eliot, G. (1876). *Daniel Deronda,* reprint Harmondsworth: Penguin, 1986.

Eliot, T. S. (1957). *On Poetry and Poets.* London: Faber and Faber.

Fox, P. (1989). *A Likely Place.* New York: Houghton Mifflin Co.

Freud, A. (1958). Adolescence. *Psychoanalytic Study of the Child, 13:* 255–278.

Freud, S. (1905). Three Essays on the Theory of Sexuality. In: *The Standard Edition of the Complete Psychological Works of Sigmund Freud, Vol. 20.* London: Hogarth Press, 1955.

Freud, S. (1911). Formulations on the Two Principles of Mental Functioning. *S.E., 12.*

Freud, S. (1925). Inhibitions, Symptoms and Anxiety. *S.E., 20.*

Freud, S. (1933). The Dissection of the Psychical Personality. *S.E., 22.*

Freud, S. (1933). Femininity. *S.E., 22.*

Harris, M. (1970). Some notes on maternal containment in 'good-enough' mothering. In: *The Collected Papers of Martha Harris and Esther Bick.* Strath Tay, Perthshire: Clunie Press, 1987.

Harris, M. (1975). *Thinking About Infants and Young Children.* Strath Tay, Perthshire: Clunie Press.

Harris, M., & Meltzer, D. (1977). Family patterns and educability. In: D. Meltzer (Ed.), *Studies in Extended Metapsychology.* Strath Tay, Perthshire, Clunie Press, 1986.

Harris, M. (1978). Towards learning from experience in infancy and childhood. In: *The Collected Papers of Martha Harris and Esther Bick.* Strath Tay, Perthshire: Clunie Press, 1987.

Harris, M. (1981). The individual in the group: on learning to work with the psychoanalytical method. In: *The Collected Papers of Martha Harris and Esther Bick.* Strath Tay, Perthshire: Clunie Press, 1987.

Heaney, S. (1966). *Death of a Naturalist.* London: Faber and Faber.

Hinshelwood, R. D. (1989). *A Dictionary of Kleinian Thought.* London: Free Association Books.

Hodgson Burnett, F. (1905). *The Little Princess*. Harmondsworth: Puffin.
Hodgson Burnett, F. (1911). *The Secret Garden*. Harmondsworth: Puffin.
Isaacs, S. (1948). *Childhood and After*. London: Routledge and Kegan Paul.
Jaques, E. (1965). Death and the mid-life crisis. *International Journal of Psycho-Analysis, 46:* 502–514.
Jones, E. (1922). Some problems of adolescence. *British Journal of Psychology, 13:* 31–47.
Joseph, B. (1997). *Psychic Structure and Psychic Change: Therapeutic Factors in Psychoanalysis*. Paper given at University College London, February, 1997.
Keats, J. *Letters of John Keats,* R. Gittings (Ed.). Oxford: O.U.P., 1987
Keats, J. *John Keats, The Complete Poems*. Harmondsworth: Penguin Classics, 1988
Klein, M. (1921). The development of a child. *International Journal of Psycho-Analysis, 4:* 419–474.
Klein, M. (1923). The role of the school in the libidinal development of the child. In: M. Klein (Ed.), *Love, Guilt and Reparation and Other Works, 1921—1945*. London: Hogarth, 1985.
Klein, M. (1923b). The role of the school in the libidinal development of the child. *International Journal of Psycho-Analysis, 5:* 312–331.
Klein, M. (1928). Early stages of the oedipus complex. In: M. Klein (Ed.), *Love, Guilt and Reparation and Other Works, 1921—1945*. London: Hogarth, 1985.
Klein, M. (1929). Personification in the play of children. *International Journal of Psycho-Analysis, 9:* 193–204.
Klein, M. (1931). A contribution to the theory of intellectual inhibition.
In: M. Klein (Ed.), *Love, Guilt and Reparation and Other Works, 1921—1945*. London: Hogarth, 1985.
Klein, M. (1935). A contribution to the psychogenesis of manic-depressive states. *International Journal of Psycho-Analysis, 16:*145–174 [reprint in *Contributions to Psychoanalysis 1921—1945*. London: Hogarth, 1973].
Klein, M. (1940). Mourning and its relation to manic-depressive states. In: *International Journal of Psycho-Analysis 1921—1945*. London: Hogarth, 1973.
Klein, M. (1940). Mourning and its relation to manic-depressive states. In: M. Klein (Ed.), *Love, Guilt and Reparation and Other Works, 1921—1945*. London: Hogarth, 1985.
Klein, M. (1946). Notes on some schizoid mechanisms. In: M. Klein (Ed.), *Envy, Gratitude and Other Works, 1946—1963*. London: Hogarth, 1975.
Klein, M. (1952). Some theoretical conclusions regarding the emotional life of the infant. In: M. Klein (Ed.), *Envy, Gratitude and Other Works, 1946—1963*. London:

Hogarth, 1975.

Klein, M. (1955). On identification. In: M. Klein (Ed.), *Envy, Gratitude and Other Works, 1946—1963*. London: Hogarth, 1975.

Klein, M. (1957). Envy and gratitude. In: M. Klein (Ed.), *Envy and Gratitude and Other Works, 1946—1963*. London: Hogarth, 1987.

Klein, M. (1958). On the development of mental functioning. In: M. Klein (Ed.), *Envy, Gratitude and Other Works, 1946—1963*. London: Hogarth, 1975.

Klein, M. (1959). Our adult world and its roots in infancy. In: M. Klein (Ed.), *Envy, Gratitude and Other Works, 1946—1963*. London: Hogarth, 1975.

Meltzer, D. (1967). *The Psycho-Analytic Process.* London: Heinemann.

Meltzer, D. (1973). *Sexual States of Mind.* Strath Tay, Perthshire: Clunie Press.

Meltzer, D. (1978). A note on introjective processes. In: A. Hahn (Ed.), (1994) *Sincerity and Other Works: Collected Papers of Donald Meltzer.* London: Karnac, 1994.

Meltzer, D. (1988). *The Apprehension of Beauty.* Strath Tay, Perthshire: Clunie Press.

O'Shaughnessy, E. (1964), The absent object. *Journal of Child Psychotherapy,* 1(2): 134–143.

Piontelli, A. (1992). *From Foetus to Child: An Observational and Psychoanalytic Study.* London: Routledge.

Parker, R. (1995). *Torn in Two: The Experience of Maternal Ambivalence.* London: Virago.

Rivière, J. (1937). Hate, greed and aggression. In: J. Rivière (Ed.), *Love, Hate and Reparation.* New York: Norton.

Rivière, J. (1952). The unconscious phantasy of an inner world reflected in examples from English literature. *International Journal of Psycho-Analysis,* 33:160–172 [reprint in: M. Klein, P. Heimann & R. Money-Kyrle (Eds), (1955) *New Directions in Psycho-Analysis* (pp.346–369). London: Tavistock Publications].

Rustin, M., & Rustin, M. (1987). *Narratives of Love and Loss. Studies in Modern Children's Fiction.* London: Verso.

Rustin, M., & Trowell, J. (1991). Developing the internal observer in professionals in training. *Infant Mental Health Journal, 12(3).*

Segal, H. (1957). Notes on symbol formation. *International Journal of Psycho-Analysis,* 38: 391–397 [reprint in: E. B. Spillius (Ed.), (1988) *Melanie Klein Today, Vol. I: Mainly Theory.* London: Routledge].

Segal, H. (1994). Salman Rushdie and the sea of stories: a not-so-simple fable about creativity. *International Journal of Psycho-Analysis,* 75: 611–618 [reprint in: J. Steiner (Ed.), (1997) *Psychoanalysis, Literature and War.* London: Routledge],

Shakespeare, W. *A Midsummer Night's Dream.* The Arden Shakespeare ed. London:

Routledge, 1991; As *You Like It*. The Arden Shakespeare ed. London: Routledge, 19??.

Shuttleworth, J. (1989). Psychoanalytic theory and infant development. In: L. Miller *et al.* (Eds), *Closely Observed Infants* (pp.22-51). London: Duckworth.

Spillius, E. (1992). [Preface to Piontelli, A. (1992)] *From Fetus to Child: An Observational and Psychoanalytical Study.* London: Routledge.

Spillius, E. B. (1994). Developments in Kleinian thought: overview and personal view. *Psycho-Analytic Inquiry,* 14:(13), 324-364.

Steiner, J. (1996). The aim of psychoanalysis in theory and in practice. *International Journal of Psycho-Analysis,* 77:(6) 1073-1083.

Tanner, T. (1986). *Jane Austen.* London: Macmillan.

Thomson, M. (1989). *On Art and Therapy: an exploration.* London: Virago [reprint London: Free Association Books, 1997],

Wilde, O. (1892). *Lady Windermere's Fan.* London: Ernest Benn.

Williams, G. (1997). Some reflections on some dynamics of eating disorders: 'No Entry' defences and foreign bodies. *International Journal of Psycho-Analysis, 78:*(5) 927-941.

Williams, G. (1998). *Internal Landscapes and Foreign Bodies: Eating Disorders and Other Pathologies.* London: Duckworth.

Williams, M. H. (1986). Knowing the mystery: against reductionism. *Encounter,* 67(1).

Williams, M. H., & Waddell, M. (1991). *The Chamber of Maiden Thought: Literary Origins of the Psychoanalytic Model of the Mind.* London: Routledge.

Winnicott, D. W. (1958). *Through Paediatrics to Psycho-Analysis.* London: Hogarth.

Winnicott, D. W. (1965). *The Maturational Process and the Facilitating Environment.* London: Hogarth.

Wordsworth, W. *William Wordsworth,* S. Gill (Ed.). Oxford: O.U.P., 1984. Yeats, W. B. (1933). *Collected Poems.* London: Macmillan.